Werner Blum
Christina Drüke-Noe
Ralph Hartung
Olaf Köller (Hrsg.)

Bildungsstandards Mathematik: konkret

Sekundarstufe I: Aufgabenbeispiele,
Unterrichtsanregungen, Fortbildungsideen

Institut zur Qualitätsentwicklung
im Bildungswesen

 http://www.cornelsen.de

Bibliografische Information: Die Deutsche Bibliothek verzeichnet diese Publikation in der Deutschen Nationalbibliografie; detaillierte bibliografische Daten sind im Internet über http://dnb.ddb.de abrufbar.

Dieser Band folgt den Regeln der deutschen Rechtschreibung, die von August 2006 an gelten.

5. 4. 3. 2. 1.   Die letzten Ziffern bezeichnen
10 09 08 07 06   Zahl und Jahr der Auflage.

Redaktion: Stefan Giertzsch, Berlin
Herstellung: Brigitte Bredow, Berlin
Gesamtgestaltung und Sachzeichnungen: Rainer J. Fischer, Berlin
Umschlaggestaltung: Dagmar & Torsten Lemme, Berlin
Druck und Bindearbeiten: Clausen & Bosse, Leck
Printed in Germany
ISBN-13: 978-3-589-22321-3
ISBN-10:   3-589-22321-9

 Gedruckt auf säurefreiem Papier,
umweltschonend hergestellt aus chlorfrei gebleichten Faserstoffen.

Inhalt

Vorwort der Herausgeber

In Deutschland fehlte bis in die 1990er Jahre die systematische Überprüfung von Erträgen schulischer Bildungsprozesse, wie dies in vielen anderen Ländern üblich war und ist. Ein Hauptinteresse der Bildungsplanung lag bis dahin in der Entwicklung und Erprobung von Modellen zur Optimierung der Arbeit in Einzelschulen und dem Entwurf didaktischer Modelle und deren Einführung in die Unterrichtspraxis *(Input-Orientierung)*. Die Vergewisserung über das im Unterricht Erreichte trat demgegenüber in den Hintergrund. Dies änderte sich abrupt nach der Veröffentlichung der Ergebnisse der Dritten Internationalen Mathematik- und Naturwissenschaftsstudie (TIMSS) im Jahre 1997. Die Bereitstellung von Informationen über Ertragslagen deutscher Schulen in den Bereichen Mathematik und Naturwissenschaften stürzte das Bildungssystem auf Grund der mediokren Leistungen unserer Schülerinnen und Schüler in die Krise. In Folge von TIMSS kam es zur so genannten empirischen Wende in der Erziehungswissenschaft, und große Schulleistungsstudien auf regionaler, nationaler und internationaler Ebene wurden initiiert. Auf politischer Ebene wurde 1997 mit den Konstanzer Beschlüssen der Kultusministerkonferenz (KMK) die Grundlage für eine langfristige Beteiligung Deutschlands an internationalen Schulleistungsstudien gelegt. Kritische Reflexionen über die Messbarkeit von Bildungserträgen traten in den Hintergrund zugunsten einer Überzeugung, dass fachliche Kompetenzen mit Hilfe von Schulleistungstests mess- und überprüfbar seien, eine Überzeugung, die durch das Agieren von Lehrkräften im schulischen Alltag, in dem Lernerfolgskontrollen selbstverständlich sind, gestützt wurde. Im Vordergrund stand jetzt die Frage, welche konkreten Leistungsniveaus Schülerinnen und Schüler erreichten *(Output-* oder *Outcome-Orientierung)* und welche Rückschlüsse diese auf notwendige Reformmaßnahmen im Bildungssystem zuließen. Den vorläufigen Höhepunkt dieser Entwicklung stellte PISA 2000 dar. Das erneut enttäuschende Abschneiden deutscher Jugendlicher löste zusätzliche Maßnahmen der Qualitätssicherung aus. In allen 16 Bundesländern wurden Programme für flächendeckende Vergleichsarbeiten in verschiedenen Jahrgangsstufen und Fächern aufgelegt, Maßnahmen der externen Evaluation, wie der Schulinspektion, wurden geplant und auf den Weg gebracht, und auf Seiten der KMK wurden große Anstrengungen unternommen, um für die schulischen Kernfächer bundesweit verbindliche *Bildungsstandards* zu erarbeiten, die klare, überprüfbare Lernziele im Sinne von Leistungsstandards definieren. Mit ihrem Beschluss vom 4. Dezember 2003 hatte die KMK ein erstes Ziel dieser Bemühungen erreicht und bundesweit geltende Bildungsstandards für den mittleren Abschluss in den Fächern Deutsch, Mathematik und erste Fremdsprache (Englisch/Französisch) verabschiedet. Rund neun Monate später lagen die Entwürfe für die Naturwissenschaften vor, es folgten die Standards für den Hauptschulabschluss, ebenso die Standards für Deutsch und Mathematik in der Grundschule. Mit den Bildungsstandards ist das Ziel verbunden, ein transparentes System der Qualitätssicherung in Deutschland zu etablieren. Zudem sollen sie helfen, Unterrichtsprozesse zu optimieren, um so zu höheren Bildungserträgen zu gelangen. Bildungsstandards mit ihrem Bezug zu Schülerkompetenzen sind explizit so formuliert, dass sie mit Hilfe entsprechender Aufgaben bzw. Tests überprüft werden können. Diese Messbarkeit zeichnet sie national und international aus, und bei aller Bescheidenheit ist es diese Eigenschaft, die es erlaubt, zu bestimmten Zeitpunkten festzustellen, ob und in welchem Ausmaß Schülerinnen und Schüler für das weitere Leben adäquat gerüstet sind bzw. ob Optimierungsbedarf besteht.

Aus der Möglichkeit, Bildungsstandards in Aufgaben zu transformieren, ergeben sich allerdings nicht nur Implikationen für die Leistungsmessung auf der Basis kompetenzorientierter Testitems. Vielmehr ist damit auch die Grundlage geschaffen, *Unterrichtsmaterial*, das sich an den Vorgaben der Standards orientiert, zu entwickeln. Dieses Material kann vielfältige Funktionen im Sinne der Bildungsstandards erfüllen, sei es der Aufbau von Kompetenzen, deren Einübung oder auch deren Überprüfung in Form von Klassenarbeiten bzw. Schulaufgaben. Bildungsstandards konstituieren somit nicht nur die Grundlage für die Qualitätssicherung im Bildungssystem, sondern geben wichtige Anregungen für die Unterrichtsentwicklung, hier im Sinne eines Unterrichts, der mehr Nachhaltigkeit beim Wissenserwerb verspricht. Zu Letzterem will das vorliegende Buch, bezogen auf das Fach Mathematik, einen wesentlichen Beitrag leisten. Es möchte auf der Basis der bundesweit geltenden Bildungsstandards konkrete Aufgabenbeispiele zeigen und Anregungen, vielleicht auch Visionen, für einen kompetenzorientierten Mathematikunterricht geben. Es erhebt keinesfalls den Anspruch, die aktuellen Schulbücher für den Mathematikunterricht in der Sekundarstufe I ersetzen zu wollen. Die bislang eher abstrakt gehaltenen Bildungsstandards werden durch dieses Buch und die darin enthaltenen Aufgaben konkreter, und Lehrkräfte können Eindrücke gewinnen, wie man auf der Basis der Standards möglicherweise unterrichten kann. Technisch gesprochen bekommen sie Anregungen für die *Implementation* der Bildungsstandards. Wir wünschen uns in diesem Sinne, dass dieses Buch dazu beitragen wird, die Lücke zwischen den vorgegebenen Zielen – den Standards – und ihrer Überprüfung mit Hilfe standardbasierter Tests ein Stück weit zu schließen, indem Lehrkräfte Anregungen erhalten, durch welche Unterrichtsmaßnahmen Schülerinnen und Schüler Kompetenzen erwerben und damit auch die vorgegebenen Standards in späteren Tests besser erreichen können. Dies bedeutet nicht etwa, dass Schülerinnen und Schüler mit Hilfe dieses Buchs für die Testung der Standards vorbereitet werden sollen. Vielmehr soll es *eine*, natürlich nicht die einzige, Grundlage dafür sein, diejenigen mathematischen Kompetenzen aufzubauen, die Jugendlichen und jungen Erwachsenen die erfolgreiche Bewältigung gesellschaftlicher und beruflicher Anforderungen erleichtert. Sind diese Kompetenzen erfolgreich aufgebaut worden, so sind selbstverständlich auch gute Leistungen in den standardbasierten Tests zu erwarten. Gute Testleistungen werden dann einen gelungenen Unterricht, nicht aber ein erfolgreiches *Teaching to the Test* abbilden.

Zur CD-ROM

Auf der beiliegenden CD-ROM finden Sie das komplette Aufgabenmaterial, z. T. versehen mit Lösungen und Kommentaren sowie mit exemplarischen Schülerlösungen. Einige Aufgaben liegen in zwei Varianten vor: der Aufgabenstellung im Buch und der Originalaufgabe, mit der die Regionalgruppen die Aufgaben getestet haben (s. S. 226). Auf die letztgenannte Variante beziehen sich dann auch die exemplarischen Schülerlösungen.

Die Aufgabenstellungen liegen in zwei Dateiformaten vor, zum einen als PDF-Datei, zum anderen als Word-Datei. Letztere gibt die Möglichkeit, ggf. Aufgabenstellungen zu variieren, Teilaufgaben wegzulassen bzw. neu anzuordnen oder das Zahlenmaterial auszutauschen.

Alle Materialien sind im A4-Format angelegt und können ausgedruckt werden.

Eine Datenbank verhilft dazu, die Aufgaben gezielt nach Kompetenzen, Leitideen, Klassenstufen und Anforderungsbereichen zu filtern.

Ein Unternehmen wie die Fertigstellung dieses Buches kommt nicht ohne breite Unterstützung aller Beteiligten aus. Ohne die vielen Vorarbeiten des Deutschen PISA-Konsortiums unter Leitung von Prof. Dr. Manfred Prenzel, vor allem im Zusammenhang mit der Normierung der Bildungsstandards Mathematik, wären die hier vorgestellten Aufgaben undenkbar gewesen. Dem PISA-Konsortium möchten wir an dieser Stelle dafür explizit danken. Unser Dank gilt weiterhin den Lehrkräften und wissenschaftlichen Beratern, welche in den vergangenen Monaten unter erheblichem Zeitdruck eine weitere Runde der Aufgabenentwicklung begonnen haben. Die dabei entstandenen Aufgaben sind ohne Frage Indikatoren einer neuen Aufgabenkultur im Mathematikunterricht der Sekundarstufe I. Einige der involvierten Lehrkräfte haben die Aufgaben im Unterricht erprobt und damit die Grundlage für ein breites Repertoire von Schülerlösungen gelegt. Hiefür gebührt ihnen unser besonderer Dank. Die fachdidaktischen Kolleginnen und Kollegen haben in den letzten Monaten trotz vieler anderer professioneller Belastungen die entwickelten Aufgaben in ihre Kapitel zum kompetenzorientierten Unterricht integriert. Dabei sind Aufsätze entstanden, die von ihrem Duktus ohne Frage ein breites Publikum in der Fachöffentlichkeit, der Bildungspolitik und vor allem in den Schulen ansprechen werden. Als Herausgeber wissen wir diese Leistung sehr zu schätzen, da Wissenschaftler oft für einen anderen Kreis schreiben und im vorliegenden Buch alle Autoren einen Kompromiss zwischen wissenschaftlichen Ansprüchen in der eigenen Profession und Bedürfnissen der Praxis eingehen mussten.

Weiter gilt unser Dank den Mitgliedern der Arbeitsgruppen in Kassel und Berlin, die in vielfältiger Weise am Zustandekommen dieses Buches beteiligt waren, u. a. als inhaltliche Betreuer einzelner Kapitel und als unentbehrliche Helfer bei Auswahl und Formulierung der Aufgaben. Namentlich seien genannt: Katrin Keller, Dominik Leiß, Alexander Jordan (alle Kassel) und Alexander Roppelt (Berlin).

Danken möchten wir natürlich auch den Mitarbeitern des Cornelsen Verlag Scriptor, die hilfsbereit und bei terminlichem Druck verständnisvoll waren.

Das IQB ist eine wissenschaftliche Einrichtung der 16 Länder, das vollständig durch die Länder finanziert wird. Ohne die großzügigen Zuwendungen aller Länder – trotz schwieriger Finanzlagen – wäre dieses Projekt nicht durchführbar gewesen. Den Zuwendungsgebern möchten wir hierfür ausdrücklich danken.

Abschließend bleibt der Wunsch, dass mit diesem Buch konkrete Anregungen für eine Weiterentwicklung des Mathematikunterrichts gegeben werden können, dass als Folge einer solchen Konkretisierung der Bildungsstandards auch ihre Akzeptanz in den Kollegien spürbar zunehmen wird und dass in naher Zukunft der Unterricht in der Breite in selbstverständlicher Weise „standardorientiert" sein wird.

Die Herausgeber
Berlin und Kassel, im April 2006

Grußwort der Präsidentin
der Kultusministerkonferenz

Bundesweit einheitliche, verbindliche Bildungsstandards gehören heute selbstverständlich zu Schule. Sie sichern die Qualität des Unterrichts, sie entwickeln den Unterricht weiter, sie gewährleisten vergleichbare Leistungen in den einzelnen Ländern. Die Kultusministerkonferenz hat dies – im Oktober 1997 – mit dem Konstanzer Beschluss initiiert. Damals hat sie sich darauf verständigt, dass die deutschen Schulen an wissenschaftlich fundierten, internationalen Vergleichstests teilnehmen sollen, um zuverlässige Rückmeldungen über Stärken und Schwächen der Schülerinnen und Schüler in zentralen Kompetenzbereichen zu erhalten.

Inzwischen haben die Ergebnisse von TIMSS, PISA und IGLU deutlich gemacht: Die bislang überwiegende Inputsteuerung hat nicht zur erwünschten Qualität im Bildungssystem geführt. Dementsprechend steuern die Länder nun auf den international bewährten „Dreiklang" um:
- auf mehr Eigenständigkeit der Schulen,
- auf verbindliche Standards,
- auf regelmäßige Evaluation.

Die KMK koordiniert diesen Prozess.

Schulen sind für Unterrichtsentwicklung verantwortlich, für interne und externe Evaluation, sie überprüfen die eigene Arbeit und stellen sich zugleich einer standardisierten Rückmeldung. Qualität lässt sich nur dann solide messen, wenn klare Maßstäbe vorliegen. Standards sind die Voraussetzung dafür, erworbene Kompetenzen zu vergleichen und die Unterrichtsqualität weiterzuentwickeln. Deshalb hat die Kultusministerkonferenz nach PISA einen besonderen Schwerpunkt ihrer Arbeit auf die Entwicklung und Einführung von nationalen Rahmenvorgaben gelegt.

Bundesweit geltende Bildungsstandards gibt es derzeit für Deutsch, Mathematik, erste Fremdsprache (Englisch/Französisch) für den Mittleren Schulabschluss (Jahrgangsstufe 10), für Deutsch, Mathematik, erste Fremdsprache (Englisch/Französisch) für den Hauptschulabschluss (Jahrgangsstufe 9), für Deutsch und Mathematik für den Primarbereich (Jahrgangsstufe 4) sowie für Biologie, Chemie, Physik für den Mittleren Schulabschluss (Jahrgangsstufe 10).

Mit Beginn des Schuljahres 2004/05 sind die Bildungsstandards für den Mittleren Schulabschluss in den Fächern Deutsch, Mathematik und erste Fremdsprache übernommen worden. Die Bildungsstandards für den Primarbereich, für den Hauptschulabschluss und für die naturwissenschaftlichen Fächer sind zu Beginn des Schuljahres 2005/2006 verbindlich eingeführt worden. Damit kann die Qualitätsentwicklung in den Schulen aller Länder der Bundesrepublik Deutschland zum ersten Mal an einem gemeinsam vereinbarten Maßstab, an abschlussbezogenen Regelstandards ausgerichtet werden.

Mit der Verabschiedung von Bildungsstandards ist es jedoch nicht getan. Die Kultusministerkonferenz hat stets betont, dass diese nur erste Schritte in einem umfassenden, kontinuierlichen Weiterentwicklungsprozess sind. Rahmenvorgaben sind nämlich lediglich dann sinnvoll und effektiv, wenn sie regelmäßig evaluiert werden. Deshalb soll die Einhaltung der Standards künftig sowohl landesweit als auch länderübergreifend überprüft werden. Die Schülerinnen und Schüler erhalten Unterstützung durch kompetenzorientierte Unterrichtsmaterialien, die sich an den Bildungsstandards orientieren. Erste Vorarbeiten hierzu wurden zunächst unter der Ägide des deutschen PISA-Konsortiums durchgeführt. Ende 2004 hat die Kultusministerkonferenz das bundesweit tätige, von den Ländern gemeinsam getragene Institut zur Qualitätsentwicklung im Bildungswesen (IQB) an der Humboldt-Universität zu Berlin gegründet. Dort werden nun in Kooperation mit Fachdidaktikern und Lehrkräften empirisch abgesicherte Aufgaben für die Überprüfung der Bildungsstandards (so genannte „Testaufgaben") sowie zusätzliche Aufgaben zum Zwecke der Implementation (so genannte „Aufgaben für den Unterricht") entwickelt. Letztere sollen die Standards konkretisieren.

Die vorliegende Publikation dokumentiert die Ergebnisse für den kompetenzorientierten Mathematikunterricht in der Sekundarstufe I. Sie beschreibt die Grundlagen der Bildungsstandards. Darüber hinaus erläutern Mathematikdidaktikerinnen und Mathematikdidaktiker ihre Vorstellungen von kompetenz- bzw. standardorientiertem Unterricht und illustrieren diese mit anschaulichen Aufgabenbeispielen. Sie füllen die Bildungsstandards „mit Leben". Dieses Kompendium unterstützt also Lehrkräfte und Akteure in der Lehrerausbildung sowie in der Lehrerfort- und -weiterbildung dabei, den Mathematikunterricht an der „Philosophie" der Bildungsstandards zu orientieren.

Ich danke allen, die an dieser grundlegenden Veröffentlichung mitgewirkt haben. Sie trägt wesentlich zur Akzeptanz und zur Ausschöpfung des Potenzials der Bildungsstandards bei, die Schülerinnen und Schüler in ihren Lernprozessen und in ihrer Kompetenzentwicklung nachhaltig unterstützen. Deshalb wünsche ich dieser Publikation eine große Resonanz und eine Schrittmacherfunktion für weitere fachspezifische Aufgabensammlungen auf der Basis der Bildungsstandards.

Ute Erdsiek-Rave
Präsidentin der Ständigen Konferenz der Kultusminister
der Länder in der Bundesrepublik Deutschland, April 2006

Teil 1:
Die Bildungsstandards Mathematik

1. Einführung

Werner Blum

„Bildungsstandards" – dieser Begriff gehört seit ein paar Jahren zu den Schlüsselwörtern der bildungspolitischen Debatte in Deutschland. Hiermit werden auf der einen Seite geradezu Heilserwartungen und auf der anderen Seite schlimmste Befürchtungen verbunden. In jedem Fall rechnen alle Beteiligten an dieser Debatte, Politiker wie Wissenschaftler, Lehrer[1] wie Eltern, mit erheblichen Wirkungen auf Schule und Unterricht. Was sind überhaupt Bildungsstandards und wozu sollen sie gut sein? Beiden Fragen soll in diesem einleitenden Kapitel nachgegangen werden, zuerst – in gebotener Kürze – allgemein und dann speziell auf das Fach Mathematik bezogen. Schließlich geben wir einen Überblick über das vorliegende Buch sowie Hinweise zu Möglichkeiten, wie es genutzt werden kann.

1.1 Bildungsstandards

1.1.1 Was sind Bildungsstandards?

Die deutsche Kultusministerkonferenz hat im Jahre 2003 als Reaktion auf die Ergebnisse bei der PISA-Studie beschlossen, für einige zentrale Fächer so genannte *Bildungsstandards* einzuführen, und zwar für den Grundschulabschluss am Ende von Jahrgangsstufe 4, den Hauptschulabschluss am Ende von Jahrgangsstufe 9 und den mittleren Bildungsabschluss. Sie hat sich dabei auch an anderen (bei PISA erfolgreicheren) Staaten orientiert, in denen es schon länger verbindlich vorgegebene Standards für das gibt, was das Bildungssystem erreichen soll, meist verbunden mit einer größeren Selbstständigkeit der Schulen in Bezug darauf, *wie* dies erreicht werden soll. Konzeptionelle Grundlage für den KMK-Beschluss war die Expertise „Zur Entwicklung nationaler Bildungsstandards" einer zehnköpfigen Expertengruppe unter Leitung von E. KLIEME (KLIEME et al. 2003). Hiernach beschreiben Bildungsstan-

---

[1] Im Folgenden ist in diesem Buch stets von Schülern bzw. von Lehrern die Rede, damit sind stets Schülerinnen und Schüler bzw. Lehrerinnen und Lehrer gemeint.

dards die fachbezogenen *Kompetenzen*, die Schüler bis zum jeweiligen Abschluss erwerben sollen. Sie beruhen auf breit verstandenen, fachlich verankerten und die Fachstruktur widerspiegelnden *Bildungszielen*, die in der Schule erreicht werden sollen und die wiederum eingebettet sind in fachübergreifende Bildungsziele (einschließlich Überzeugungen, Einstellungen und Werthaltungen). Insofern sind Bildungsstandards in ihrer Substanz also *Leistungs*standards, sie sagen, was am Ende von gewissen Abschnitten von Bildungsgängen *erreicht* werden soll. Sie sind dezidiert keine *Unterrichts*standards, im Gegenteil sollen die Freiräume zur Gestaltung des Unterrichts sogar größer werden. Freilich wird es keineswegs beliebig sein, wie der Unterricht gestaltet wird. Es ist fast selbstverständlich: Nur ein Unterricht, der den eigenaktiven Erwerb von Kompetenzen in lernförderlicher Arbeitsatmosphäre in den Mittelpunkt aller Lehr-/Lernanstrengungen stellt, wird Lernenden überhaupt die Chance bieten, die in den Standards formulierten Kompetenzerwartungen auch tatsächlich zu erfüllen.

Was ist das Neue? Der wesentliche Fortschritt gegenüber herkömmlichen Lehrplänen ist die Art und Weise, wie die zu erreichenden Ziele formuliert sind. Während in Lehrplänen meist die im Unterricht zu behandelnden *Inhalte* im Zentrum stehen, werden in Bildungsstandards die zu erreichenden *Kompetenzen* genannt. Was sind überhaupt „Kompetenzen"? Nach WEINERT (2001) sind dies „... die bei Individuen verfügbaren oder durch sie erlernbaren kognitiven Fähigkeiten und Fertigkeiten, um bestimmte Probleme zu lösen sowie die damit verbundenen [...] Bereitschaften und Fähigkeiten, um die Problemlösungen in variablen Situationen erfolgreich und verantwortungsvoll nutzen zu können". Natürlich lassen sich Kompetenzen nur anhand von konkreten Fachinhalten erwerben, d. h., es gibt keinen Gegensatz zwischen „Inhalten" und „Kompetenzen". Dementsprechend legen Bildungsstandards auch verbindliche Inhalte fest, konzentriert auf *Kerninhalte* der jeweiligen Fächer.

Genauer ausdifferenziert werden die Kompetenzanforderungen in so genannten *Kompetenzmodellen*. Was das ist, wird nachher am Beispiel Mathematik deutlicher werden. Solche Modelle beschreiben unterschiedliche *Facetten* und *Niveaustufen* der geforderten Kompetenzen und geben auch Hinweise auf mögliche Entwicklungsverläufe. Für die meisten Fächer gibt es solche Kompetenzmodelle noch nicht in elaborierter Form, hier besteht ein großer Entwicklungsbedarf. Konkretisiert werden Kompetenzen, ihre Facetten und ihre Stufen durch *Aufgaben*, zu deren Bearbeitung diese Kompetenzen erforderlich sind. Bildungsstandards als Ganzes werden demgemäss konkretisiert durch eine breit gefächerte Sammlung von Aufgaben. Gleichzeitig werden Standards durch solche Aufgaben auch einer *empirischen Überprüfung* zugänglich, wobei die Annahme zu Grunde liegt, dass sich aus der Bearbeitung von Aufgaben mit einem hohen Grad von Zuverlässigkeit auf das Vorhandensein oder Fehlen entsprechender Kompetenzen beim Aufgabenlöser schließen lässt. Das ist eine durchaus voraussetzungsvolle Annahme, die aber allgemein üblich ist und z. B. bei Klassenarbeiten stets verwendet wird.

1.1.2 Wozu dienen Bildungsstandards?

Mit der Einführung von Bildungsstandards sind zwei Erwartungen verbunden: eine höhere Zielklarheit und eine bessere Chance zur Überprüfung des Erreichten, insbesondere um rechtzeitig und zielgenau unterstützend eingreifen zu können, kurz: Orientierung und Evaluation. Das heißt, Standards dienen zum einen der *Orientierung* aller Beteiligten (vor allem für Lehrkräfte, aber auch für Lernende, Eltern, Administration, Öffentlichkeit) über normativ gesetzte Anforderungen und schaffen so mehr Klarheit, größere Objektivität und höhere Verbindlichkeit als bisher. Zum anderen dienen Standards als Basis für *Leistungsüberprüfungen*, wobei man sorgfältig zwischen unterschiedlichen Ebenen und den jeweils verwendeten Instrumenten unterscheiden muss:

- *Standardbasierte Tests* können zur Überprüfung verwendet werden, wie weitgehend die Standards in einem Land erreicht sind. Hierfür werden ausschließlich „geeichte" (d. h. empirisch normierte) Aufgaben verwendet. Solche Tests kommen „von außen" und werden nur von einer repräsentativen Schüler-*Stichprobe* bearbeitet. Sie eignen sich auf Grund ihres Designs weder für Individualdiagnosen noch für eine zuverlässige Feststellung von Leistungsständen in einzelnen Klassen oder Schulen. Ein solches *Bildungsmonitoring* wird nur alle paar Jahre stattfinden.

- *Standardorientierte Tests* (Vergleichsarbeiten, Orientierungsarbeiten oder auch zentrale Prüfungen in einem Bundesland) können dazu dienen, festzustellen, wie es mit der Standarderreichung in einzelnen Schulen oder Klassen bestellt ist. Hierfür sollten möglichst auch geeichte Aufgaben verwendet werden. Solche Tests kommen ebenfalls „von außen" und werden von *allen* Schülern bearbeitet. Sie geben auch Anhaltspunkte für Individualdiagnosen und können – je nach Design – durchaus benotet werden. Ihr Hauptzweck ist es, Lehrenden und Lernenden Orientierungen und Anregungen zu geben. Insbesondere ermöglichen sie es auch, gewisse Aufgabenformate oder Anforderungsbereiche stärker ins Blickfeld zu rücken. Derartige *externe Evaluationen* könnten etwa einmal pro Jahr stattfinden.

- *Standardorientierte schulinterne Tests* oder *Klassenarbeiten* können insbesondere der *Individualdiagnose* dienen. Sie kommen „von innen" und geben Lehrkräften in regelmäßigen Abständen Auskunft über den Leistungsstand in der Klasse. Die hierbei verwendeten Aufgaben sind nicht geeicht, sie sollen aber dennoch möglichst gut das Kompetenzspektrum widerspiegeln, das sie jeweils überprüfen sollen. Solche *internen Evaluationen* gehören weiterhin zum Alltagsgeschäft jeder Lehrkraft.

All diese standardorientierten Evaluationen sind kein Selbstzweck; sie dienen dazu, Ansatzpunkte für *Verbesserungen* auf allen Ebenen zu identifizieren.

Deshalb ist es wichtig, nicht erst am Ende von Bildungsgängen nach der Standarderreichung zu schauen, sondern rechtzeitig vorher, um konkrete *Fördermaßnahmen* einleiten zu können. „Messen" und „Entwickeln" sind also keine Gegensätze, wie mitunter befürchtet wird. Vielmehr müssen Evaluations- und Fördermaßnahmen immer Hand in Hand gehen.

Was heißt „verbessern", „fördern", „entwickeln"? Der primäre Ort hierfür ist der *Unterricht*. Wie schon einleitend gesagt, bietet nur ein fachlich anspruchsvoller, kognitiv aktivierender und zum Lernen motivierender Unterricht Schülern die Möglichkeit, die durch Standards gesetzten Anforderungen auch zu erreichen. Nach allem, was wir aus der Unterrichtsforschung wissen, besteht hier in Deutschland (wie auch anderswo) durchaus Verbesserungspotenzial. Die konkrete Umsetzung („*Implementation*") von Bildungsstandards im Schulsystem bedeutet im Kern also *Qualitätsentwicklung* im Unterricht. Durch eine möglichst klare Formulierung von Kompetenzerwartungen sollen Bildungsstandards Lehrkräften eine Hilfe dabei geben, die Unterrichtsarbeit geeignet zu fokussieren. Insofern ist das hinter der Einführung von Bildungsstandards stehende zentrale Ziel eine Steigerung der Unterrichtsqualität[2] (zur mathematikspezifischen Ausformung dieses Ziels s. Abschnitt 1.2.4, S. 28). Eine direkte, quasi deduktive Ableitung von unterrichtlichem Handeln aus den Bildungsstandards ist freilich nicht möglich.

Etwas konkreter bedeutet „*standardorientiertes Unterrichten*": Jede einzelne Unterrichtsstunde und jede Unterrichtseinheit muss sich daran messen lassen, inwieweit sie zur Förderung und Weiterentwicklung inhaltsbezogener und allgemeiner Schüler-Kompetenzen beiträgt, und der Unterricht über längere Zeiträume hinweg muss so konzipiert sein, dass der Aufbau von Kompetenzen im Zentrum steht. Die wichtigste Frage ist nicht „Was haben wir durchgenommen?", sondern „Welche Vorstellungen, Fähigkeiten und Einstellungen sind entwickelt worden?". So gesehen ist standardorientiertes Unterrichten eigentlich überhaupt nichts Neues. Das waren immer die Ansprüche jeglicher vernünftiger Unterrichtsarbeit; sie sind nur allzu oft zurückgetreten hinter das Bestreben, vom Lehrplan scheinbar oder tatsächlich vorgegebene Stoffkataloge abzuarbeiten. Die Bildungsstandards wollen demnach Rückenwind geben für einen Unterricht, wie er schon immer angestrebt war. Etwas vorsichtiger formuliert: Das mit der Standard-Einführung verbundene Ziel einer Objektivierung schulischer Bildungsprozesse muss durch eine entsprechende Unterrichtsgestaltung in ein gutes Verhältnis (MESSNER 2004) mit dem generellen Ziel von Schule gebracht werden, Kindern und Jugendlichen eine breite allgemeine Bildung zu vermitteln.

---

[2] Was „Unterrichtsqualität" allgemein bedeuten kann, ist u. a. bei HELMKE (2003) oder bei BAUMERT et al. (2004) beschrieben. Es gibt sehr viele empirische Hinweise darauf, dass nur eine Unterrichtsgestaltung, die gewisse Qualitätskriterien erfüllt, auch Leistungs- und Einstellungseffekte auf Schülerseite erwarten lässt.

Es war bisher mehrfach von *Aufgaben* die Rede, welche die Bildungsstandards konkretisieren. Was heißt das? Es ist hierbei sinnvoll, je nach Verwendungskontext verschiedene *Rollen* von Aufgaben zu unterscheiden. Für Leistungsüberprüfungen ("*Testaufgaben*") müssen Aufgaben gewissen Bedingungen genügen, wie etwa prinzipielle Verstehbarkeit ohne externe Unterstützung, individuelle Bearbeitbarkeit in überschaubarer Zeit oder verlässliche Korrigierbarkeit. Wenn es um Kompetenzförderung im Unterricht geht ("*Lernaufgaben*"), fallen solche Beschränkungen weg, im Vordergrund stehen der Anregungsgehalt und das Lernpotenzial der Aufgaben. In jedem Fall muss klar sein, welches Kompetenzpotenzial in einer Aufgabe steckt, was von Lernenden beim Bearbeiten erwartet wird und wie Bearbeitungen einzuordnen und zu beurteilen sind. Dabei gehen wir von einem weiten Begriff aus, was eine „Aufgabe" überhaupt ist. Sicher ist Unterricht weit mehr als nur eine Abfolge von Aufgaben, und entscheidend sind nicht die Aufgaben selber, sondern ist die Art ihrer Behandlung. Dennoch ist das Bearbeiten von Aufgaben in jedem Fall die dominierende Schülertätigkeit. Insofern ist es gerechtfertigt, Aufgaben eine zentrale Rolle bei den Standards zuzuweisen.

1.1.3 Potenzielle Risiken

Bisher sind die Intentionen (Orientierung, Evaluation) und Chancen (Qualitätsentwicklung) des neu geschaffenen Werkzeugs Bildungsstandards beschrieben worden. Doch wie jedes Werkzeug birgt auch dieses potentielle *Risiken* und *Missbrauchsgefahren* in sich. So besteht die Gefahr, dass der Unterricht aus Sorge um Standarderfüllung zu einer Testvorbereitungsunternehmung degeneriert („Teaching to the Test"). Eine verwandte Gefahr (wie sie analog schon bei der Lernziel-Orientierung in den 70er-Jahren zu beobachten war) besteht darin, dass im Unterricht bloß atomisierte Einzel-Standards abgearbeitet werden. Nun ist beides auch ohne Bildungsstandards durchaus aktuell, denn deutscher Mathematikunterricht ist in großen Teilen ein Übungsfeld für bestimmte Aufgabentypen, die in der nächsten Klassenarbeit „drankommen".

Diese Gefahr wird jetzt, wo sie „von außen" kommt, nur bewusster wahrgenommen. Dabei weiß man aus der Lehr-/Lernforschung, dass ein bloßes Abarbeiten und Trainieren von Aufgaben höchstens bei rein verfahrensorientierten Aufgabentypen überhaupt Effekte haben kann. Für langfristigen Kompetenzaufbau notwendig ist ein entsprechend breit angelegter, konsequent kompetenzorientierter Unterricht. Sinnvoll ist dabei natürlich, dass sich die verwendeten Lernaufgaben an den angestrebten Kompetenzen orientieren, die sich wiederum in Testaufgaben konkretisieren können. Ein so verstandenes „Teaching to the Test" (der Unterricht muss dafür sorgen, dass die nachher erwarteten Kompetenzen auch erreicht werden können) ist höchst wünschenswert.

Eine andere Gefahr besteht darin, die intendierten Wirkungen (vor allem Qualitätsentwicklung im Unterricht) als automatische Folge der Einführung verbindlicher Standards zu erwarten. Wie man von anderen systemischen Veränderungsprozessen weiß, ist eine *Veränderungsstrategie* nötig, zusammen mit einem Bündel gut aufeinander abgestimmter *Maßnahmen*. Dazu gehören im Falle der Bildungsstandards insbesondere Lehrerfortbildungsaktivitäten (mehr dazu an anderer Stelle) und gezielte Unterrichts- und Schulentwicklungsmaßnahmen im Stile des bekannten SINUS-Programms. Weiter müssen die Lehrpläne standardkonform verändert werden, konzentriert auf Kerninhalte und orientiert an den stufenweise zu erreichenden Kompetenzen. Insgesamt ist also auf allen Ebenen noch viel zu tun, um die Intentionen der Standards auch zu realisieren. Eine Schlüsselrolle spielen dabei natürlich die *Lehrkräfte* vor Ort; mit ihnen steht und fällt der Erfolg der Standardeinführung. Kompetenzentwicklung bei Kindern und Jugendlichen war schon immer das zentrale Ziel jeglicher Unterrichtsarbeit. Das ist aber mitunter – wie vorhin bereits erwähnt – durch eine zu starke Orientierung an den laut Lehrplänen zu vermittelnden Inhalten und eine einseitige Betonung von Wissen und Fertigkeiten aus dem Blick geraten. Ziel aller standardbegleitenden Maßnahmen muss es sein, Lehrer darin zu unterstützen, dieses Ziel einer breiten Kompetenzentwicklung wieder ins Zentrum zu rücken.

1.2 Die Bildungsstandards Mathematik

1.2.1 Konzeption der Mathematik-Standards

Das Kompetenzmodell, das den Bildungsstandards *Mathematik* zu Grunde liegt, greift in Teilen zurück auf Modelle, die sich in anderen Zusammenhängen bereits bewährt haben[3]. Es werden drei Dimensionen unterschieden, die man kurz als „Prozess"-, „Inhalts"- und „Anspruchs"- Dimension bezeichnen kann (Abb. 1):

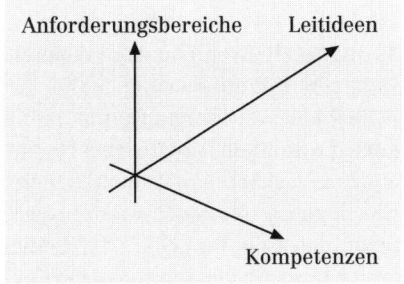

1. die „allgemeinen mathematischen Kompetenzen",
2. die „inhaltsbezogenen mathematischen Kompetenzen", geordnet nach „Leitideen",
3. die „Anforderungsbereiche".

Abb. 1

---

[3] Insbesondere bei der PISA-Studie, siehe OECD (2003); dort unterscheidet man „Competencies" als Prozess-Dimension, „Overarching Ideas" als Inhalts-Dimension und „Competency Clusters" als Anspruchs-Dimension.

Zu 1.: Die *allgemeinen mathematischen Kompetenzen* (kurz: *Kompetenzen*) sind:

- Mathematisch argumentieren,
- Probleme mathematisch lösen,
- Mathematisch modellieren,
- Mathematische Darstellungen verwenden,
- Mit Mathematik symbolisch/formal/technisch umgehen,
- Mathematisch kommunizieren.

Diese Kompetenzen bilden den Kern der Mathematik-Standards. Hiermit (siehe dazu Niss 2003) werden zentrale Aspekte des mathematischen Arbeitens in hinreichender Breite erfasst. Wer Mathematik betreibt, der modelliert, argumentiert, verwendet Darstellungen, rechnet, ... Es ist dabei weder möglich noch beabsichtigt, diese Kompetenzen scharf voneinander abzugrenzen. Vielmehr gibt es natürliche Überlappungen, und beim mathematischen Arbeiten treten i. A. mehrere Kompetenzen im Verbund auf. Dabei hat jede dieser Kompetenzen eine „aktive" und eine „passive" Komponente: selbst argumentieren versus gegebene Argumente aufnehmen, verstehen, verwenden oder bewerten; selbst modellieren versus gegebene Modelle verwenden; selbst Sachverhalte für andere darlegen versus gegebene Darlegungen (Texte) aufnehmen, verstehen oder bewerten. Eine genauere Beschreibung der Kompetenzen findet sich in Kap. 2, s. S. 33 dieses Buchs.

Zu 2. Die *inhaltlichen Leitideen* sind:

- Zahl,
- Messen,
- Raum und Form,
- Funktionaler Zusammenhang,
- Daten und Zufall.

Diese Leitideen versuchen, die Phänomene (Freudenthal 1983) zu erfassen, die man sieht, wenn man die Welt mit mathematischen Augen betrachtet. Man sieht z. B. Quantifizierungen aller Art (*Zahl*) oder man sieht ebene und räumliche Figuren, Formen, Gebilde, Muster (*Raum und Form*). Zur „Welt" gehört auch die mentale Welt unserer Gedanken und Ideen. Aus diesen Leitideen heraus haben sich die mathematischen Stoffgebiete Arithmetik/Größen, Geometrie, Algebra und Stochastik entwickelt. Leitideen und Stoffgebiete sind aber nicht identisch. Innerhalb der Leitideen werden dann konkrete inhaltsbezogene Kompetenzen (wie „Nutzen der Prozentrechnung bei Wachstumsprozessen, z. B. bei der Zinsrechnung") benannt.

Zu 3. Kompetenzen zeigen sich insbesondere in Form von Tätigkeiten beim Aufgabenlösen (in weitem Sinne, s. o.). Die *Anforderungsbereiche* sollen den kognitiven Anspruch, den solche kompetenzbezogenen Tätigkeiten erfordern, auf theoretischer Ebene erfassen. Man unterscheidet in den Bildungsstandards Mathematik drei Anforderungsbereiche, die mit „I. Reproduzieren", „II. Zusammenhänge herstellen" und „III. Verallgemeinern und reflektieren" überschrieben sind. Diese Überschriften geben Orientierungen, sie dürfen jedoch nicht zu wörtlich genommen werden. Wenn etwa ein Zusammenhang mit einem einzigen Schritt hergestellt werden kann, wird man die Tätigkeit dem Bereich I zuweisen. Sind hierfür dagegen komplexe, nicht aus anderen Kontexten abrufbare Tätigkeiten nötig, wird man dies in Bereich III einordnen. Hier ist eine wichtige Klarstellung erforderlich. Je nach dem vorangegangenen Unterricht können Aufgabenstellungen mehr oder weniger vertraut (und damit tendenziell auch mehr oder weniger schwierig) für Schüler sein. Dies wird mit dem Konzept des Anforderungsbereichs *nicht* erfasst, es geht hierbei nur um die – einer Aufgabe inhärente – kognitive Komplexität. Natürlich hängt auch diese wiederum mit der Aufgabenschwierigkeit zusammen – tendenziell sind Aufgaben aus Bereich III schwieriger für Schüler als Aufgaben aus Bereich I. Eine genauere kompetenzspezifische Ausdifferenzierung der drei Anforderungsbereiche wird ebenfalls in Kap. 2 beschrieben.

Mit dieser einführenden Beschreibung der drei Dimensionen wird der „Geist" der Bildungsstandards noch nicht zureichend erfasst. Die Bildungsstandards Mathematik beziehen sich explizit auf die von H. WINTER (1995) formulierten *„Grunderfahrungen"*, die jedem Schüler im Mathematikunterricht zu ermöglichen sind:

- Erscheinungen der Welt um uns, aus Natur, Gesellschaft und Kultur, mit Hilfe von Mathematik in einer spezifischen Art wahrzunehmen und zu verstehen.
- Mathematische Gegenstände als geistige Schöpfungen und als eine Welt eigener Art kennen zu lernen und zu begreifen.
- In der Auseinandersetzung mit Mathematik heuristische Fähigkeiten, die über die Mathematik hinausgehen, zu erwerben.

Man könnte vom anwendungs-, struktur- und problemorientierten Aspekt der Mathematik sprechen. Alle (der letzte am deutlichsten) weisen darauf hin, dass die Vermittlung allgemeiner Kompetenzen zentrales Ziel des Mathematikunterrichts ist. Die Bildungsstandards Mathematik sind der Versuch, diese allgemeinen Bildungsziele in Form weit gefächerter Kompetenzanforderungen zu erfassen und zu konkretisieren. Hieraus legitimiert sich auch die Verwendung des Begriffs *Bildungsstandards*. Nochmals wird hier deutlich, dass die Mathematik-Standards dezidiert *fachspezifisch* konzipiert sind, von einer breiten Mathematik-Auffassung ausgehen und auf Traditionen zurückgreifen, die sich in der Fachdidaktik Mathematik in großem Konsens über Jahrzehnte hinweg entwickelt haben. Die Standards tragen dazu bei, diesen Konsens auch wirklich ernst zu nehmen und Mathematiklehrer nach Kräften darin zu bestärken, ihn im Alltagsunterricht umzusetzen.

1.2.2 Analyse von kompetenzorientierten Mathematik-Aufgaben

Wie schon mehrfach gesagt, werden die Bildungsstandards Mathematik illustriert und konkretisiert durch ein breites Spektrum von Mathematik-*Aufgaben*. Im alltäglichen Mathematikunterricht – so berichten übereinstimmend alle Untersuchungen – dominieren oft kalkül- und verfahrensorientierte Aufgaben, bei denen der Anspruchsgrad durch die technische Komplexität der auszuführenden Operationen bestimmt ist. Solche Aufgaben sind auch unter Kompetenzgesichtspunkten sinnvoll (es geht hierbei ja vorwiegend um die Kompetenz des *symbolisch/technisch/formalen Arbeitens* mit Mathematik); sie stellen aber nur einen kleinen Ausschnitt aus dem Spektrum sinnvoller Aufgabenstellungen dar. Wenn wir von *„kompetenzorientierten"* Aufgaben sprechen, meinen wir vor allem solche, die nicht ausschließlich technische Fertigkeiten erfordern.

Die Aufgabe „Offenes Pflaster" soll diese Ausführungen verdeutlichen.

Offenes Pflaster

Bei einer wasserdurchlässigen Befestigung einer Garageneinfahrt mit Rasengittersteinen können die Niederschläge wieder im Erdreich versickern und in die Grundwasserströme gelangen. Dadurch bleibt der Wasserkreislauf erhalten und die Niederschlagswasser werden nicht direkt über den Kanal in die Flüsse abgeleitet.

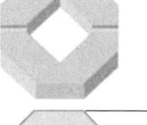
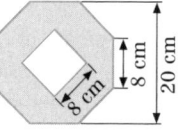

Das linke Bild zeigt einen solchen Rasengitterstein. Er besteht aus wasserdurchlässigen Öffnungen und wasserundurchlässigen Betonteilen.
Der 40 × 60 × 10 cm große Rasengitterstein besteht aus 6 gleichartigen offenen Pflastersteinen.
Das rechte Bild zeigt Form und Maße eines dieser offenen Pflastersteine.

a) Herrn Meiers Garageneinfahrt ist 8 m lang und 6 m breit. Wie viele solche Rasengittersteine werden benötigt?

b) Wie viel Prozent der gesamten Garageneinfahrt bestehen dann aus den wasserdurchlässigen Öffnungen?

c) Herr Meier entdeckt auf einer Palette im Hof eines Baumarktes einen Stapel mit Rasengittersteinen (s. Bild). Wie viele Rasengittersteine befinden sich auf der Palette, wenn sie lückenlos aneinandergereiht auf der Palette aufgestapelt sind? Erläutere, wie du deren Anzahl bestimmst.

d) Kann man mit einem LKW mit 7,5 Tonnen Ladegewicht alle benötigten Rasengittersteine in einer Fahrt anliefern? (Dichte von Beton: 2,3 g/cm³) Lege dar, wie du zu deiner Lösung gekommen bist.

Teilaufgabe a) gehört zur Leitidee *Messen*. Zu ihrer Lösung müssen zuerst der Aufgabentext sinnentnehmend gelesen und relevante von irrelevanten Informationen unterschieden werden (dies ist ein wesentlicher Teil der Kompetenz *Kommunizieren*). Die Übersetzung der Realsituation in die Mathematik (ein Teil der Kompetenz *Modellieren*) ist durch die Zeichnung eines Pflastersteins teilweise geleistet, es fehlt aber noch eine geometrische Repräsentation der Garageneinfahrt. Mit Hilfe einer solchen Repräsentation (Kompetenz *Darstellungen verwenden*) muss dann der – sehr einfache – Lösungsplan zurechtgelegt werden (Beziehung zwischen Garageneinfahrt und Rasengittersteinen herstellen – dies gehört zur Kompetenz *Probleme lösen*). Dann wird gerechnet (Kompetenz *symbolisch/technisch/formales Arbeiten,* hier ebenfalls sehr einfach), und das Ergebnis (200) wird dann in die Realsituation zurückübersetzt (erneut Kompetenz *Modellieren*). Wegen der Lese-Anforderungen wird diese Teilaufgabe in Anforderungsbereich II eingeordnet.

Teilaufgabe b) gehört in erster Linie zur Leitidee *Messen*, wobei durch die Verhältnisbildung auch die Leitidee *Zahl* involviert ist. Es müssen zwei Flächeninhalte berechnet und zueinander in Beziehung gesetzt werden. Involviert sind wieder *Kommunizieren, Modellieren, Probleme lösen, Darstellungen verwenden* und *symbolisch/technisch/formales Arbeiten*. Die Lese-Anforderungen und die Mehrschrittigkeit verweisen auf Anforderungsbereich II.

Teilaufgabe c) eröffnet einen neuen Problemkontext. Da es um eine Anzahlbestimmung geht, gehört die Aufgabe zur Leitidee *Zahl*. Anhand des Fotos (*Darstellungen verwenden*) ist eine einfache Zählstrategie zu entwerfen (*Probleme lösen*) und zu erläutern (*Kommunizieren*). Die nötige Übersetzung Realsituation ↔ Mathematik (*Modellieren*) ist hier trivial. Diese Teilaufgabe kann man noch bei Anforderungsbereich I verorten.

Teilaufgabe d) gehört zur Leitidee *Messen* und ist etwas komplexer. Es muss aus den verstreut gegebenen Informationen das Gewicht aller benötigten Rasengittersteine berechnet und das Ergebnis mit dem Ladegewicht des LKWs verglichen werden. Die benötigten Kompetenzen sind *Kommunizieren* (Text lesen und Antwort darlegen), *Modellieren* (Übersetzen der Situation in Rechnungen und Interpretieren des Ergebnisses in der Realität), *Probleme lösen* (einen passenden Lösungsgang zurechtlegen) und *symbolisch/technisch/formales Arbeiten* (diverse Rechnungen ausführen). Ob die geforderte rechnerische Begründung bereits eine nennenswerte Ausprägung der Kompetenz *Argumentieren* ist, ist eher zu verneinen. Wegen ihrer Mehrschrittigkeit lässt sich diese Aufgabe in Anforderungsbereich II einordnen.

Insgesamt ist die Aufgabe keineswegs ungewöhnlich, dennoch hebt sie sich durch ihre breiteren Kompetenzanforderungen von den üblichen Aufgaben ab. Hier ist eine wichtige Erläuterung angebracht, die für alle Kapitel dieses Buches gilt. Wenn wir über „in die Aufgabe involvierte Kompetenzen" oder „für die Aufgabe erforderliche Kompetenzen" reden, so liegt eine *kognitive*

Analyse der Aufgabe auf *theoretischer* Ebene zu Grunde. Am Beispiel von Teilaufgabe a): Wer die Aufgabe auf welchen Wegen auch immer löst, muss den Text verstehen, einen Lösungsweg zurechtlegen, mit Darstellungen umgehen, die Situation mathematisieren, muss rechnen und das Ergebnis interpretieren. Wie im Detail gerechnet wird, welche Darstellungen im Einzelnen verwendet werden, wie der Bezug zwischen Form und Größe der Garageneinfahrt sowie Form und Größe der Rasengittersteine mental hergestellt wird, all das ist Sache des einzelnen Aufgabenbearbeiters. Ähnliches gilt für die Einordnung in die drei Anforderungsbereiche, auch sie geschieht auf theoretischer Ebene. Insofern kann die Aufgabe *a priori* in das dreidimensionale Kompetenzmodell eingeordnet werden. Natürlich ist es dann hochinteressant zu sehen, wie Individuen die Aufgabe lösen, welche unterschiedlichen Vorgehensweisen erkennbar sind. Hier drei Schülerlösungen zu Teilaufgabe a):

Schülerlösung 1

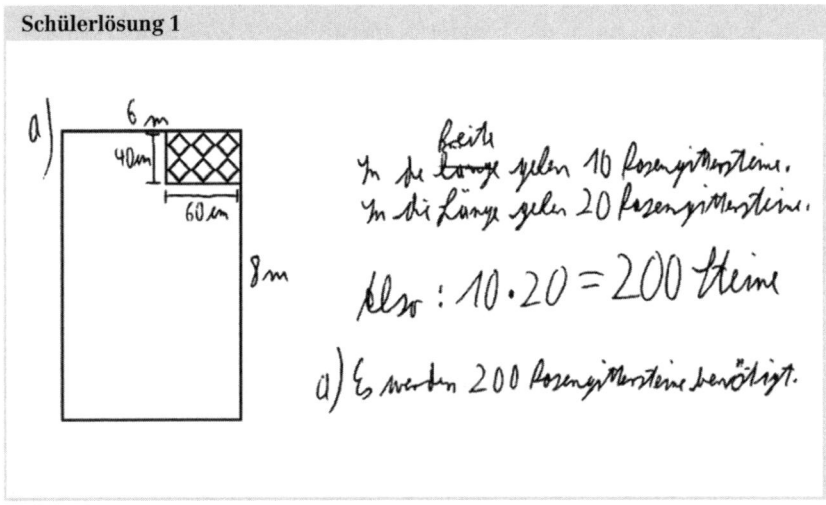

Schülerlösung 2

Schülerlösung 3

a) $A_p = 2\sqrt{3} \cdot a^2$
$= 2 \cdot \sqrt{3} \cdot 8c^{-2}$
$= 221{,}703\ cm$

$A_g = a \cdot b$
$A_g = 800cm \cdot 600cm$
$= 480.000$

$$\frac{480.000\ cm^2}{221{,}703cm^2} = \frac{2165{,}06}{6} = 360{,}83$$

Er $benötigt$ $\frac{2165}{360}\frac{3}{50}$ $Raseng. Henksine$

Schüler 1 macht sich eine genaue Vorstellung von der Garageneinfahrt und erkennt, wie viele Steine jeweils nebeneinander passen, nämlich 10 bzw. 20. Dies führt folgerichtig zum Ergebnis $10 \cdot 20 = 200$.

Schüler 2 betrachtet nur die Flächeninhalte, nicht die Flächen selber. Er kommt so auch zum richtigen Ergebnis 200, hat dabei aber nicht mitbedacht, ob man womöglich Steine zerteilen müsste.

Schüler 3 berechnet ebenfalls nur die Flächeninhalte, nimmt jedoch für die Rasengittersteine offenbar eine andere Form an. Die verwendete Formel und die Division durch 6 deuten darauf hin, welche Form das war: Er betrachtet nur ein einzelnes Achteck. Das Ergebnis ist naturgemäß falsch, vorsichtiger: Die Zahl 360 beantwortet eine andere, hier nicht gestellte (da nicht sinnvolle) Frage (Welche kann das sein?).

1.2.3. Konstruktion von kompetenzorientierten Mathematik-Aufgaben

Wenn es darum geht, Aufgaben für gewisse didaktische Zwecke einzusetzen, wird es oft vorkommen, dass die vorliegenden Aufgaben nicht alles abdecken, was angestrebt ist. Dann kommt es darauf an, gezielt neue Aufgaben zu *konstruieren*. Dies kann geschehen durch *Variation* gegebener Aufgaben oder durch *Neu-Konstruktion*, wobei die Übergänge natürlich fließend sind. Nehmen wir als Beispiel die eben analysierte Aufgabe „Offenes Pflaster". In der bisherigen Form enthält sie kaum Argumentationsanteile. Wenn der gegebene Kontext auch zum *Argumentieren* genutzt werden soll, sind z. B. – je nach Unterrichtsthema – folgende Aufgabenstellungen denkbar:

- Begründe: Das dargestellte Achteck ist nicht regelmäßig.
- Herrn Müllers Einfahrt zur Doppelgarage ist 8,50 m lang und 12 m breit. Jörg sagt: „Ist doch ganz einfach: Herr Müller braucht $(8,50 \cdot 12) : (0,4 \cdot 0,6)$ = 425 solche Rasengittersteine." Nimm Stellung zu Jörgs Lösung.

Oder etwas kritischer gegenüber der vorgegebenen Aufgabe:

- Begründe anhand des linken Bildes auf S. 22: Die im rechten Bild auf S. 22 angegebenen Maße können so nicht stimmen.

Andere Gesichtspunkte, nach denen Aufgaben wie diese gezielt verändert werden können, sind beispielsweise:

- Veränderung des Umfangs lebensweltlicher Informationen (wie z. B.: Konzentration auf den geometrischen Kern der Aufgabe),
- Veränderung des Kontextes (hier z. B.: Einbettung in Symmetriebetrachtungen bei Parketten),
- Veränderung des Modellierungsanspruchs (hier z. B.: Gegeben nur ein Foto der Pflastersteine mit einer Person als Größenanhaltspunkt, ohne Maße),
- Veränderung des Problemlöseanspruchs (hier z. B.: Aufgabe besteht nur aus den Maßen aus Teil a) und Teil d), ohne die hinführende Frage aus Teil a) und ohne die Dichteangabe).

Viele weitere Anregungen zur gezielten Variation von Aufgaben finden sich in Kap. 1, s. S. 152.

Bei der *Neu-Konstruktion* von Aufgaben ist es wichtig, sozusagen mit offenen Augen durch die Welt zu gehen und die überall vorhandene Mathematik zu entdecken. Nehmen wir ein Beispiel. Im Jahre 2005 hat ein Produzent von Filmen die die auf S. 27 abgebildete Packung auf den Markt gebracht. Sie soll – aus Anlass der Fußballweltmeisterschaft 2006 – an einen Fußball erinnern. Man sieht sofort, dass dies kein Fußball ist, denn ein solcher besteht aus Fünf- und Sechsecken, während dieser Körper aus Drei- und Vierecken zusammengesetzt ist[4]. Dennoch gibt dieser Körper Anlass für vielfältige mathematische Aktivitäten. Die folgende Aufgabe greift einige solche Möglichkeiten auf.

---

[4] Genauer: Ein Fußball ist i. A. ein Ikosaederstumpf, bestehend aus 12 regelmäßigen Fünfecken und 20 regelmäßigen Sechsecken. Die Filmverpackung besteht, wenn wir die „Löcher" ignorieren und stattdessen nur einzelne Dreiecke betrachten, aus 18 Quadraten und 8 gleichseitigen Dreiecken. Man nennt einen solchen Körper ein Rhombenkuboktaeder. Beide Körper zählen zu den *Archimedischen Körpern* (siehe dazu KIRSCH 2002). Der bei der Fußball-WM 2006 verwendete Ball ist allerdings kein Ikosaederstumpf, vielmehr besteht er aus sechs zungenförmigen und acht windradförmigen Flächenstücken.

Filmverpackung

Zur Fußballweltmeisterschaft hat sich eine Firma für Kleinbildfilme eine besondere Verpackung ausgedacht: Jeweils vier Filme werden in einer Schachtel verpackt, die an einen Fußball erinnern soll.

 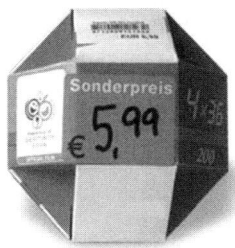

Die beiden Bilder sind aus unterschiedlichen Perspektiven fotografiert, damit du die Form besser erkennen kannst.

Wenn du die Verpackung betrachtest, erkennst du Quadrate und nach innen zeigende Dreiecke. Die Seitenlänge eines Quadrats beträgt 4 cm. Die Dreiecke sind rechtwinklig und gleichschenklig. Jeweils drei Dreiecke bilden eine kleine Pyramide. Die Verpackung bekommt dadurch mehr Stabilität und sieht auch interessanter aus, als wenn man nur ein einfaches Dreieck genommen hätte.

a) Aus wie vielen Quadraten und wie vielen Dreiecken besteht die Verpackung?

b) Berechne die Größe der Oberfläche der Verpackung.

c) Wichtig ist auch, wie viel Platz überhaupt in der Verpackung ist. Die Designer geben an, dass das Volumen (gerundet) 528 cm^3 beträgt. Mache zwei Vorschläge, wie du das Volumen berechnen könntest. Rechne mit einem deiner Vorschläge nach: Bekommst du auch 528 cm^3 heraus?

d) Jeder der vier Filme steckt in einem zylinderförmigen Döschen (Durchmesser: 3,1 cm; Höhe: 5,2 cm). Wie viel Prozent der Filmschachtel bleiben leer, wenn die vier Filme eingepackt sind? Schätze zuerst die Prozentzahl und berechne erst danach das Ergebnis.

e) Begründe folgende Aussage: Zwei solche Filmdosen passen in der Schachtel nicht übereinander.

Teilaufgabe a) gehört zur Leitidee *Raum und Form*. Die wesentlichen Kompetenzen, die man zur Lösung braucht, sind *Probleme lösen* (nämlich eine Zählstrategie entwickeln) und *Darstellungen verwenden* (die Fotos interpretieren und zur Orientierung nutzen). Das *Modellieren* (Hin- und Herwechseln zwischen der realen Verpackung und dem idealisierten geometrischen Körper) ist bei dieser Aufgabe trivial. Wegen der Mehrschrittigkeit im Lösungsprozess ist diese Teilaufgabe dem Anforderungsbereich II zuzuordnen.

Die Teilaufgaben b) und c) gehören zur Leitidee *Messen*. Vor allem bei c) ist wieder eine Strategie gefragt (*Probleme lösen*), wie man den Körper in berechenbare Teilkörper zerlegen kann. Als weitere Kompetenz kommt bei b) und c) natürlich das *symbolisch/technisch/formale Arbeiten* ins Spiel. Beide Teilaufgaben gehören zu Anforderungsbereich II.

Auch **Teilaufgabe d)** gehört zur Leitidee *Messen*. Dadurch, dass ein Volumen-Verhältnis in Prozent zu berechnen ist, schafft die Aufgabe auch eine Verbindung zur Leitidee *Zahl*. Wieder entsprechen die Anforderungen auf Grund ihrer Mehrschrittigkeit dem Bereich II.

Teilaufgabe e) wird man primär der Leitidee *Raum und Form* zuordnen, da eine wesentliche Anforderung dieser Teilaufgabe darin besteht, sich vorzustellen, wie die Filmdöschen überhaupt in der Packung liegen können. Hier sind vor allem die Kompetenzen *Argumentieren* und *Probleme lösen* (nämlich: Zurechtlegen einer Vorgehensweise beim Begründen, dass keine zwei Döschen übereinander passen) gefragt. Man wird diese Teilaufgabe auf Grund des hohen Anspruchs im Problemlösen in Anforderungsbereich III einordnen.

Wenn es darum geht, den gegebenen Kontext für weitere Aktivitäten zu nutzen, könnte man z. B. auch den Preis der Filmpackung ins Spiel bringen. Folgende weiteren – zur Leitidee *Zahl* gehörenden – Teilaufgaben liegen dann u. a. nahe:

> **f)** Ein Fotogeschäft hat den Preis für die Filme in der dieser Schachtel von 6,99 € auf 5,99 € reduziert. Wie viel Prozent Preisermäßigung sind das?
>
> **g)** In demselben Fotogeschäft kann man die gleichen Filme in einer normalen Schachtel als Zweierpack kaufen. Ein Zweierpack kostet 1,99 €. Wie viel Prozent könnte man gegenüber der abgebildeten Verpackung sparen, wenn man vier Filme kaufen will?

1.2.4 Unterricht mit kompetenzorientierten Aufgaben

Aufgaben wie „Offenes Pflaster" oder „Filmverpackung" und ihre Varianten können in der Schule in ganz unterschiedlicher Weise eingesetzt werden. Zunächst einmal eignen sich alle präsentierten Teilaufgaben im Prinzip sowohl für den Unterricht als auch für Leistungsüberprüfungen (zur Differenzierung zwischen diesen Aspekten s. Kap. 1, S. 81). Im Unterricht selbst können solche Aufgaben für verschiedene Zwecke verwendet werden, insbesondere zur Übung und Festigung (vgl. Kap. 3, S. 113), aber auch zur besseren Diagnose von Stärken und Schwächen einzelner Schüler im Hinblick auf das Lösen kompetenzorientierter Aufgaben (vgl. Kap. 2, s. S. 96).

Dabei sei erneut betont, dass nicht eine Aufgabe per se zur Ausformung, Festigung und Weiterentwicklung von Kompetenzen führt, sondern nur ihre adäquate Behandlung in einer Weise, die den Lernenden Gelegenheit gibt, die entsprechenden Tätigkeiten *selbst* zu vollziehen, mehr noch, über diese Tätigkeiten zu reflektieren, Lösungswege zu begründen, verschiedene Wege zu vergleichen, Ergebnisse kritisch zu diskutieren u. v. a. m. Kurz: Noch bewusster und noch konsequenter als bislang sollte im Unterricht die Kompetenzentwicklung der Schüler im Mittelpunkt der Arbeit stehen.

Die eben genannten Aspekte kennzeichnen „*Unterrichtsqualität*" für das Fach Mathematik. Etwas systematischer können wir dabei drei Komponenten unterscheiden (angelehnt an BLUM/LEIẞ 2005):

▪ Eine *fachlich gehaltvolle Unterrichtsgestaltung*, die Schülern vielfältige Gelegenheiten zu kompetenzbezogenen Tätigkeiten bietet (zum mathematischen *Modellieren, Argumentieren, Kommunizieren* usw.) und die vielfältige Vernetzungen herstellt, sowohl innerhalb der Mathematik als auch zwischen Mathematik und Realität.

▪ Eine *kognitive Aktivierung der Lernenden*, d. h., der Unterricht stimuliert geistige Schülertätigkeiten, ermöglicht und ermutigt selbstständiges Lernen und Arbeiten, fördert lernstrategisches Verhalten (*heuristische* Aktivitäten) und fordert stets ein Nachdenken über das eigene Lernen und Arbeiten heraus (metakognitive Aktivitäten).

▪ Eine *effektive und schülerorientierte Unterrichtsführung* („classroom management"), bei der verschiedene Formen und Methoden flexibel variiert werden, Stunden klar strukturiert sind, eine störungsarme und fehleroffene Lernatmosphäre geschaffen wird, u. a. m.[5]

Das naheliegende Vehikel zur Realisierung eines solchen Unterrichts sind kompetenzorientierte Aufgaben. Gerade offenere Aufgabenvarianten, wie die am Ende von Abschnitt 1.2.3 genannten, eignen sich besonders gut für eine selbstständigkeitsorientierte unterrichtliche Behandlung, bei der die Lehrkraft individuell diagnostiziert und ggfs. unterstützt sowie unterschiedliche Schülerlösungen (s. dazu Kap. 2, s. S. 162) präsentieren und diskutieren lässt.

1.3 Über das vorliegende Buch

1.3.1 Ziele und Einsatzmöglichkeiten

Hauptziel des vorliegenden Buches ist es, mit einer großen Zahl von Mathematik-Aufgaben die Bildungsstandards Mathematik zu *illustrieren* und zu *konkretisieren*. Selbstverständlich kann keine einigermaßen überschaubare Auswahl von Aufgaben das volle Spektrum möglicher standardbezogener Aufgabenstellungen ausschöpfen. Bei sechs Kompetenzen, fünf Leitideen und drei Anforderungsbereichen gibt es bereits 90 verschiedene Kombinationsmöglichkeiten. Zudem treten Kompetenzen in einer Aufgabe i. A. nicht einzeln auf, sondern in je unterschiedlichen Kombinationen. Wir haben uns dennoch bemüht, durch die getroffene Auswahl von Aufgaben die *Breite möglicher Aufgabenstellungen* wenigstens anzudeuten. Die Aufgaben decken alle Kompetenzen, alle Leitideen und alle Anforderungsbereiche ab, in wechselnden Kombinationen. Dabei haben wir die gängigen und allseits bekannten Aufga-

[5]Vgl. die in Fußnote 2 angegebene Literatur

bentypen eher wenig berücksichtigt, da wir davon ausgehen, dass sie ohnehin zum Repertoire jeder Mathematiklehrkraft gehören. Andererseits haben wir auch weitgehend darauf verzichtet, besonders offene, besonders ausgefallene, besonders anspruchsvolle Aufgaben zu präsentieren, um nahe am Alltagsunterricht zu bleiben. Damit soll keineswegs die Bedeutung solch offener, ausgefallener, anspruchsvoller Aufgaben geschmälert werden.

Das vorliegende Buch ist aber weit mehr als eine bloße Aufgabensammlung. Es enthält auch Anregungen für den *unterrichtlichen Einsatz* der Aufgaben, und zwar in einer Weise, welche die Chance bietet, das Kompetenzpotenzial der Aufgaben auch möglichst weitgehend zu aktivieren. Das Buch will Lehrkräfte dabei unterstützen, kompetenzorientierte Aufgaben gezielt auszuwählen, für didaktische Zwecke (Einführung, Übung, Diagnose, Leistungsüberprüfung) einzusetzen und ggfs. selbst zu konstruieren, auch über die hier gegebene Auswahl von Aufgaben hinaus. Andererseits ist dieses Buch keine Methodik des Mathematikunterrichts. Hierzu würde noch viel mehr gehören. Der Fokus des Buches sind die illustrierenden *Aufgaben* und deren unterrichtliches Umfeld.

Neben seiner Nutzung für Unterrichtszwecke kann das Buch auch in der *Lehrerfortbildung* eingesetzt werden. Was jetzt und in der absehbaren Zukunft ansteht, sind flächendeckende bildungsstandardbezogene Fortbildungsmaßnahmen. Dabei trifft das Wort „Fortbildung" noch nicht den Kern: Es geht darum, jeden einzelnen Mathematiklehrer nicht nur zum Experten für die Standards, sondern weitergehend zum selbstständigen Akteur bei der adäquaten Umsetzung der Standards zu machen. Dies kann nur gelingen, wenn die Lehrer sich mit dem Geist der Bildungsstandards vertraut machen, d. h.:

- mit der Idee, Leistung durch Kompetenzen zu beschreiben und mit dem hierfür verwendeten Kompetenzmodell (Kompetenzen, Leitideen, Anforderungsbereiche),
- mit der Analyse von Aufgaben, herkömmlicher wie neuartiger, mittels einer „Kompetenzbrille",
- mit der zielgerichteten Konstruktion bzw. Variation kompetenzorientierter Aufgaben,
- mit dem variablen Einsatz solcher Aufgaben in einem auf Kompetenzentwicklung ausgerichteten Mathematikunterricht,
- mit der Verwendung solcher Aufgaben für Diagnosen und Evaluationen,
- mit der Umsetzung von Diagnose- und Evaluationsergebnissen in gezielte Fördermaßnahmen für einzelne Schüler oder für die ganze Klasse.

Das vorliegende Buch kann als Material für derartige Fortbildungsveranstaltungen verwendet werden, seien sie zentral oder schulbasiert, individuell oder kollegiumsbezogen. Gemäß den eben genannten Punkten können z. B.

▨ die zahlreichen Aufgabenanalysen in diesem Buch dazu dienen, Aufgaben konsequent mit dem „Kompetenzblick" zu betrachten (s. dazu auch Kap. 1, S. 152 und Kap. 2, S. 162),

▨ die Überlegungen in Kap. 2, (s. S. 96), Anregungen für eine Steigerung der diagnostischen Expertise von Lehrkräften geben,

▨ die Vorschläge in Kap. 1 (s. S. 81), 3 (s. S. 113) oder 4 (s. S. 126) Ausgangspunkt für Diskussionen über Unterrichtsqualität sein,

▨ die Überlegungen in Kap. 5 (s. S. 135) Anstöße geben zu Absprachen im Fachkollegium bei der Jahresplanung

u. v. a. m.

Eine fast selbstverständliche Bemerkung zum Schluss: Von wem und in welchen Zusammenhängen das Buch auch immer verwendet wird, es ist jedenfalls nicht als direkte Vorlage für den Unterricht oder für die Fortbildung gedacht. Wie jedes Material muss es bewusst und adressatengerecht eingesetzt werden, müssen einzelne Aufgaben oder Kapitel gezielt ausgewählt und in den jeweiligen Verwendungskontext eingebettet werden. Das Buch soll also eher zum Nach-Denken als zum direkten Nach-Machen anregen.

1.3.2 Überblick über die einzelnen Teile

Das Buch ist folgendermaßen aufgebaut: In den beiden weiteren Kapiteln von **Teil 1** soll der Kern der Bildungsstandards, das sind die *Kompetenzen*, genauer erläutert werden. Kapitel 2 beschreibt die sechs allgemeinen mathematischen Kompetenzen etwas genauer. Was inhaltsbezogene Kompetenzen genauer bedeuten können und inwiefern Leitideen mit Stoffgebieten zusammenhängen, wird in Kapitel 3 exemplarisch für die Leitidee *Daten und Zufall* aufgezeigt.

Teil 2 legt den Fokus dann stärker auf den *Unterricht*. Wie schon mehrfach betont: Auch wenn Bildungsstandards „nur" die erwarteten Schüler-Leistungen beschreiben, haben sie unmittelbare Auswirkungen auf den Unterricht. Denn dort werden die Voraussetzungen geschaffen, dass Schüler solche Leistungen erbringen können. Kapitel 1 zeigt, wie in unterschiedlichen Unterrichtssituationen geeignete Aufgaben eingesetzt werden können, die zur Kompetenzentwicklung beitragen sollen. Der Schwerpunkt von Kapitel 2 liegt auf dem diagnostischen Aspekt; der Autor betont, dass Aufgaben auch ein hilfreiches Instrument im Unterricht zur Einschätzung vorhandener (oder auch unzureichender) Schüler-Kompetenzen sein können. Der wichtige Aspekt des Übens und Wiederholens mit Hilfe von geeigneten Aufgaben steht bei Kapitel 3 im Mittelpunkt. Eine andere Unterrichtsform, der projektorientierte Unterricht, wird in Kapitel 4 angesprochen. Während in all diesen Kapiteln eher „lokale" Aspekte im Vordergrund stehen, thematisiert das abschließende Kapitel 5 einen „globalen" Aspekt, nämlich die Kompetenzentwicklung über längere Zeiträume hinweg; die Autorin unterstreicht hier vor allem die Wichtigkeit von

Lernstrategien. Insgesamt soll Teil 2 verdeutlichen, wie wichtig es für Lehrkräfte ist, in allen Phasen und Situationen des Unterrichts einen „Kompetenzblick" aufzusetzen, d. h., bei der Planung und Gestaltung des Unterrichts immer die Entwicklung von Schüler-Kompetenzen im Auge zu haben. **Teil 3** beschäftigt sich stärker mit den *Aufgaben* selbst. Auch hier geht es, in unterschiedlichen Facetten, um einen „Kompetenzblick" auf die Aufgaben. Kapitel 1 demonstriert, wie man gegebene Aufgaben sinnvoll variieren kann. In Kapitel 2 wird betont, wie wichtig es ist, zu gegebenen Aufgaben vielfältige Lösungen nicht nur zuzulassen, sondern bewusst zu erzeugen. Welch unterschiedliche Formate kompetenzorientierte Aufgaben haben können, wird in Kapitel 3 aufgezeigt. Schließlich präsentiert Kapitel 4 unterschiedliche Arten von realitätsbezogenen Aufgaben.

Teil 4 enthält eine Zusammenstellung weiterer Aufgaben. Auf diese Weise soll das Spektrum von Aufgaben gezielt um Bereiche erweitert werden, die in den Teilen 1–3 noch nicht angemessen vertreten waren. Dieser Teil des Buches hat am ehesten den Charakter einer Aufgabensammlung. Das Buch schließt mit einer einordnenden Übersicht über alle Aufgaben im **Teil 5**.

Literatur

BAUMERT, J. et al. (Hrsg.) (1997): Gutachten zur Vorbereitung des Programms „Steigerung der Effizienz des mathematisch-naturwissenschaftlichen Unterrichts" (Materialien zur Bildungsplanung und Forschungsförderung, Heft 60). Bonn: Bund-Länder-Kommission für Bildungsplanung und Forschungsförderung.

BLUM, W./LEIß, D. (2005): Modellieren im Unterricht mit der „Tanken"-Aufgabe. In: mathematik lehren, H. 128, S. 18–21.

FREUDENTHAL, H. (1983): Didactical phenomenology of mathematical structures. Dordrecht: Reidel.

HELMKE, A. (2003): Unterrichtsqualität erfassen, bewerten, verbessern. Seelze: Kallmeyer.

KIRSCH, A. (2002): Systematischer Aufbau der „vollsymmetrischen" Archimedischen Polyeder. In: Praxis der Mathematik 44, H. 5, S. 227–229.

KLIEME, E., AVENARIUS, H., BLUM, W., DÖBRICH, P., GRUBER, H., PRENZEL, M., REISS, K., RIQUARTS, K., ROST, J., TENORTH, H.-E., VOLLMER, H. (2003): Zur Entwicklung nationaler Bildungsstandards – Eine Expertise. In: BMBF (Hrsg.): Zur Entwicklung nationaler Bildungsstandards. Bonn, S. 7–174.

MESSNER, R. (2004): Was Bildung von Produktion unterscheidet. In: Bildung und Standards (Hrsg.: Schlömerkemper, J.), 8. Beiheft zu *Die Deutsche Schule*, S. 26–47.

NISS, M. (2003): Mathematical Competencies and the Learning of Mathematics: The Danish KOM Project. In: Gagatsis, A./Papastavridis, S. (Eds): 3rd Mediterranean Conference on Mathematical Education. Athens (The Hellenic Mathematical Society), S. 115–124.

OECD (2003): The PISA 2003 Assessment Framework: Mathematics, reading, science and problem solving knowledge and skills. Paris: OECD.

WEINERT, F. E. (2001): Vergleichende Leistungsmessung in Schulen – eine umstrittene Selbstverständlichkeit. In WEINERT, F. E. (Hrsg.): Leistungsmessung in Schulen. Weinheim und Basel: Beltz, S. 17–31.

WINTER, H. (1995): Mathematikunterricht und Allgemeinbildung. In: Mitteilungen der Gesellschaft für Didaktik der Mathematik, Nr. 61, S. 37–46.

2. Beschreibung zentraler mathematischer Kompetenzen

Dominik Leiß/Werner Blum

2.0 Vorbemerkung: Allgemeine Kompetenzen und mathematisches Arbeiten[1]

Wie in Kapitel 1 beschrieben, gehen die Bildungsstandards vom Grundgedanken aus, das Können der Schüler an den *Kompetenzen* festzumachen, die sie beim Bearbeiten von Aufgaben zu aktivieren haben; im Einzelnen:

K1 Mathematisch argumentieren,
K2 Probleme mathematisch lösen,
K3 Mathematisch modellieren,
K4 Mathematische Darstellungen verwenden,
K5 Mit Mathematik symbolisch, formal und technisch umgehen,
K6 Mathematisch kommunizieren.

Die Bildungsstandards nennen diese Kompetenzen, umschreiben sie knapp und stufen sie in drei Anforderungsbereiche. Doch kann man dahinter Gründe und einen Rahmen erkennen? Allgemein müsste man fragen: Was macht „mathematisches Arbeiten" in der Schule aus? Kann man es – überhaupt, und wenn ja, in Form von Kompetenzen – strukturieren? Sind diese Kompetenzen typisch für die Mathematik und zugleich zentral für das Erfassen der Fertigkeiten und Fähigkeiten von Schülern?

Die Bildungsstandards, und auch dieses Buch, können diese Fragen nicht in der Tiefe beantworten, die wünschenswert wäre. Dazu eine vernünftige Antwort zu finden, ist eine permanente Kern-Aufgabe der Mathematikdidaktik. Eine solche Antwort muss zahlreiche Aspekte einbeziehen, insbesondere was mathematische Bildung in der Schule sein soll. Es sollen daher wenigstens einige Lesehinweise gegeben werden: FREUDENTHAL (1977), WINTER (1995), HEYMANN (1996), BLK (1997, Kap. 5.1).

Die Bildungsstandards nehmen zu den gestellten Fragen einen eher pragmatischen Standpunkt ein. Da die Standards für Unterrichtsentwicklung und Leistungsüberprüfung gleichermaßen nutzbar sein sollen, sind die Kompetenzen so formuliert, dass sie nah am mathematischen Arbeiten im Unterricht angesiedelt sind. Sie formulieren nicht eigens, dass es zusätzliche Aspekte

[1] nach Vorschlägen von MICHAEL NEUBRAND

gibt, die sich durch den gesamten Mathematikunterricht ziehen. An vier Aspekte dieser Art soll im Folgenden erinnert werden.

Grundfertigkeiten und -vorstellungen als Basis der Kompetenzen

Man kann als „Basis", auf der die Kompetenzen fußen, zwei sich ergänzende Gesichtspunkte nennen. Der erste zeigt auf die Notwendigkeit von Grundwissen, der zweite auf die Voraussetzungen für mathematisches Verständnis.

▪ Unbestritten dürfte sein, dass elementare Fertigkeiten im flüssigen und flexiblen Umgehen mit Zahlen und Größen sowie grundlegende Fertigkeiten im Umgehen mit geometrischen Objekten erforderlich sind (Leitfrage: „Wie geht das?"). Diese Grundfertigkeiten sind in den Kompetenzen der Bildungsstandards nicht direkt benannt, werden aber als notwendige Voraussetzung angesehen.

▪ Schüler können mathematisches Verständnis nur ausbilden, wenn im Mathematikunterricht sorgfältig und langfristig angelegte inhaltliche Vorstellungen zu mathematischen Begriffen und Verfahren aufgebaut werden (Leitfrage: „Was bedeutet das?"). Vorstellungen zu aktivieren ist eine Basis, ohne die Kompetenzen nicht wirksam werden können. Im Mathematikunterricht wird ein Großteil der Aktivitäten hierfür aufzubringen sein.

Mathematisches Denken als Klammer über die Kompetenzen

Bildungsstandards sollen darüber hinaus, wie in Kapitel 1 ausführlich dargestellt wurde, fachspezifisch sein. Sie sollen das Spezielle an der Mathematik erkennen lassen. Da sie aber nah an unterrichtlichen Aktivitäten formuliert sind, vergisst man leicht, dass übergreifende mathematische Denkweisen in die einzelnen Kompetenzen einzubetten sind. Die folgenden beiden charakteristischen Denkweisen werden in den Bildungsstandards nicht ausdrücklich erwähnt, ziehen sich aber durch alle Kompetenzen hindurch.

▪ Mit Beginn der Grundschule wird immer wieder die Tatsache genutzt, dass man anstelle des einen mathematischen Gegenstands einen anderen, gleichrangigen einsetzen könnte. Z. B. könnte statt einer Zahl auch das Ergebnis einer Rechnung stehen, eine Figur kann auch als Teilfigur in einer komplexeren auftauchen, statt eines Schritts in einem Algorithmus kann man auch eine Subroutine einfügen, usw. Dies ist eine universelle mathematische Denkhaltung, die in den unterrichtsnah formulierten Kompetenzen der Bildungsstandards nicht eigens erwähnt wird. Bei der Bearbeitung von Aufgaben zu allen Kompetenzen kommt sie aber stets vor. So leben beispielsweise Argumentationen und Problemlöseprozesse davon, dass man sich auf bereits Bewiesenes bzw. bereits erfolgreich Erprobtes beziehen kann. Modellbildung kann auf Standardmodelle zurückgreifen. Formaltechnisches Arbeiten in der Mathematik benutzt immer wieder den Gedanken des Einsetzens und der Substitution.

▪ Mathematik arbeitet immer allgemeine Zusammenhänge heraus, sowohl innerhalb der Mathematik als auch beim Erschließen der Wirklichkeit durch Mathematik. Mathematik ist die Disziplin, die gedankliche und begriffliche Ordnung in die Welt der Phänomene zu bringen versucht (FREUDENTHAL 1983). Nachhaltiger Kompetenzaufbau erfordert es also, dass, wo immer möglich, Aktivitäten des Präzisierens, Ordnens, Klassifizierens, Definierens, Strukturierens, Verallgemeinerns usw. vorkommen. Das ist wiederum in allen Kompetenzbereichen möglich. Beispielsweise gehört zum *Argumentieren*, das Denkschema in seiner allgemeinen Gültigkeit klar werden zu lassen. *Probleme lösen* muss auch bedenken, auf welchen verallgemeinerten Sachverhalt die Lösung noch passt und wie weit die eingesetzten Strategien reichen. *Modellieren* wird erst dann richtig wirksam, wenn das Modell auch auf weitere Gegenstände bezogen werden kann. Beim *Darstellungen verwenden* sollte stets geprüft werden, ob der Typ des Darzustellenden zur Darstellung passt. *Symbolisch/technisch/formales Arbeiten* verständig auszuführen bedeutet auch, deren Gültigkeitsbereich und Voraussetzungen zu thematisieren. *Kommunizieren* ist dem Missverstehen ausgesetzt, wenn man sich nicht vorher auf allgemeine (und daher oft formale) Begriffe verständigt.

Die Kompetenzen in den Bildungsstandards sind also eingebettet in weitere Aspekte, an denen sich Wissenserwerb und Unterrichtsentwicklung auszurichten haben. Nur auf die Kompetenzen allein zu blicken, genügt nicht für eine produktive Gestaltung des Mathematikunterrichts. Die Kompetenzen, so wie sie im Folgenden den Bildungsstandards entsprechend beschrieben werden, sind aber wichtige Anhaltspunkte, die mathematischen Aktivitäten der Schüler breit genug anzulegen, um – wie die KMK es als Ziel formuliert – die „Qualität des Fachunterrichts zu sichern".

Im Folgenden beschreiben wir die sechs Kompetenzen genauer. Dabei orientieren wir uns weitestgehend an den Beschreibungen der Anforderungsbereiche, wie sie in den KMK-Standards Mathematik für den mittleren Bildungsabschluss und für den Hauptschulabschluss gegeben sind. Wir differenzieren diese weiter aus, präzisieren sie, soweit dies nötig ist, und müssen infolgedessen dabei vereinzelt auch von den ursprünglichen Beschreibungen abweichen. Erwähnt sei, dass es natürlich bei jeder der sechs Kompetenzen auch einen Ausprägungsgrad *vor* Anforderungsbereich I gibt, bei dem die Kompetenz nicht oder jedenfalls nicht in nennenswertem Umfang gefordert wird. Weiter soll nochmals betont werden, dass es weder sinnvoll noch möglich ist, die Kompetenzen strikt voneinander zu separieren. Bei jeder Kompetenz werden diejenigen Aspekte herausgestellt, die besonders typisch sind. Dennoch sind gewisse Überschneidungen unvermeidbar.

2.1 Die Kompetenz *Mathematisch argumentieren* (K1)

Zu dieser Kompetenz gehört sowohl das Verbinden mathematischer Aussagen zu logischen Argumentationsketten als auch das Verstehen und kritische Bewerten verschiedener Formen mathematischer Argumentationen. Dies bezieht sich auf verschiedenste Bereiche der Mathematik, z. B. die Begründung von Ergebnissen und Behauptungen, die Herleitung mathematischer Sätze und Formeln oder die Einschätzung der Gültigkeit mathematischer Verfahren. Solche Fähigkeiten müssen in der gesamten Schulzeit kontinuierlich erworben und angewendet werden, beginnend mit einfachen Plausibilitätsüberlegungen bis hin zu strengen Beweisen, bei denen jeder Beweisschritt eine Rechtfertigung besitzt. Die Grundlage solcher Argumentationsprozesse bilden dabei – wenn auch teilweise unbewusst – fundamentale mathematische Gesetze und Konventionen. Dementsprechend gehört zur Kompetenz *Argumentieren* auch die Einsicht, dass bestimmte Begründungsmuster unabhängig vom Inhalt eine gewisse Allgemeingültigkeit haben.

Das Spektrum der in diesem Rahmen verwendeten Aufgaben ist entsprechend groß, wobei Aufgaben, die zum Anwenden dieser Fähigkeiten auffordern, häufig – ohne dass dies schematisch verwendet werden kann – Formulierungen der folgenden Art aufweisen:

■ Begründe…!	■ Kann es sein, dass…?
■ Überprüfe…!	■ Warum ist das so?
■ Beweise…!	■ Gilt das immer?
■ Widerlege…!	■ Warum sind dies alle Fälle, die…?

Dabei muss keineswegs immer die explizite Darlegung einer Begründung oder Rechtfertigung verlangt werden, wenn die Kompetenz *Argumentieren* zur Lösung einer Aufgabe erforderlich ist. Eine Aufgabe hat auch dann Argumentationspotenzial, wenn ein Schüler bei deren Bearbeitung für sich selbst, also in einem intern ablaufenden mentalen Prozess, ein Lösungsverfahren oder ein Ergebnis erklären, rechtfertigen und überprüfen muss.

Die Bandbreite solcher Argumentationen reicht von der Reproduktion bekannter Argumentationsmuster (z. B. Begründen mit einfachem Gegenbeispiel) bis hin zur Reflexion über die Reichweite einer Schlusskette. Die folgende Beschreibung der Anforderungsbereiche soll dies genauer spezifizieren:

Anforderungsbereich I: Routineargumentationen (bekannte Sätze, Verfahren, Herleitungen, usw.) wiedergeben und anwenden; einfache rechnerische Begründungen geben; mit Alltagswissen argumentieren.

Anforderungsbereich II: Überschaubare mehrschrittige Argumentationen nachvollziehen, erläutern oder entwickeln.

Anforderungsbereich III: Komplexe Argumentationen nutzen, erläutern oder entwickeln; verschiedene Argumente nach Kriterien wie Reichweite und Schlüssigkeit bewerten.

Dabei gilt es zu betonen, dass die Qualität, d. h. die Überzeugungs- bzw. Aussagekraft einer mathematischen Argumentation, nicht vom Grad ihrer Formalisierung abhängt. Vielmehr sind schlüssige mathematische Begründungen auf verschiedenen Darstellungsebenen möglich. Die folgende Aufgabe, bei der eine mathematische Begründung eingefordert wird, zeigt dies exemplarisch (in Kapitel 2, s. S. 102, gilt es in einer zusätzlichen Teilaufgabe, gegebene Argumentationen zu dieser Aussage zu bewerten):

Beispielaufgabe 1 (Anforderungsbereich II)

Summen von Nachbarzahlen

Jette behauptet: *„Die Summe von drei aufeinanderfolgenden natürlichen Zahlen ist stets durch drei teilbar."* Hat Jette recht?
Begründe deine Antwort.

Hierbei gibt es u. a. die folgenden Lösungsmöglichkeiten:

1. Paradigmatischer Ansatz: *Man nimmt drei aufeinanderfolgende Zahlen, z. B. 3, 4, 5.*

$$(4-1) + 4 + (4+1) = 4 + 4 + 4 = 3 \cdot 4;$$

das ist durch 3 teilbar.
Das gilt offenbar immer.

Hierbei wird mit einem konkreten Beispiel operiert, wobei insbesondere durch die Klammern und den Pfeil das Erfassen einer grundlegenden allgemeinen Struktur verdeutlicht wird. Daran kann man erkennen, dass dies bei allen weiteren Beispielen ebenso gilt.

2. Algebraischer Ansatz: *Wenn n die erste dieser drei Zahlen ist, dann gilt:*

$$n + (n + 1) + (n + 2) = 3n + 3 = 3 \cdot (n + 1);$$

das ist durch 3 teilbar.

Diese Variante ist wegen der Verwendung von Variablen abstrakter. Noch geschickter wäre es, analog zum ersten Ansatz die *mittlere* Zahl mit n zu bezeichnen.

3. Zeichnerischer Ansatz: *Die drei Zahlen können z. B. durch Punktmuster oder Treppenstufen dargestellt werden:*

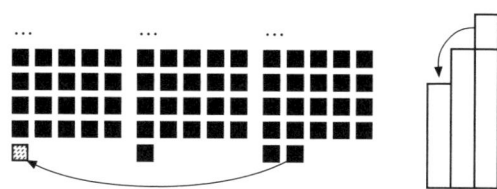

Durch Verschieben eines Punkts entstehen drei gleichmächtige Mengen bzw. durch den Stufenausgleich entsteht eine Anordnung mit drei gleich hohen Säulen, also ist die Zahl durch 3 teilbar.

Hier wird also anstelle von Zahlen und Variablen nun mit geometrischen Objekten gearbeitet.

4. Inhaltlicher Ansatz: *Eine der drei Zahlen muss durch 3 teilbar sein (3er-Reihe), eine lässt bei der Division durch 3 den Rest 1 und eine den Rest 2. Deshalb würde bei der Division der Summe „der Rest 1 + 2 = 3 bleiben", also ist die Summe durch 3 teilbar.*

Bei diesem Ansatz werden mathematische Überlegungen unter Rückgriff auf bereits erworbene Kenntnisse angestellt. Variablen werden dabei nur implizit benötigt.

5. Iterativer Ansatz: *1 + 2 + 3 = 6; und 6 ist durch 3 teilbar.*
2 + 3 + 4 = 9 = 6 + 3 und deshalb ebenfalls durch 3 teilbar usw.
Die Summe wächst jeweils um 3 und bleibt deshalb durch 3 teilbar.

Im Kern handelt es sich hier um eine Vorform der vollständigen Induktion, die bereits in der Mittelstufe von Schülern erbracht werden kann.

Dieses Beispiel zeigt, dass Begründungen auf unterschiedlichen Ebenen und in unterschiedlicher Darstellung erfolgen können. Welche Ebene und welche Darstellung bei einer konkreten Aufgabe jeweils gewählt werden, hängt z. B. vom Vorwissen, von den individuellen Präferenzen oder von der Unterrichtstradition ab. Solange die Aufgabenstellung keine Anforderungen spezifiziert, müssen diese Varianten als gleichberechtigt angesehen werden.

Beispielaufgabe 2 (Anforderungsbereiche a) II, b) III)

Dreiecke am rechtwinkligen Dreieck

Rechts abgebildet, siehst du ein rechtwinkliges Dreieck dessen Katheten und Hypotenuse die Seiten von drei gleichseitigen Dreiecken bilden.

a) Begründe mit Hilfe des Satzes von Pythagoras, warum folgende Behauptung gilt:
Der Flächeninhalt der beiden Kathetendreiecke ist zusammen genauso groß wie der Flächeninhalt des Hypotenusendreiecks.

b) Begründe, warum dies auch gilt, wenn man gleichseitige n-Ecke statt Dreiecke nimmt.

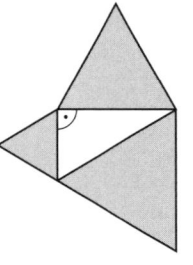

Teilaufgabe a) erfordert die Anwendung des Satzes von Pythagoras in einem anderen als dem schulüblichen geometrischen Kontext. Da hier verschiedene Wissenselemente zu einer Argumentationskette zusammengefügt werden müssen (Dreiecksflächeninhalt, Satz des Pythagoras), ist die Aufgabe typisch für den Anforderungsbereich II.

Teilaufgabe b) verlangt hingegen vom Schüler eine Verallgemeinerung auf n-Ecke, so dass sie dem Anforderungsbereich III zuzuordnen ist.

2.2 Die Kompetenz *Probleme mathematisch lösen* (K2)

Probleme lösen im Sinne der Bildungsstandards ist immer dann erforderlich, wenn eine Lösungsstruktur nicht offensichtlich ist und dementsprechend ein strategisches Vorgehen bei der Bearbeitung notwendig ist. Die Kompetenz *Probleme lösen* zeigt sich folglich im Verfügen über geeignete Strategien zur Auffindung von mathematischen Lösungsideen/-wegen sowie in der Reflexion darüber. Als Strategieelemente können verschiedene heuristische Prinzipien oder Hilfsmittel angewendet werden (vgl. BRUDER 2002), die anders als Algorithmen nicht unmittelbar zum Ziel führen, sich aber bei Problemlöseprozessen allgemein als zielführend erweisen, wie z.B.:

- Zerlegungsprinzip („In welche Teilprobleme lässt sich das Problem zerlegen?")
- Analogieprinzip („Habe ich ähnliche Probleme bereits gelöst?")
- Vorwärtsarbeiten („Was lässt sich alles aus den gegebenen Daten folgern?")
- Rückwärtsarbeiten („Was wird benötigt, um das Gesuchte zu erhalten?")
- Systematisches Probieren
- Veranschaulichung durch eine mathematische Figur, Tabelle, Skizze

Ein Teil-Aspekt des Problemlösens ist das *Stellen* von mathematischen Aufgaben und Problemen. Da dies im Rahmen dieses Buches keine wesentliche Rolle spielt, gehen wir hierauf nicht weiter ein.

Die im Rahmen von Problemlöseprozessen auftretenden Ansprüche lassen sich durch folgende drei Anforderungsbereiche etwas genauer beschreiben:

Anforderungsbereich I: Lösen einer einfachen mathematischen Aufgabenstellung durch Identifikation und Auswahl einer naheliegenden Strategie (z. B. Zeichnen einer einfachen Hilfslinie).

Anforderungsbereich II: Finden eines Lösungsweges zu einer Problemstellung durch ein mehrschrittiges strategiegestütztes Vorgehen.

Anforderungsbereich III: Konstruieren einer elaborierten Strategie, um z. B. die Vollständigkeit einer Fallunterscheidung zu begründen oder eine Schlussfolgerung zu verallgemeinern; Reflektieren über verschiedene Lösungswege.

Die auf der nächsten Seite folgende Aufgabe soll einige Aspekte der Kompetenz *Probleme lösen* verdeutlichen.

Beispielaufgabe 1 (Anforderungsbereich II)

Fläche

In das rechts abgebildete Quadrat mit der Seitenlänge a sind zwei Halbkreise und eine Diagonale
eingezeichnet.
Berechne den Inhalt der grauen Fläche.

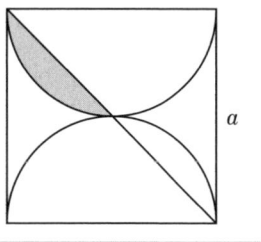

Auch wenn die mathematischen Objekte in der Aufgabenstellung (Halbkreise,
Diagonale, Quadrat) den Schülern bekannt sind, stellt die konstruierte Figur
in Verbindung mit der Frage nach dem Flächeninhalt eines bestimmten Kreis-
abschnitts sicherlich eine Aufgabe dar, zu deren Lösung es eines strategischen
Vorgehens bedarf. Naheliegend ist hier z. B. die Strategie:

- Zeichnen von Hilfslinien:
  Man könnte etwa die folgende Linie ein-
  zeichnen und bräuchte dann nur noch den
  Flächeninhalt des Dreiecks von dem des
  Halbkreises zu subtrahieren und das Er-
  gebnis durch zwei zu dividieren.

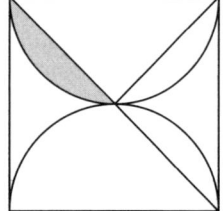

Die folgende Aufgabe ist dem Anforderungsbereich I zuzuordnen, da es sich
um eine Problemstellung handelt, die mit Hilfe verschiedener naheliegender
einfacher Strategien (z. B. Zeichnen oder gedankliches Zerlegen) gelöst werden kann.

Beispielaufgabe 2 (Anforderungsbereich I)

Minutenzeiger

Welches Maß hat der Winkel, den der Minutenzeiger einer Uhr in der Zeit von 9:45
Uhr bis 10:05 Uhr überstreicht?

2.3 Die Kompetenz *Mathematisch modellieren* (K3)

Beim *Modellieren* geht es darum, eine realitätsbezogene Situation durch den
Einsatz mathematischer Mittel zu verstehen, zu strukturieren und einer Lösung zuzuführen sowie Mathematik in der Realität zu erkennen und zu beur-

teilen. Eine Schlüsselrolle spielen dabei mathematische Modelle. Als mathematisches Modell bezeichnet man in diesem Kontext ein vereinfachtes mathematisches Abbild der Realität, das nur gewisse Teilaspekte berücksichtigt (HENN 2002), so dass der auf diese Weise beschriebene Sachverhalt einer Bearbeitung zugänglich gemacht wird. Modelle werden zum einen verwendet, um reale Phänomene wie z. B. Algenwachstum oder Glücksspiele zu beschreiben („deskriptive Modelle"), zum anderen dienen sie zur Umsetzung gewisser Intentionen bezüglich realer Sachverhalte wie z. B. Wahlverfahren oder Bewertungsverfahren bei Produkttests („normative Modelle").

Der Prozess des Bearbeitens realitätsbezogener Fragestellungen lässt sich dabei idealtypisch durch folgende Teilschritte beschreiben:

1. Verstehen der realen Problemsituation
2. Vereinfachen und Strukturieren der beschriebenen Situation
3. Übersetzen der vereinfachten Realsituation in die Mathematik
4. Lösen der nunmehr mathematischen Problemstellung durch mathematische Mittel
5. Rückinterpretation und Überprüfung des mathematischen Resultats anhand des realen Kontexts

Jeder dieser Punkte verlangt vom Schüler bestimmte Fähigkeiten, die man als Teilkompetenzen des *Modellierens* bezeichnen könnte. Dabei zählt man Schritt 4 nicht zur Kompetenz *Modellieren,* und Schritt 1 gehört i. W. zur Kompetenz *Kommunizieren.* Das Wesentliche sind die *Übersetzungs*prozesse, die der Schüler zu leisten hat, um eine zielführende Verbindung zwischen einem außermathematischen Kontext und einem innermathematischen Inhalt herzustellen.

Entsprechende Übersetzungsprozesse gibt es auch *innerhalb* der Mathematik, z. B. wenn geometrische Probleme formalisiert werden. Man spricht dann vom *innermathematischen Modellieren.* Solche Prozesse sind bei uns Bestandteil *anderer* Kompetenzen, insbesonder der Kompetenz *Darstellungen verwenden.*

Genauer wird die Kompetenz *Modellieren* durch folgende Anforderungen beschrieben:

Anforderungsbereich I: Vertraute und direkt erkennbare Standardmodelle nutzen (z. B. „Dreisatz"); direktes Überführen einer Realsituation in die Mathematik; direktes Interpretieren eines mathematischen Resultats.

Anforderungsbereich II: Mehrschrittige Modellierungen innerhalb weniger und klar formulierter Einschränkungen vornehmen; Ergebnisse einer solchen Modellierung interpretieren; ein mathematisches Modell passenden Realsituationen zuordnen oder an veränderte Umstände anpassen.

Anforderungsbereich III: Ein Modell zu einer komplexen Situation bilden, bei der die Annahmen, Variablen, Beziehungen und Einschränkungen neu definiert werden müssen; Überprüfen, Bewerten und Vergleichen von Modellen.

Eine nahezu authentische Aufgabe, bei der die Kompetenz *Modellieren* im Vordergrund steht, ist die folgende Aufgabe.

Beispielaufgabe 1 (Anforderungsbereich III)

Tanken

Herr Stein wohnt in Trier, 20 km von der Grenze zu Luxemburg entfernt. Er fährt mit seinem VW Golf zum Tanken nach Luxemburg, wo sich direkt hinter der Grenze eine Tankstelle befindet. Dort kostet der Liter Benzin nur 1,05 €, im Gegensatz zu 1,30 € in Trier. Lohnt sich die Fahrt für Herrn Stein? Begründe deine Antwort.

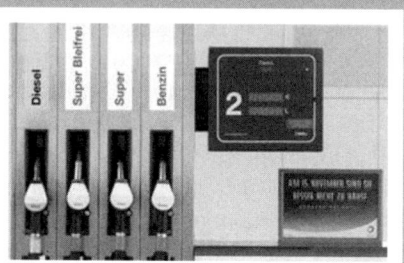

Anhand von einem von vielen denkbaren Lösungsansätzen zu dieser relativ komplexen Problemstellung lassen sich die oben beschriebenen Teilschritte des Modellierens verdeutlichen.

1. *Problemsituation verstehen:* Es handelt sich um eine Entscheidungsaufgabe, bei der man überlegen soll, ob es sich lohnt, zu einer 20 km weit entfernten Tankstelle zu fahren, bei der das Benzin günstiger ist.
2. *Problem strukturieren/präzisieren:* „Lohnen" wird interpretiert als Reduzierung auf die unmittelbare persönliche Kosten-Ersparnis (z. B. Vernachlässigung von ökologischen oder volkswirtschaftlichen Aspekten). Dafür sind nötig: Heranziehen und Festlegen der Parameter Tankvolumen (z. B. 45 Liter), Benzinverbrauch (z. B. 8 Liter pro 100 km), Entfernung zur Tankstelle in Trier (z. B. 1 km).
3. *Problem mathematisieren:* $K_{Differenz} = K_{Trier} - K_{Luxemburg}$
   K_{Trier} $= (1,30\ €/l \cdot 45\ l) + (1,30\ €/l \cdot\ 2\ km \cdot (8\ l/100\ km))$
   $K_{Luxemburg} = (1,05\ €/l \cdot 45\ l) + (1,05\ €/l \cdot 40\ km \cdot (8\ l/100\ km))$
4. *Mathematisch arbeiten:* Im Wesentlichen Umgang mit Termen und Gleichungen (evtl. auch Graphen)
5. *Ergebnis interpretieren und überprüfen:* Das Tanken in Trier kostet ca. 8 € mehr, also lohnt sich die Fahrt. Dies erscheint als realistisches Ergebnis, da man ungefähr 1 € pro 4 Liter in Luxemburg getankten Benzins spart (ca. 10 €) und einige Euro für die 40 km zahlen muss (also ca. 6–8 €).

Auch wenn es sich hierbei um eine bereits gute Modellierung der Problemstellung handelt, gilt es zu bedenken, dass andere für die Realsituation wichtige Faktoren, wie z. B. der Wertverlust des Autos oder der Zeitverlust, in diesem Modell nicht berücksichtigt wurden. Deshalb wäre es wichtig, das bestehende Modell in einem zweiten Durchgang noch entsprechend zu verfeinern, da durch die Modellierung nicht nur eine Lösung der Mathematikaufgabe, sondern eine ernsthafte Beantwortung der realitätsbezogenen Problemstellung angestrebt werden sollte.

Auch wenn die nun folgende Aufgabe fast schon eingekleidet erscheint, so bedarf es zu ihrer Lösung ebenfalls – wenn auch weniger komplexer – Übersetzungsprozesse zwischen Realität und Mathematik (zur Bedeutung eingekleideter Aufgaben s. Kapitel 4, s. S.194). Entsprechend der obigen Beschreibung ist sie dem Anforderungsbereich II zuzuordnen, da sie vom Schüler zwar ein mehrschrittiges Vorgehen verlangt, die Situation aber relativ klar umrissen ist und naheliegende vertraute Modelle (Zylinder, proportionale Zuordnungen) verwendet werden müssen. Insbesondere eignet sich diese Aufgabe auch dazu, darüber zu sprechen, inwieweit Modellierungen überhaupt in einem bestimmten realen Kontext angemessen sind oder ob es nicht noch andere naheliegendere Lösungen gibt, auf die man im Alltag zurückgreifen würde.

Beispielaufgabe 2 (Anforderungsbereich II)

Kuchenrezept

Lisa benötigt für einen Kuchen die folgenden Zutaten:
250 g Mandeln, 250 g Mehl, 125 g Zucker, 5 Eier, etwas Salz, 40 g Mandelblättchen.
Der Teig reicht nach Rezept für eine runde Backform mit 22 cm Durchmesser. Lisa besitzt aber nur eine Form mit 26 cm Durchmesser. Beide Formen haben die gleiche Höhe.
Verändere die Liste der Zutaten so, dass der Teig in der größeren Backform die gleiche Höhe hat wie in der kleineren Form. Runde geeignet.

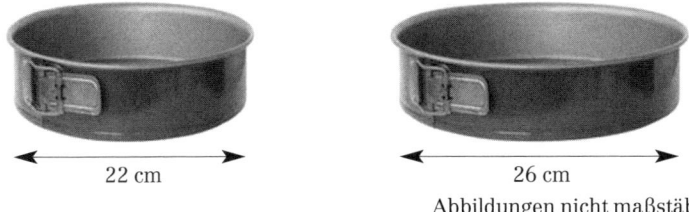

22 cm   26 cm
                        Abbildungen nicht maßstäblich

2.4 Die Kompetenz *Mathematische Darstellungen verwenden* (K4)

Zu dieser Kompetenz gehört sowohl das eigenständige Erzeugen von Darstellungen mathematischer Gegenstände als auch das verständige Umgehen mit bereits vorgegebenen Repräsentationen. Dabei sind neben grafischen Darstellungsformen wie etwa

▪ Diagrammen, Abbildungen, Fotos, Skizzen realer Sachverhalte, statistischen Schaubildern, Graphen auch andere Darstellungsmöglichkeiten von Bedeutung wie z. B.

- Formeln,
- sprachliche Darstellungen,
- Handlungen/Gesten,
- Programme (in einer Programmiersprache).

Aus dem bloßen Vorhandensein einer dieser Darstellungen lässt sich noch nicht folgern, dass die Kompetenz *Darstellungen verwenden* eine Rolle spielt. So dienen beispielsweise Abbildungen nicht zwangsläufig als Träger mathematischer Informationen, sondern können auch eine bloß illustrierende oder motivierende Funktion erfüllen. Zudem ist man in der Mathematik immer gezwungen, auf Darstellungen als Vermittler ihrer Inhalte zurückzugreifen, z. B. wenn es um Darlegungen (Kompetenz *Kommunizieren*) geht. Erst wenn gefordert wird, dass man sich für die Bearbeitung einer Aufgabe aktiv mit Darstellungen mathematischer Inhalte auseinandersetzen muss, werden die folgenden Fähigkeiten relevant:

- Erstellen oder Verändern einer Darstellung,
- Interpretieren oder Bewerten einer gegebenen Darstellung,
- Wechseln zwischen verschiedenen Darstellungsformen.

Der mit diesen Fähigkeiten einhergehende kognitive Anspruch kann durch die folgenden Anforderungsbereiche näher beschrieben werden:

Anforderungsbereich I: Standarddarstellungen von mathematischen Objekten und Situationen anfertigen und nutzen.

Anforderungsbereich II: Gegebene Darstellungen verständig interpretieren oder verändern; zwischen zwei Darstellungen wechseln.

Anforderungsbereich III: Unvertraute Darstellungen verstehen und verwenden; eigene Darstellungsformen problemadäquat entwickeln; verschiedene Formen der Darstellung zweckgerichtet beurteilen.

Die folgende Aufgabe verlangt vom Lernenden lediglich die Erstellung einer Standarddarstellung und ist somit dem Anforderungsbereich I zuzuordnen.

Beispielaufgabe 1 (Anforderungsbereich I)

Wahlen

Stelle das folgende Wahlergebnis in einem Kreisdiagramm dar.
Partei A: 30 %   Partei B: 40 %   Partei C: 25 %   Sonstige: 5 %

Lautet die Aufgabe dagegen „Stelle … in einem Diagramm dar.", verändern sich die Anforderungen. Der Schüler muss nun eine passende Darstellungsform auswählen, wobei vorausgesetzt ist, dass er Darstellungsarten wie Säulen-, Balken-, Kreis- oder Streifendiagramm kennt. Dies gehört zum Anforderungsbereich II. Zwei Möglichkeiten:

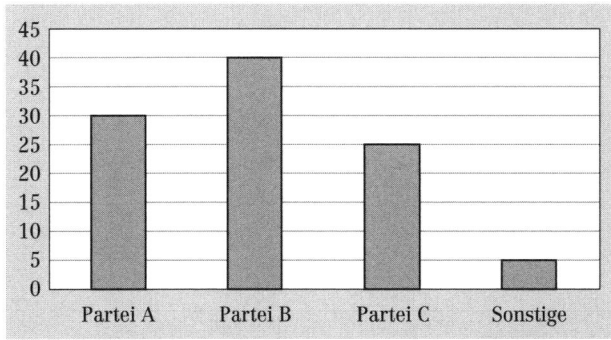

Säulendiagramm

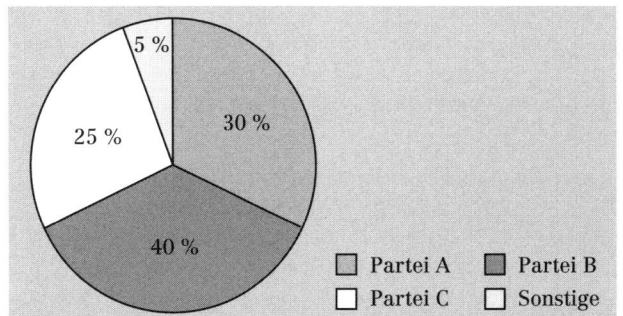

Kreisdiagramm

Kann man das Säulendiagramm nahezu unmittelbar zeichnen, d. h., die Prozentangaben etwa als mm-Angaben verwenden, so bedarf es beim Kreisdiagramm zusätzlich der Umrechnung der Prozentangaben in Winkelangaben für die Kreissektoren. Als Lösungen der Aufgabe sind die beiden Darstellungen indessen gleichberechtigt. Unzureichend sind falsche Größenverhältnisse innerhalb einer Darstellung (z. B. Säule A nicht so lang wie Säule B) oder dem Kontext unangemessene Darstellungen wie etwa das unten abgebildete Diagramm.

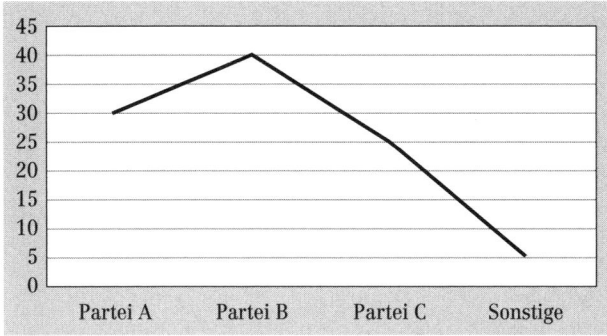

Bei der folgenden Aufgabe steht eine ungewohnte Darstellung, nämlich eine Kombination aus Geschwindigkeit-Zeit- und Höhe-Zeit-Graph, im Mittelpunkt des mathematischen Arbeitens. Dabei gilt es, eine Verbindung sowie eine realitätsbezogene Interpretation dieser beiden Graphen vorzunehmen.

Beispielaufgabe 2 (Anforderungsbereich III)

Trainingsanalyse

Das untenstehende Diagramm zeigt einen Ausschnitt aus der Trainingsaufzeichnung eines Rennradfahrers.

b) Wie viele Serpentinen (enge Kurven) kamen auf der Abfahrt vom ersten Berg vor?

Die beiden Graphen geben natürlich Anlass zu vielfältigen weiteren Fragen und Interpretationen.

2.5 Die Kompetenz *Mit symbolischen, formalen und technischen Elementen der Mathematik umgehen* (K5)

Diese Kompetenz umfasst den Gebrauch mathematischer Fakten oder mathematischer Fertigkeiten. *Fakten* können als „Wissen, dass" bezeichnet werden. Hierzu gehört z. B. Wissen, das direkt aus dem Gedächtnis abgerufen werden kann (wie die Definition der Mittelsenkrechten zu zwei Punkten oder die Verwendung des Kommutativgesetzes). *Fertigkeiten* sind eher „Wissen, wie". Hierzu gehört z. B. die Anwendung von Algorithmen, deren Abfolge weitgehend automatisiert ablaufen kann (wie die Berechnung von a aus $a + 5 = 12$).

Dementsprechend gehören zu dieser Kompetenz die folgenden Aspekte:

- das Kennen und Anwenden mathematischer Definitionen, Regeln, Algorithmen oder Formeln,
- das formale Arbeiten mit Variablen, Termen, Gleichungen oder Funktionen,
- das Ausführen von Lösungs- und Kontrollverfahren, die eine bestimmte Schrittfolge aufweisen,
- das Durchführen geometrischer Grundkonstruktionen,
- das Verwenden von Hilfsmitteln wie Formelsammlung oder Taschenrechner.

Wichtig ist hierbei, dass entlastende Routinen ausgebildet werden, die das Erkennen von Zusammenhängen und Strukturen erleichtern und das Betreiben von Mathematik, insbesondere das Übersetzen zwischen Realität und Mathematik, „werkzeughaft" unterstützen können. Somit wird diese Kompetenz häufig in Verbindung mit anderen, stärker im inhaltlichen Zentrum einer Aufgabe stehenden Kompetenzen benötigt.

Die verschiedenen Anforderungen dieser Kompetenz sollen im Folgenden etwas genauer verdeutlicht werden:

Anforderungsbereich I: Verwenden elementarer Lösungsverfahren; direktes Anwenden von Formeln und Symbolen; direktes Nutzen einfacher mathematischer Werkzeuge (z. B. Formelsammlung, Taschenrechner).

Anforderungsbereich II: Mehrschrittige Anwendung formal mathematischer Prozeduren; Umgang mit Variablen, Termen, Gleichungen und Funktionen im Kontext; mathematische Werkzeuge je nach Situation und Zweck gezielt auswählen und einsetzen.

Anforderungsbereich III: Durchführen komplexer Prozeduren; Bewerten von Lösungs- und Kontrollverfahren; Reflektieren der Möglichkeiten und Grenzen mathematischer Werkzeuge.

Beispielaufgabe 1 (Anforderungsbereich I)

Gleichung
Löse die Gleichung $3x + 5 = 27$.

Diese Aufgabe erfordert nur kalkülorientierte Fertigkeiten. Da es sich um simple Routineverfahren handelt, gehört die Aufgabe zu Anforderungsbereich I.

Beispielaufgabe 2 (Anforderungsbereiche a) I, b) II, c) I)

Bündel von Geraden

Betrachte das Bündel von Geraden.
a) Welche gemeinsame Eigenschaft besitzen alle diese Geraden?
b) Gib zu drei dieser Geraden die zugehörige Gleichung an.
c) Wie lautet die Gleichung der Parallelen zur x-Achse in diesem Bündel?

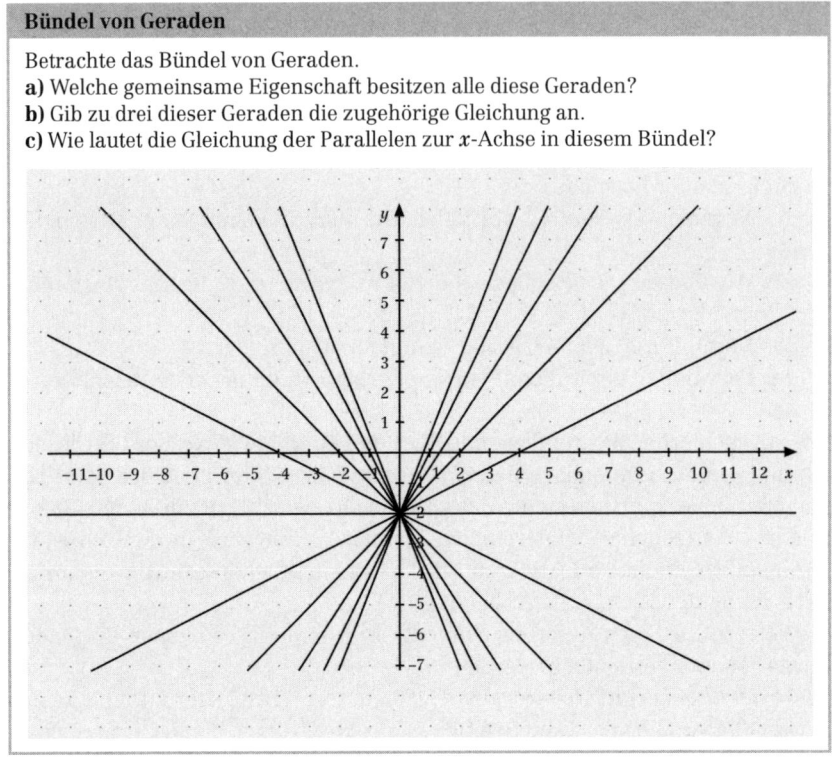

2.6 Die Kompetenz *Mathematisch kommunizieren* (K6)

Diese Kompetenz umfasst zum einen das Verstehen von Texten oder mündlichen Äußerungen zur Mathematik, zum anderen das verständliche (auch fachsprachenadäquate) schriftliche oder mündliche Darstellen und Präsentieren von Überlegungen, Lösungswegen und Ergebnissen.

Dabei besteht häufig die Schwierigkeit, *Kommunizieren* und *Argumentieren* voneinander abzugrenzen. Dies gilt insbesondere für die Erläuterung von Lösungswegen oder die Darlegung von Schlussfolgerungen. Hier ist zu beachten, dass beim *Argumentieren* explizite oder implizite Argumentationsprozesse zur Beschreibung, Konkretisierung und Veranschaulichung eines mathematischen Inhalts erforderlich sind, die aber nicht notwendig einen direkten externen Adressatenbezug haben. Dagegen spielt beim *Kommunizieren* ein externer Adressat (der durchaus fiktiv sein kann) die entscheidende Rolle. So ist beispielsweise in einer Aufgabe immer dann die Kompetenz des *Kommunizierens* angesprochen, wenn es darum geht, einen Lösungsweg (dem Lehrer oder Mitschülern) zu erläutern. Daher ist die *Sprache* beim *Kommunizieren* von entscheidender Bedeutung.

Da beide eingangs genannten Aspekte (einerseits das Aufnehmen, Verstehen oder Bewerten mathematischer Sachverhalte, andererseits deren Darlegung) zur Kompetenz des *Kommunizierens* gehören, ist das Spektrum der denkbaren kognitiven Anforderungen äußerst breit. Die drei Anforderungsbereiche lassen sich wie folgt konkretisieren:

Anforderungsbereich I: Darlegung einfacher mathematischer Sachverhalte; Identifikation und Auswahl von Informationen aus kurzen mathematikhaltigen Texten (die Ordnung der Informationen im Text entspricht weitgehend den Schritten der mathematischen Bearbeitung).

Anforderungsbereich II: Verständliche, i. d. R. mehrschrittige Darlegung von Lösungswegen, Überlegungen und Ergebnissen; Äußerungen (richtige, aber auch fehlerhafte) von anderen Personen zu mathematischen Texten interpretieren; Identifikation und Auswahl von Informationen aus mathematikhaltigen Texten (die Ordnung der Informationen entspricht nicht unmittelbar den Schritten der mathematischen Bearbeitung).

Anforderungsbereich III: Entwickeln einer kohärenten und vollständigen Präsentation eines komplexen Lösungs- oder Argumentationsprozesses; komplexe mathematische Texte sinnentnehmend erfassen; Äußerungen von anderen vergleichen, bewerten und ggf. korrigieren.

Die nachfolgenden Aufgabenbeispiele sollen die beiden Richtungen des *Kommunizierens* verdeutlichen.

Beispielaufgabe 1 (Anforderungsbereich II)

Haustiere

Aus einer Zeitungsmeldung vom 29. April 2005:

Immer mehr Haustiere in Deutschland

Die Deutschen halten immer mehr Haustiere. Von 2004 bis 2005 hat die Zahl der Hunde, Katzen, Vögel und Kleintiere (ohne Zierfische und Terrarientiere) um 1,3 Prozent auf 23,1 Millionen zugenommen. Die Hundepopulation stieg um sechs Prozent auf 5,3 Millionen Tiere, die Zahl der Katzen um 2,7 Prozent auf nunmehr 7,5 Millionen. Ein Minus wurde dagegen bei Vögeln konstatiert, hier sank die Zahl um 8,7 Prozent auf 4,2 Millionen. Die meisten Haustiere haben der Statistik zufolge die 40- bis 49-Jährigen, sie stellen 25 Prozent der Tierbesitzer. Immerhin 24 Prozent und damit Fast-Spitzenreiter sind die Senioren im Alter über 60 Jahren. *AFP*

a) Wie viele Vögel und wie viele Hunde gab es im Jahr 2004 als Haustiere in Deutschland?

Es geht bei dieser Aufgabe in erster Linie darum, alle für die Lösung relevanten Informationen aus einem gegebenen Text zu entnehmen, um daraufhin eine Standardmodellierung ausführen zu können. Hierzu benötigt man ein Verständnis mathematischer Texte auf einem mittleren Komplexitätsniveau, da für die Identifikation der relevanten Informationen Rückbezüge innerhalb des Textes nötig sind.

Der Gehalt dieses Problemkontextes würde alleine mit der eher banalen Teilaufgabe a) natürlich nicht zureichend ausgeschöpft werden. Viele weitere Fragestellungen sind sinnvoll (einige davon findet man in Kap. 3, s. S. 188), bis hin zu Fragen mit fachübergreifendem Gehalt (etwa zur Bedeutung von Haustieren für Kinder oder Senioren).

Beispielaufgabe 2 (Anforderungsbereich I)

Bruchaddition

Beschreibe möglichst genau, wie man zwei Bruchzahlen addiert.

Bei dieser Aufgabe muss ein bekanntes und wohl vertrautes Rechenverfahren für einen fiktiven Adressaten dargelegt werden. Man könnte die Anforderung noch genauer fassen, wenn man den Adressaten explizit benennen würde, etwa einen Sechstklässler.

Literatur

BAUMERT, J. et al. (1997): Gutachten zur Vorbereitung des Programms „Steigerung der Effizienz des mathematisch-naturwissenschaftlichen Unterrichts" (Materialien zur Bildungsplanung und Forschungsförderung, Heft 60). Bonn: Bund-Länder-Kommission für Bildungsplanung und Forschungsförderung.

BRUDER, R. (2002): Lernen, geeignete Fragen zu stellen. In: mathematik lehren, Heft 115, S. 4–8.

FREUDENTHAL, H. (1977): Mathematik als pädagogische Aufgabe (Bd. 1, Bd. 2). Stuttgart: Klett.

FREUDENTHAL, H. (1983): Didactical phenomenology of mathematical structures. Dordrecht: Reidel.

HENN, H. W. (2002): Mathematik und der Rest der Welt. In: mathematik lehren, Heft 113, S. 4–7.

HEYMANN, H. W. (1996): Allgemeinbildung und Mathematik. Weinheim und Basel: Beltz.

WINTER, H. (1995): Mathematikunterricht und Allgemeinbildung. In: Mitteilungen der Gesellschaft für Didaktik der Mathematik, Nr. 61, S. 37–46.

3. Die Leitidee *Daten und Zufall*

Rolf Biehler/Ralph Hartung

Wir entwickeln die Leitidee in ihren beiden Teilaspekten Umgang mit Daten und Umgang mit Wahrscheinlichkeiten. Wechselbezüge werden deutlich gemacht. Der Umgang mit Daten wird an Aufgaben illustriert, die von der Auseinandersetzung mit Zeitungsausschnitten bis zur Durchführung einer kompletten statistischen Untersuchung durch Schüler reichen. Der Aspekt Umgang mit Wahrscheinlichkeiten wird an einfachen Spielsituationen wie an alltagsrelevanten Anwendungen, wie z. B. der Beurteilung der Sicherheit medizinischer Tests, illustriert. Möglichkeiten für sinnvollen Computereinsatz bieten sich bei der Datenanalyse und der stochastischen Simulation an.

3.1 Einleitung

Die im vorangegangenen Kapitel 2 beschriebenen allgemeinen mathematischen Kompetenzen werden von den Schülerinnen und Schülern in der Auseinandersetzung mit mathematischen Inhalten erworben (s. Kapitel 1). Die zugehörigen inhaltsbezogenen mathematischen Kompetenzen sind jeweils mathematischen Leitideen zugeordnet, die ein mathematisches Curriculum spiralförmig durchziehen und es begünstigen, sachgebietsüber-greifendes und vernetztes Denken sowie ein Verständnis grundlegender mathematischer Begriffe zu erreichen.

Die Leitidee *Daten und Zufall* verbindet verschiedene mathematische Sachgebiete, insbesondere wesentliche Bereiche der Stochastik. Daten spielen aber auch bei funktionalen Zusammenhängen eine Rolle oder sie können bei systematischen Experimenten in der Geometrie auftreten. Die Leitidee *Daten und Zufall* wurde, wie auch viele Studien belegen, bislang im Unterricht auch auf Grund einer unzureichenden Verankerung in Lehrplänen und Curricula deutlich vernachlässigt, was jetzt korrigiert werden soll. Schüler in Deutschland haben hier in Bezug auf ihre gleichaltrigen Schulkameraden in anderen Ländern erheblichen Nachholbedarf. Allerdings kann hier gut auf – auch international anerkannte – Entwicklungs- und Forschungsarbeiten in der deutschen Mathematikdidaktik zur Stochastik aufgebaut werden. Seit über 25 Jahren gibt es eine spezielle, sich an Lehrer richtende Zeitschrift für den Stochastikunterricht (www.mathematik.uni-kassel.de/stochastik.schule),

und im Arbeitskreis Stochastik der Gesellschaft für Didaktik der Mathematik
(GDM) findet ein reger Austausch zwischen Praktikern und Forschern statt
(http:// www.mathematik.uni-dortmund.de/ak-stoch/).

Die Leitidee *Daten und Zufall* wird in den Bildungsstandards für den mittleren Schulabschluss wie folgt gekennzeichnet:

„Die Schülerinnen und Schüler
- werten grafische Darstellungen und Tabellen von statistischen Erhebungen aus,
- planen statistische Erhebungen,
- sammeln systematisch Daten, erfassen sie in Tabellen und stellen sie grafisch dar, auch unter Verwendung geeigneter Hilfsmittel (wie Software),
- interpretieren Daten unter Verwendung von Kenngrößen,
- reflektieren und bewerten Argumente, die auf einer Datenanalyse basie-
  ren,
- beschreiben Zufallserscheinungen in alltäglichen Situationen,
- bestimmen Wahrscheinlichkeiten bei Zufallsexperimenten." (KMK 2004b)

In den Bildungsstandards zur Hauptschule wird ähnlich ausgeführt, wobei
Datenanalyse vergleichsweise etwas weniger betont wird:

„Die Schülerinnen und Schüler
- werten grafische Darstellungen und Tabellen von statistischen Erhebungen aus,
- sammeln systematisch Daten, erfassen sie in Tabellen und stellen sie gra-
  phisch dar, auch unter Verwendung geeigneter Hilfsmittel wie Software,
- berechnen und interpretieren Häufigkeiten und Mittelwerte,
- beschreiben Zufallserscheinungen in alltäglichen Situationen,
- interpretieren Wahrscheinlichkeitsaussagen aus dem Alltag,
- bestimmen Wahrscheinlichkeiten bei einfachen Zufallsexperimenten."
  (KMK 2004a)

Gegenüber bisheriger Praxis wird hierbei deutlich ein Akzent in Richtung
einer Dualität von Daten und Wahrscheinlichkeit gesetzt, wie es ähnlich auch
in den amerikanischen NCTM-Standards mit den Begriffen „data and chance"
zum Ausdruck kommt (BOROVCNIK/ENGEL 2001). Auch besteht eine sehr gute
Übereinstimmung mit dem, was einschlägige Fachverbände seit längerem
fordern (Arbeitskreis Stochastik der GDM 2003).

3.2 Umgang mit Daten

3.2.1 Daten untersuchen – statistische Literalität

Wie man *statistische Literalität* (statistical literacy) verstehen und fördern kann, wird auch international breit diskutiert (http://www.stat.auckland.ac. nz./~iase/publications.php). Dabei spielt die Kompetenz, sich kritisch mit Medienberichten auseinandersetzen zu können, in denen von statistischen Untersuchungen berichtet wird, eine zentrale Rolle. Die meisten Schülerinnen und Schüler werden sich ja in einer „Konsumentenrolle" gegenüber der Statistik befinden und nicht statistische Forscher werden. Die kritische Auseinandersetzung mit geeigneten Zeitungsausschnitten und Grafiken im Unterricht ist dazu natürlich ein gut geeignetes Mittel. Zu sensibilisieren gegenüber dem gelegentlich zweifelhaften Gebrauch von Statistik ist ebenfalls ein wichtiges Anliegen (FÜHRER 1997, KRÄMER 1991). Mit der Beschränkung auf diesen Aspekt würde man aber den Bildungsstandards sicher nicht gerecht, denen es insbesondere um eine Förderung breiter Kompetenzen im Umgang mit Daten geht. Nicht nur problematische Zeitungsberichte, sondern beispielsweise seriös für die Öffentlichkeit produzierte Veröffentlichungen von statistischen Ämtern zu verstehen, wäre dann eher die Zielperspektive. Für all dies sind eigene Erfahrungen der Lernenden mit den verschiedenen Phasen einer statistischen Untersuchung von großem Wert.

Eine komplette statistische Untersuchung weist verschiedene Phasen auf, die man kurz mit den Stichworten *Problemstellung – Planung der Erhebung – Datenerhebung – Auswertung – Interpretation – Schlussfolgerung und Ergebnisbericht* kennzeichnen kann. In den verschiedenen Phasen sind jeweils unterschiedliche Kompetenzen zentral. Das *Argumentieren* und *Kommunizieren* spielt in der letzten Phase eine wesentliche Rolle. Bei der Auswertung und Interpretation geht es vor allem um das *Verwenden von (statistischen) Darstellungen* und das *symbolisch/technisch/formale Arbeiten (Software)*, in der Umsetzung einer realen Problemstellung in eine statistische Untersuchung um das *Modellieren*.

Es ist wichtig, dass Schüler auch einen solchen kompletten Untersuchungszyklus erfahren. Dabei kann bei der "Datenerhebung" durchaus auch auf bereits verfügbare Daten zurückgegriffen werden, wenn sie zur Problemstellung passen. In den einzelnen Stufen sind Teilkompetenzen wichtig, die auch an überschaubareren Aufgaben entwickelt werden können und bei denen man mit bereits vorliegenden Daten arbeiten kann.

In der Statistik wird die so genannte Beschreibende Statistik von der Schließenden Statistik unterschieden. In vielen Anwendungen der statistischen Praxis wird mit Stichproben aus Grundgesamtheiten gearbeitet. Ist die Stichprobe nach einem Zufallsverfahren gezogen worden, so kann man Eigenschaften, die man mit der Beschreibenden Statistik festgestellt hat, z. B. Mittelwerte, auf die Grundgesamtheit übertragen. Die Beurteilende Statistik hat Verfahren entwickelt, mit denen man – grob gesagt – angeben kann, mit welchen möglichen Abweichungen vom Stichprobenergebnis man in der Grundgesamtheit rechnen muss. Die angewendeten Verfahren können dabei aber immer nur Aussagen mit gewissen vorgegebenen Sicherheiten z. B. von 95 % oder 99 % liefern. Die Genauigkeit und Sicherheit der Aussagen nimmt mit dem Stichprobenumfang zu. Die Schließende Statistik setzt im Unterschied zur Beschreibenden Statistik den Wahrscheinlichkeitsbegriff voraus.

Es wäre aus der Sicht der Allgemeinbildung sicher wünschenswert, wenn auch beim Umgang mit Daten in der Sekundarstufe I ein einfaches Grundverständnis zur Problematik des Schließens aus Stichproben erreichbar wäre. Die Beschreibende Statistik als solche hat aber bereits ein großes Anwendungspotenzial, die schließende Statistik wird gelegentlich überschätzt (vgl. Krämer 2001). Ihre Weiterentwicklung in Richtung zu Explorativer Datenanalyse (Tukey 1977) und computergestütztem „Data Mining" (Entdecken und Extrahieren unbekannter Informationen aus großen Datenmengen) ist auch für den Unterricht relevant, da hier Datenanalyse als „Detektivarbeit" verstanden wird und sich hiermit neue Perspektiven für selbstständigkeitsförderndes entdeckendes Lernen bieten (Biehler 1999, Biehler/Weber 1995, Vogel/Wintermantel 2003).

Ein Unterricht, der sich nicht nur mit vorgefertigten Auswertungen und Darstellungen beschäftigt, sondern in dem Daten analysiert werden sollen, wird ohne Softwareunterstützung nur einfachste Beispiele mit sehr kleinen Datenmengen behandeln können. Grafische Taschenrechner und Tabellenkalkulationsprogramme bieten hier Unterstützungen, die in der bisherigen Unterrichtspraxis aber noch nicht ausgeschöpft werden. Allerdings erkennt man durchaus, dass diese Werkzeuge nicht optimal zur Unterstützung von Schülern und Lehrern bei der flexiblen Analyse von Daten sind, schon einfache Häufigkeitsauszählungen werfen ersteinmal Hürden auf. Als Alternative bietet sich beispielsweise die jetzt in deutscher Adaption vorliegende Software *Fathom* (www.mathematik.uni-kassel.de/~fathom) an, die speziell für den Schulunterricht in Stochastik entwickelt wurde und auch die Simulation von Zufallsvorgängen unterstützt. Als Werkzeugsoftware ist sie adaptierbar und über die ganze Schulzeit hin einsetzbar (Biehler/Hofmann/Maxara/Prömmel 2006)[1].

---

[1] Die meisten Datenanalysen und Simulationen dieses Aufsatzes wurden mit *Fathom* erzeugt; die Grafiken dieses Aufsatzes sind leichte optische Verbesserungen der Bildschirmausgaben. Die Auswertungen sind meistens aber auch mit anderen Werkzeugen zu erreichen. Der Leser möge dem erstgenannten Autor nachsehen, dass er der (begründbaren) Auffassung ist, dass sehr viele Dinge für Schüler und Lehrer wesentlich einfacher, schneller und problemnäher mit der Software *Fathom* zu realisieren sind.

3.2.2 Begriffe und Darstellungen

Im Zentrum der Stochastik steht der Umgang mit Variabilität, mit streuenden Daten. Tabellen und Grafiken werden verwendet, um die (Häufigkeits-) Verteilung von Daten darzustellen und zu analysieren. Mittelwerte fassen (numerische) Merkmale zusammen. Streuungsmaße quantifizieren das in Verteilungsgrafiken sichtbare Phänom der Streuung (für Hinweise zu wichtigen Diagrammtypen und Kennzahlen vgl. ARBEITSKREIS STOCHASTIK DER GDM 2003).

In der Regel stehen mehrere Grafiken und Kennzahlen zur Wahl, auf natürliche Weise können Schüler lernen, angemessene Darstellungen für ein Untersuchungs- oder Kommunikationsziel auszuwählen. Ist ein Kreisdiagramm hier angemessener als ein Säulendiagramm? Wie unterscheidet sich eine Schlussfolgerung, wenn man statt des arithmetischen Mittels den Zentralwert (Median) zu Grunde legt? Ist die Zusammenfassung der Daten mit nur einem Mittelwert angemessen, welche weiteren wichtigen Aspekte zeigen sich in der Darstellung der Häufigkeitsverteilung?

Der Einsatz geeigneter Computersoftware kann das Erproben und Bewerten verschiedener Darstellungen und Datenzusammenfassungen wesentlich erleichtern oder erst ermöglichen. Allerdings muss durch geeignete Lernumgebungen erreicht werden, dass ein bloßes „Herumspielen" vermieden wird und die Schüler das Hauptziel, die Interpretation der Daten im Anwendungskontext, nicht aus den Augen verlieren.

Zu den einzelnen Grafiktypen und Kennzahlen müssen Interpretationskompetenzen entwickelt werden, und das kann auch an „Interpretationsaufgaben" bei vorgegebenen Auswertungen erlernt werden, als Vorbereitung für selbstständige Datenanalysen.

Ein weiter Horizont für interessante Fragestellungen eröffnet sich, wenn Schüler sich nicht nur mit der Verteilung eines Merkmals beschäftigen und diese Verteilung beschreiben, sondern weitergehende Fragen nach Zusammenhängen mit anderen Merkmalen und Faktoren untersuchen können, z. B.:

- Wie unterscheiden sich Jungen und Mädchen eines Jahrgangs hinsichtlich ihrer Sportaktivitäten und ihrer Lesegewohnheiten?
- Schauen diejenigen Schüler, die über ein eigenes Fernsehgerät im Zimmer verfügen, mehr oder anders fern?
- Wie weit kann ich meine Reaktionszeiten durch Training verbessern?

Für solche "Gruppenvergleichs-Aufgaben" können die Kennzahlen und Grafiken für ein Merkmal zum Vergleich herangezogen werden, sie stellen aber auch neue Anforderungen an die Lernenden (BIEHLER 2001).

Auch die Beziehung zweier quantitativer Merkmale kann mittels Streudiagrammen schon elementar untersucht werden:

- Wie hängt bei Schülern die Leistung im Weitsprung mit der im 50-m-Lauf zusammen? Wie ist der Zusammenhang zwischen Weitsprung-Leistung und Ballweitwurf? Welcher Zusammenhang wird enger sein?

(http://www.learn-line.nrw.de/angebote/eda/medio/bjsp/anregung.htm)

In unseren Beispielen werden wir diese Aspekte exemplarisch ansprechen.

3.2.3 Daten erheben und beschaffen

Das Internet bietet eine große Vielfalt von aktuellen Datensätzen an, auf die man grundsätzlich für den Unterricht zurückgreifen kann. Artikel in didaktischen Zeitschriften stellen ihre Daten zunehmend im Internet zur Verfügung. Softwaretools wie *Fathom* werden mit über 100 vorbereiteten Datensätzen angeboten. Allerdings ist es nicht immer einfach, das fachliche und unterrichtliche Potenzial von solchen Datensätzen zu beurteilen. Es wäre wünschenswert, wenn man ein Internetportal aufbauen würde mit Datensätzen, die im und für den Schulgebrauch erprobt wurden, ähnlich wie es für amerikanische Colleges mit der „Data and Story Library" (http://lib.stat.cmu.edu/DASL/) existiert.

Die eigene Datenerhebung durch Schülerinnen und Schüler hat in jedem Fall den Reiz des Authentischen und des persönlichen Bezugs. Die Planung und Durchführung einer Datenerhebung fördert aber darüber hinaus auch sehr wichtige inhaltliche Kompetenzen. Statistische Merkmale müssen so festgelegt werden, dass man sie eindeutig "messen" kann. Schon Grundschüler können lernen, dass es schwierig sein kann, genau festzulegen, was man z. B. unter "Familiengröße" verstehen will, wer zur "Familie" zählen soll und wer nicht. Wie kann man Fernsehkonsum messen? Soll das "Nebenbei-Laufen" eines TV-Geräts miterfasst werden? Wie ist das mit der Nutzung von TV-Geräten für Videospiele, für das Musikhören, für DVDs abspielen? Soll man Wochentage und Wochenenden unterscheiden? Wie verlässlich sind Schätzungen durch die Schüler selbst? Von der Festlegung der Merkmale hängt entscheidend ab, welche Schlussfolgerungen man ziehen kann. Umgang mit Daten beinhaltet hier eine sprachkritische Kompetenz, die auch als Medienkompetenz weiterentwickelt werden kann.

Die Durchführung von Umfragen und die Erfassung von Daten ist sehr zeitaufwendig. Oft bleibt dann nicht mehr genügend Zeit für eine Analyse und Interpretation. Erhebt man nur die Daten einer einzigen Klasse, so hat man so wenige Fälle, dass sich kaum interessante Schlussfolgerungen ziehen lassen.

Eine Möglichkeit ist es, auf vorbereitete Erhebungsbögen zurückzugreifen, zu denen schon Daten vorliegen. Die Daten der eigenen Untersuchung können dann dazu erhoben werden und mit den anderen Daten verglichen werden. Das ist die Idee von sog. „Data Sharing Projects" (vgl. http://www.mathematik.uni-kassel.de/didaktik/biehler/DataSharing.html). Hervorheben möchten wir dabei das Projekt „Census at School" (http://www.censusatschool.ntu.ac.uk/). In kleinerem Rahmen ist diese Idee in dem Muffins-Projekt (**Me**dien- und Freizeitgestaltung für **in**teressanten Stochastikunterricht (http://www.

mathematik.uni-kassel.de/didaktik/HomePersonal/biehler/home/Muffins/
Muffins.htm) verwirklicht, in dem teilnehmende Schulen webgestützt Daten
zur Medien- und Freizeitnutzung ihrer Schüler erheben und auf bereits vorhandene Daten über die Projekthomepage zugreifen können (BIEHLER/KOM-
BRINK/SCHWEYNOCH 2003, SCHWEYNOCH 2003).

Eine weitere Perspektive würde sich öffnen, wenn es technisch leicht möglich wird, dass Schulklassen ihre Fragebögen selbst online stellen und die
Datenerhebung webgestützt durchführen können, wonach die Daten dann
automatisch für die Auswertung verfügbar werden. Ein Pilotprojekt der Universität Kassel mit der Reformschule Kassel mit Schülern einer jahrgangs-
übergreifenden Gruppe (Klasse 6–8) im Herbst 2005 zeigte sehr gute Ergebnisse und ermöglichte der Gruppe einen selbst entwickelten Fragebogen von
weit mehr als 50 Fragen etwa 200 Schülern zum Ausfüllen im Internet vorzu-
legen und anschließend im Unterricht arbeitsteilig auszuwerten. Solche Fragebögen können von der Software *Fathom* aus direkt ins Internet gestellt werden (BIEHLER 2006, im Druck).

3.3 Aufgaben zum Umgang mit Daten

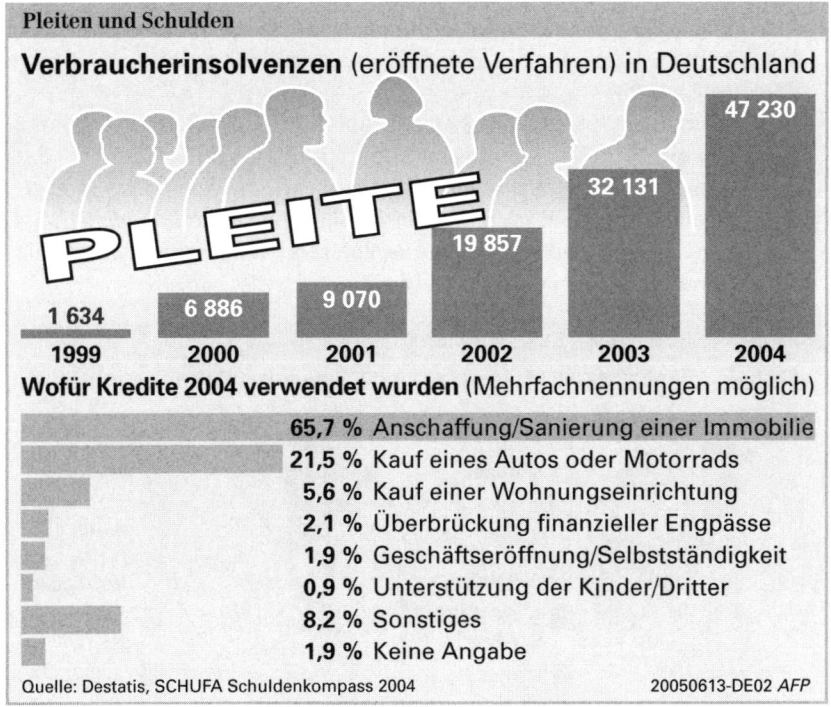

Pleiten und Schulden

Verbraucherinsolvenzen (eröffnete Verfahren) in Deutschland

1 634	6 886	9 070	19 857	32 131	47 230
1999	2000	2001	2002	2003	2004

Wofür Kredite 2004 verwendet wurden (Mehrfachnennungen möglich)

65,7 % Anschaffung/Sanierung einer Immobilie
21,5 % Kauf eines Autos oder Motorrads
5,6 % Kauf einer Wohnungseinrichtung
2,1 % Überbrückung finanzieller Engpässe
1,9 % Geschäftseröffnung/Selbstständigkeit
0,9 % Unterstützung der Kinder/Dritter
8,2 % Sonstiges
1,9 % Keine Angabe

Quelle: Destatis, SCHUFA Schuldenkompass 2004   20050613-DE02 *AFP*

Weg aus der Schuldenfalle

Angesichts von 3,1 Millionen überschuldeten Haushalten in Deutschland werben Verbände und Bundesregierung für den Gang zur Beratungsstelle. „Von der professionellen Beratung profitieren auch die Gläubiger", hieß es zur Eröffnung der Aktionswoche „Der Mensch hinter den Schulden".   ■ *AFP*

Infos unter www.meine-schulden.de

a) In einer Talkshow greift ein Politiker der Oppositionspartei die Regierung für ih re Wirtschaftspolitik scharf an und benutzt dazu die oben angegebene Grafik. Der Vertreter der Regierungspartei nutzt das gleiche Datenmaterial, um zu belegen, dass die Wirtschaftspolitik der Regierung erste Erfolge zeigt.
Versetze dich in die Rolle der beiden Politiker und finde Argumente für jeden der beiden, die durch das Zahlenmaterial belegbar sind.

Tipp: Der Regierungsvertreter hat zuvor berechnet, um wie viel Prozent die Pleiten jeweils gegenüber dem Vorjahr zugenommen haben.

b) Die Grafik zu den Krediten kann nicht zu einem Kreisdiagramm umgezeichnet werden. Gib dafür eine rechnerische und eine inhaltliche Begründung an.

Kommentar:

a) An einem einfachen Datensatz aus den Medien sollen verschiedene interessenabhängige Argumentationen simuliert und verglichen werden. Dabei kommt eine wichtige Kernidee zum Tragen, nämlich relative und absolute Zahlenvergleiche.

b) Hier soll erkannt werden, dass sich die Zahlen zu mehr als 100 % addieren, was man mit Mehrfachnennungen erklären kann. Die Aufgabe ist allerdings weniger geeignet, um mit den Schülern Vor- und Nachteile von Kreis- und Säulendiagrammen im Sinne der Kompetenz *Darstellungen verwenden* zu diskutieren. Dazu müssten dieselben Daten in mehreren verschiedenen Darstellungen verglichen werden.

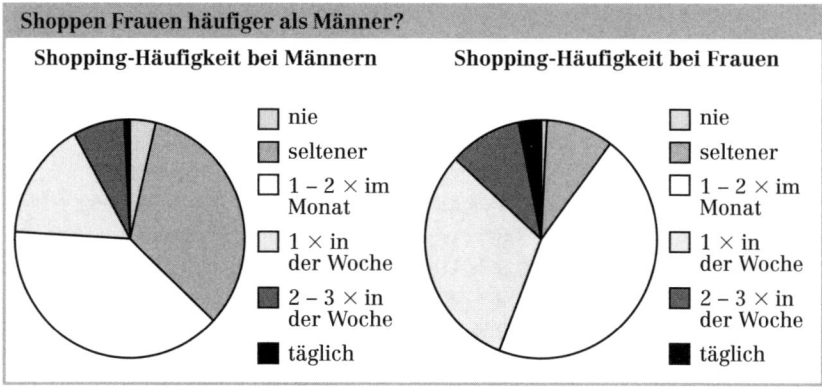

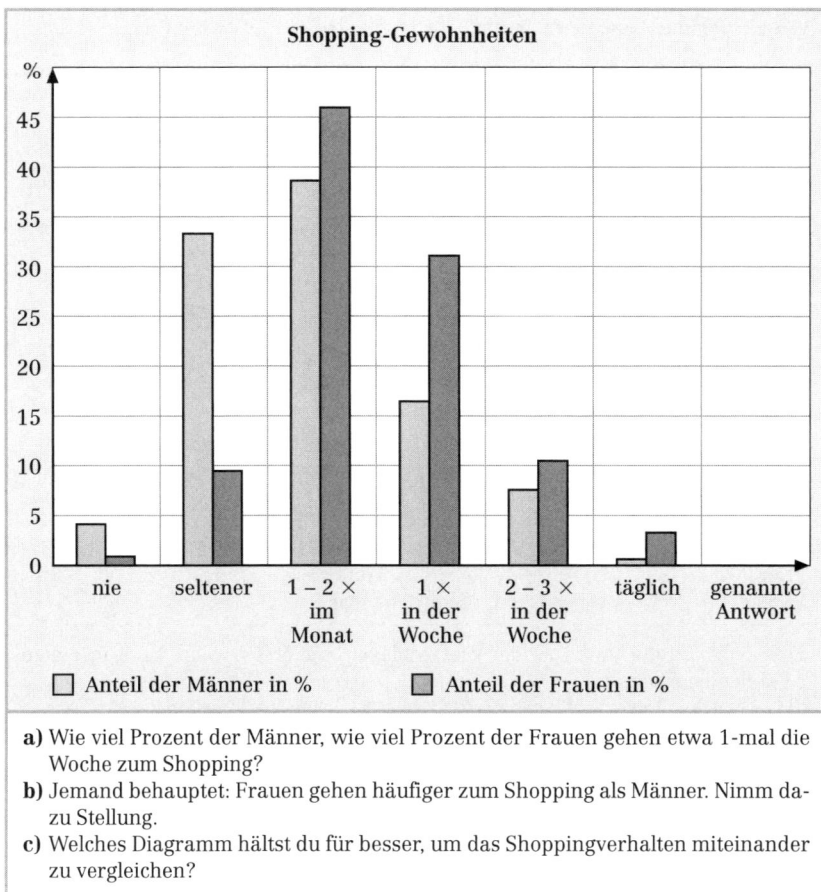

a) Wie viel Prozent der Männer, wie viel Prozent der Frauen gehen etwa 1-mal die Woche zum Shopping?
b) Jemand behauptet: Frauen gehen häufiger zum Shopping als Männer. Nimm dazu Stellung.
c) Welches Diagramm hältst du für besser, um das Shoppingverhalten miteinander zu vergleichen?

Die Diagramme stammen aus einer Befragung von 538 Schülern der Klassenstufe 11. Sie wurden nach der Häufigkeit befragt, mit der sie Shoppen gehen. Die Daten wurden für die männlichen und weiblichen Schüler getrennt ausgewertet. In beiden Gruppen wurde die Verteilung auf die einzelnen Antwortmöglichkeiten in Prozent dargestellt (relative Häufigkeiten). Die Kreisdiagramme und das Säulendiagramm stellen dieselben Informationen dar. Vergleiche der Verteilungen sind i. A. im Säulendiagramm wesentlich besser durchzuführen. Man erkennt hier, dass die Verteilung bei den Frauen systematisch nach rechts verschoben ist. Auch lassen sich einzelne Säulen besser vergleichen als Kreissegmente.

Quelle der Daten: Muffins-Datensatz (http://www.mathematik.uni-kassel.de/didaktik/HomePersonal/biehler/home/Muffins/Muffins.htm)

Herzschlag und Lebenserwartung von Tieren – oder was ist mit dem Tapir los?

In einer Tabelle sind Herzschläge und Lebenserwartung verschiedener Tierarten dargestellt.

Tierart	Herzschläge /min	Mittlere Lebenserwartung in Jahren	Tierart	Herzschläge /min	Mittlere Lebenserwartung in Jahren
Affe	192	15	Löwe	40	23
Chipmunk	684	2,5	Maus	600	2
Dachs	138	11	Meer-		
Eichhörnchen	354	9	schweinchen	280	2
Elefant	35	24	Opossum	180	5
Esel	50	14,6	Pferd	44	25
Giraffe	66	14	Ratte	328	2,5
Hamster	450	1,5	Schwein	71	16
Hund	115	15	Stachelschwein	300	10
Hyäne	56	12	Tapir	44	5
Kamel	30	25	Tiger	64	11
Kaninchen	205	5,5	Wal	16	30
Katze	120	15	Ziege	90	9

a) Visualisiere die Daten zu den Herzschlägen der ersten zehn Tiere in einem Säulendiagramm.

b) Bei welcher Tierart schlägt das Herz am schnellsten/am langsamsten?

c) Stelle Vermutungen dazu auf, wie sich die Tierarten mit schnellem und langsamem Herzschlag unterscheiden; überprüfe das an der vollständigen Tabelle.

d) Um die Übersicht zu verbessern, visualisiere die ganze Tabelle mit dem Computer und sortiere die Säulen der Größe nach.

e) Warum ist das sortierte Diagramm für die Beantwortung der Frage in c) besser geeignet als das Diagramm mit den unsortierten Säulen?

f) In der Tabelle findest du auch Daten zur Lebenserwartung: Jemand behauptet, dass Tiere mit langsamerem Herzschlag länger leben. Nimm dazu Stellung. Fertige Darstellungen der Daten an, die es dir erleichtern, diese Frage zu beantworten.

g) Beschaffe weitere Daten zu Herzschlägen und Lebensspannen und überprüfe, ob sich die festgestellte Gesetzmäßigkeit dort auch zeigt. Frage deinen Biologielehrer oder deine Biologielehrerin, ob es eine biologische Erklärung für diesen Zusammenhang gibt.

Quelle der Daten: VOGEL/WINTERMANTEL (2003), deren Quelle: OGBORN/BOOHAN (1991) (Booklet 5, Scatterplots Health and Growth), Originalquelle: SPECTOR (1956). Quelle des Fotos: www.wikipedia.com.

Die Aufgabe kann (u. a. nach Beschränkung auf eine Teilmenge der Tiere) per Hand oder mit Unterstützung einer Statistiksoftware oder eines Tabellenkalkulationsprogramms gelöst werden.

Kommentar:

Aufgaben zur Visualisierung solcher Zahlen finden sich bereits in vielen Schulbüchern der Klasse 5. Oft geht es aber nur um die technische Erstellung von Grafiken und um einfachste Ableseaufgaben. Im Sinne der griffigen Formulierung von FRIEL et al. (2001) geht es dann nur um „read the data", statt auch „read between the data" und „read beyond the data" anzustreben. Unser Beispiel deckt eine größere Vielfalt von Kompetenzen und Anforderungsniveaus ab.

Mögliche Darstellungen, die die Schüler anfertigen:

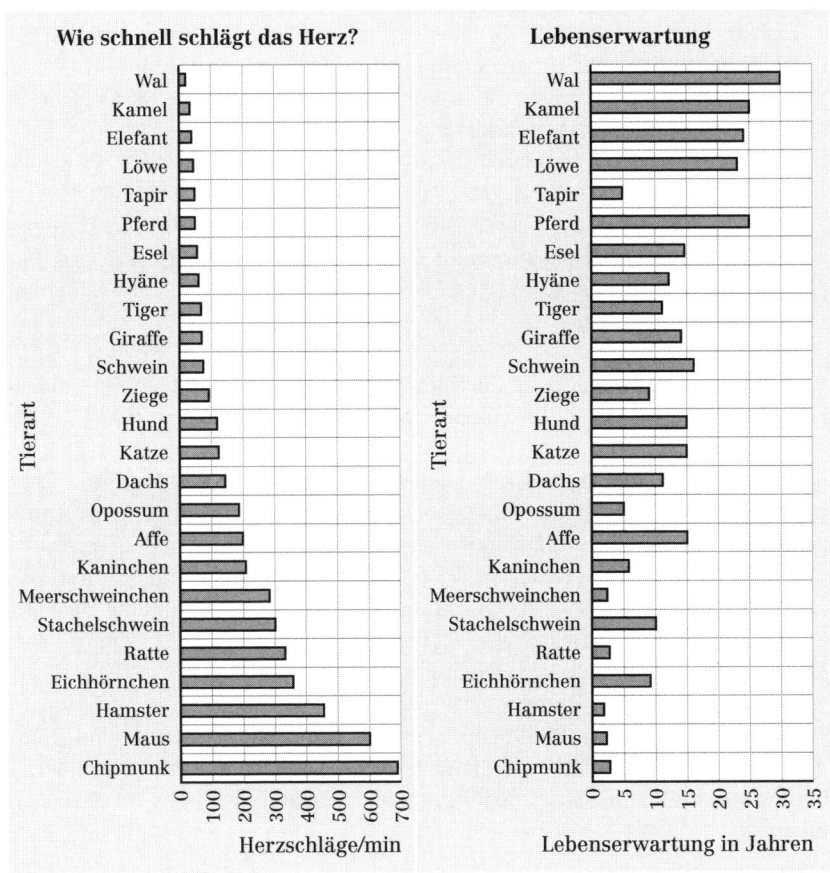

Kommentar:

a) ist eine Aufgabe, in der es um die Herstellung einer Grafik geht. Je nachdem ob Computer angewendet werden, sind unterschiedliche Kompetenzen gefragt. Bei der händischen Anfertigung müssen Schüler selbstständig korrekte Ausschnitte, Maßstäbe und Beschriftung wählen. Die passende Grafik mit einer Software anzufertigen erfordert einfache Softwarekompetenzen, dafür nimmt die Software bestimmte Formatierungsentscheidungen ab.

b) ist eine einfache Ableseaufgabe.

c) geht über die vorliegenden Daten hinaus und ermuntert die Schüler, Bezüge zum Sachkontext herzustellen. Eine Antwort kann sein, dass kleinere Tiere in der Regel (tendenziell) mehr Herzschläge haben als große. Es ist erforderlich, dass nicht nur einzelne Werte abgelesen werden, sondern verschiedene Werte in Beziehung gesetzt werden.

d) und **e)** beinhalten die Verbesserung und vergleichende Beurteilung von Grafiken im Hinblick auf ein Ziel. Schüler sollen lernen, dass eine Sortierung wesentliche Einsichten erleichtert. Alternativ kann man auch Daten aus den Medien, bei denen die Säulen häufig nach Alphabet der Kategorien sortiert sind, umsortieren lassen.

f) führt vorsichtig ein zweites Merkmal in die Diskussion ein. Das zweite Merkmal in der Reihenfolge des ersten zu sortieren erlaubt einfachste Aussagen zu einem statistischen Zusammenhang: *Tendenziell* leben Tiere mit schnellerem Herzschlag kürzer als Tiere mit langsamerem Herzschlag. Das sieht man daran, dass die Balken im rechten Diagramm nach unten hin tendenziell kürzer werden.

Es gibt auch sehr deutliche Ausnahmen, die kaum mit der Abweichung von einer allgemeinen Tendenz zu erklären sind, z. B. lebt der Tapir relativ kurz für seine geringe Herzfrequenz. Solche krassen Ausnahmen könnten auf Mess- oder Übertragungsfehlern beruhen oder auf die besondere Biologie von Tapiren verweisen. Die Schüler könnten motiviert werden, im Internet Informationen zur Lebenserwartung von Tapiren zu suchen. Auf wikipedia.com findet man nun in der Tat die Aussage, dass Tapire etwa 30 Jahre alt werden. Das passt wunderbar zur oben festgestellten Tendenz. Der vermutliche Übertragungsfehler aus der Originalquelle ist bereits bei OGBORN/BOOHAN (1991) zu finden. Die Originalquelle konnte nicht geprüft werden.

Umgang mit realen Daten zu erlernen, bedeutet immer auch, auf interessante Ausnahmen von Tendenzen und auf mögliche Fehler zu achten, für die „Ausreißer" oft wichtige Indizien liefern. Das Problem der „Datenbereinigung" und der Qualitätskontrolle von Daten ist ein generell wichtiges Problem.

Die Aufgabe kann weiter ausgebaut werden, wenn Streudiagramme als Basisdarstellung für die Beziehung von zwei Merkmalen behandelt wurden.

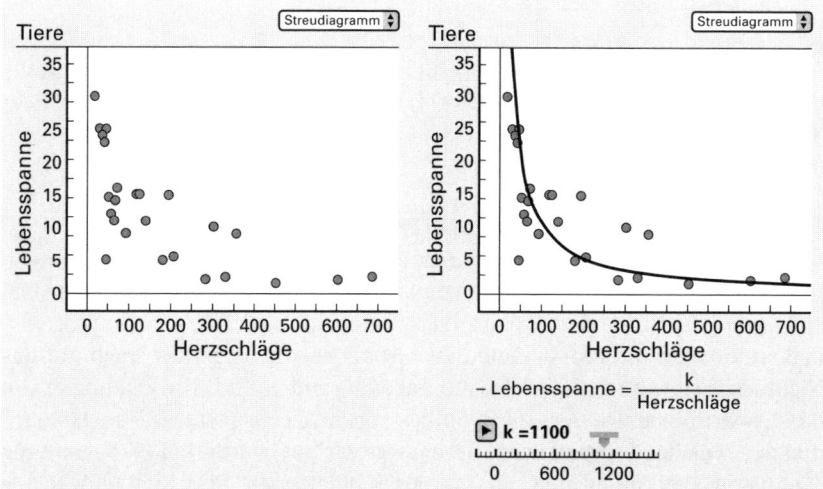

In der linken Grafik kann man die Tendenz ablesen: Je schneller das Herz schlägt, desto geringer ist die Lebenserwartung (tendenziell). Jetzt ist eine zentrale Verbindung zur Leitidee *funktionale Zusammenhänge* herstellbar. Wie würde eine antiproportionale Zuordnung aussehen, wie gut passt diese zu den Daten? Die wesentliche Grundvorstellung zu antiproportionalen Zuordnungen, die die Schülerinnen und Schüler kennen sollen, ist die Produktgleichheit. Die Zuordnung müsste also vom Typ *Lebensspanne · Herzschläge* = *k* bzw. *Lebensspanne* = $\frac{k}{Herzschläge}$ (*k* konstant) sein. Im rechten Diagramm haben wir solch eine Funktion eingezeichnet und den Regler *k* solange variiert, bis wir eine nach Augenschein relativ gute Übereinstimmung erreicht haben. Wir sehen hier auch ein Musterbeispiel mathematischer Modellierung: Das Modell einer antiproportionalen Zuordnung wird sukzessive mit der Realsituation abgeglichen. Das Modell beschreibt die Realität nicht perfekt, gibt aber gut eine Tendenz wieder.

Leider sind in den meisten Schulbüchern die Daten, an die Funktionen angepasst werden sollen, gefälscht und liegen perfekt auf dem Funktionsgraphen. Die Leitidee *Daten und Zufall* kann sich nur entfalten, wenn sie nicht auf ein paar Stochastikstunden beschränkt wird, sondern wenn sie auch andere Inhalte durchsetzt, wie die Behandlung von Funktionen.

Der Punkt, der am weitesten in der Südwestecke des Diagramms liegt, ist der Tapir, dessen Daten wir noch nicht korrigiert haben. Man könnte die Detektivarbeit mit Daten fortsetzen und überprüfen, ob andere relativ starke Abweichungen auch besondere Erklärungen haben.

Computernutzung

Untersucht mit einer Umfrage, wie sich das Interesse an und die Nutzung von Computern bei Jungen und Mädchen unterscheidet.

An diesem Beispiel wollen wir verschiedene Aspekte des Umgangs mit Daten illustrieren. Es wird ein kompletter Zyklus von der Problemstellung bis zur Auswertung vorgestellt. Teile der Aufgaben könnten herausgegriffen werden, um Teilkompetenzen zu entwickeln.

■ *Problemstellung und Planung der Erhebung*
Hypothesen und Erwartungen zu formulieren ist wichtig, um sich Herangehensweisen an Daten zu überlegen, um in einen „Dialog" mit den Daten treten zu können. Im Sinne der Explorativen Datenanalyse (EDA, s. o.) vorzugehen bedeutet dabei, die realen Daten zu respektieren und gerade auch auf das Nicht-Erwartete zu achten, also auf Besonderheiten und Abweichungen von den Erwartungen. Die Art der Hypothesenformulierung ist dabei auch ein Indikator, welche Kompetenzen bereits entwickelt wurden. Die Vermutung "Schüler spielen mehr am Computer als Schülerinnen" lässt sich ohne große statistische Kompetenzen formulieren. Werden solche Aufgaben am Ende einer Unterrichtseinheit eingesetzt, so könnte gefragt werden, um wie viele Stunden sich die durchschnittliche Spielzeit bei Mädchen und Jungen unterscheidet, oder ob es bei den Jungen größere Unterschiede als bei den Mädchen gibt (Streuung). Auch könnte man sich für den Anteil der Mädchen interessieren, die mindestens so viel spielen wie der Durchschnitt der Jungen.

Computernutzung (Fortsetzung)

a) Formuliert zu diesem Thema geeignete präzise Fragestellungen und Hypothesen. Legt die zu erhebenden Merkmale fest, die ihr durch Fragen erfassen wollt. Überlegt, wann man Zahlenwerte erfragt (quantitative Merkmale), wann man Antwortmöglichkeiten zur Auswahl vorgibt (z. B. *kein, geringes, ... , starkes, sehr starkes Interesse* oder *gar nicht, wenig, ... sehr viel*) und wann man offene Antwortmöglichkeiten zulässt.
b) Überlegt, welche Gruppe ihr befragt, und führt die Befragung durch.
c) Erfasst die Daten in einem Statistik- oder Tabellenkalkulationsprogramm.

Die Frage a) hängt mit der Leitidee *Messen* der Bildungsstandards zusammen. In der Statistik haben die Schüler die Möglichkeit, einmal selbst zu definieren, was gemessen werden soll, und gleichsam neue Größen/Merkmale zu erfinden.

Die Frage b) thematisiert die Frage der Reichweite der Untersuchung, ob man an einer bestimmten Gruppe, z. B. alle Schüler einer Jahrgangsstufe, interessiert ist oder ob man über eine irgendwie als repräsentativ anzusehenden Stichprobe auch verallgemeinerungsfähige Tendenzen ermitteln möchte.

▪ *Auswertung*

Wir stellen jetzt exemplarisch einige Teilauswertungen vor. Dabei benutzen wir die Daten des ursprünglichen Muffins-Datensatzes (s. o.)[2]. Es handelt sich um eine Befragung von 538 Schülerinnen und Schülern der 11. Klasse mehrerer Gymnasien im Jahr 2000, vorwiegend aus NRW. Man beachte aber, dass sich die Nutzungsgewohnheiten seitdem deutlich geändert haben werden. Ausführliche Auswertungen und Interpretationen zu Grafiken und Teilaufgaben sind auf der begleitenden CD-ROM zu finden.

Wir betrachten aus der Fülle der über 50 vorhandenen Merkmale das Merkmal *EigenerComputer* (ja/nein) und *Zeit_Comp*, bei dem die Schüler die wöchentliche Zeit angegeben haben, mit der sie einen Computer nutzen. Ein Teil der Datentabelle sieht dann so aus.

Muffins_Comp

	Name	Geschlecht	Zeit_Comp	EigenerComputer
1	A	männlich	4	ja
2	AB XY	weiblich	35	ja
3	Abby	weiblich	3	ja
4	Adidas-gilry	weiblich	2	ja
5	Agneta	weiblich	8	nein
6	Ailton	männlich	10	ja
7	Alaina Macbaren	weiblich	0	ja

d) Wie hängt der Computerbesitz vom Geschlecht ab?

Man kann die Frage so offen lassen und den Schülern überlassen, geeignete Visualisierungen und Tabellen herzustellen oder aber bestimmte Auswertungen vorzugeben, mit denen man sich dann auseinandersetzen kann. Eine erste „Vierfeldertafel" findet sich links unten.

Freizeit

		Geschlecht		Zeilenzusammenfassung
		männlich	weiblich	
Eigener Computer	ja	184	114	298
	nein	48	190	238
Spaltenzusammenfassung		232	304	536

S1 = Anzahl ( )

Freizeit

		Geschlecht		Zeilenzusammenfassung
		männlich	weiblich	
Eigener Computer	ja	79	38	56
	nein	21	63	44
Spaltenzusammenfassung		100	100	100

S1 = runde (Spaltenanteil • 100)

[2] Die Daten im EXCEL und *Fathom*-Format finden sich unter (http://www.mathematik.uni-kassel.de/didaktik/HomePersonal/biehler/home/Muffins/Muffins.htm).

Die rechte Tabelle auf Seite 65 enthält als Weiterverarbeitung die prozentuale Aufteilung der Computerbesitzer/Nicht-Besitzer getrennt nach Schülerinnen und Schülern. Die Rundung auf zwei Stellen verbessert die Übersicht wesentlich (Kompetenzen zur Verbesserung von Darstellungen) (Man beachte, dass Rundungseffekte auftreten: 38 + 63 = 101).

Beispiele für weitere Diagramme:

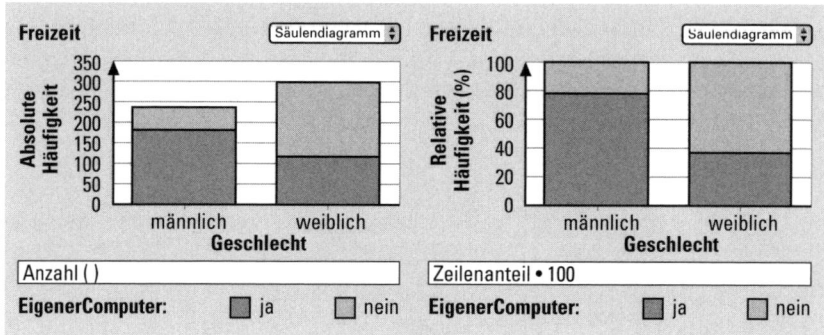

Rechts werden die jeweiligen Anteile an den beiden Teilgruppen visualisiert, links die absoluten Häufigkeiten. Auch links kann man den höheren Anteil an Computerbesitzern bei den männlichen Schülern erkennen, wenn man relative Flächenvergleiche durchführt. Rechts ist dieser Anteilvergleich klarer, allerdings sind die absoluten Zahlen nicht mehr erkennbar. Zusammenfassende Kurzantwort: Während der Anteil der Computerbesitzer bei den Jungen 79 % ist, ist er bei den Mädchen nur 38 %.

Offene Fragen zur weiteren Datenexploration:
■ Welche Faktoren könnten die unterschiedliche Quote erklären?
■ Drückt sich bei den erhobenen „Wunschgeräten" aus, dass die Schülerinnen „Nachholbedarf" empfanden?

> **e)** Wie unterscheiden sich Jungen und Mädchen im Umfang der Computernutzung? Äußere zunächst Vermutungen. Fertige Darstellungen der Häufigkeitsverteilungen an, vergleiche die Verteilungen. Ziehe dazu auch dir bekannte Mittelwerte und Streuungsmaße heran. Fasse deine Ergebnisse zusammen und interpretiere sie. Welche weiteren Fragen haben sich dir bei der Datenanalyse gestellt? Greife eine davon heraus, die du mit den vorliegenden Daten untersuchen kannst, und führe eine weitere Analyse durch.

Die offene Fragestellung wird hier insofern eingeschränkt, als das Merkmal, auf das sich die Untersuchung richten soll, vorgegeben wird. Es soll um die wöchentliche Nutzungsdauer gehen (im Datensatz durch die Merkmalsbezeichnung *Zeit_Comp* repräsentiert). Eine offenere Fragestellung, die in Richtung einer Projektarbeit gehen würde, würde noch die zu untersuchenden Merkmale offenlassen. Es wurde ja differenziert nach der Häufigkeit von E-Mail schreiben, Spielen, Chatten usw. gefragt. Diese Erweiterungsmöglichkeiten werden hier in die letzte Teilfrage verschoben. Nach Bearbeiten des gezielten Untersuchungsauftrages wird der „Datendetektiv" zum Weiterforschen ermuntert.

Nach längeren Zwischenüberlegungen und der Erzeugung verschiedener Grafiken könnten sich die Schüler für die folgende Grafik entscheiden. Sie zeigt die Verteilung der *relativen* Häufigkeiten (nötig, da die Gruppen unterschiedlich groß sind) mit eingezeichnetem Mittelwert. Beispiel für eine ausformulierte Antwort: „Die befragten (männlichen) Schüler nutzen den Computer im Durchschnitt etwa 6,3 Stunden mehr in der Woche als die befragten Schülerinnen, welche die Rechner im Durchschnitt nur etwa 2 Stunden nutzen. Während sich die meisten Schülerinnen bei niedrigen Nutzungszeiten aufhalten (fast 60 % bis unter 2 Std.), sind die Zeiten der Schüler uneinheitlicher und breiter verstreut: einigermaßen gleichmäßig von 0 bis 15 Stunden, dann gibt es ca. 10 % der Schüler, die mehr als 15 Stunden den Computer nutzen, einzelne sogar weit mehr als 15 Stunden.

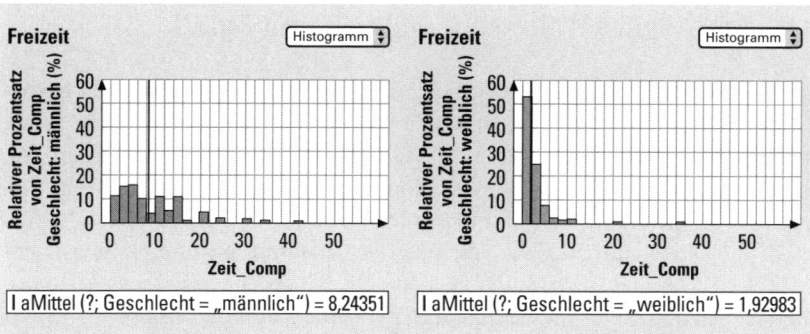

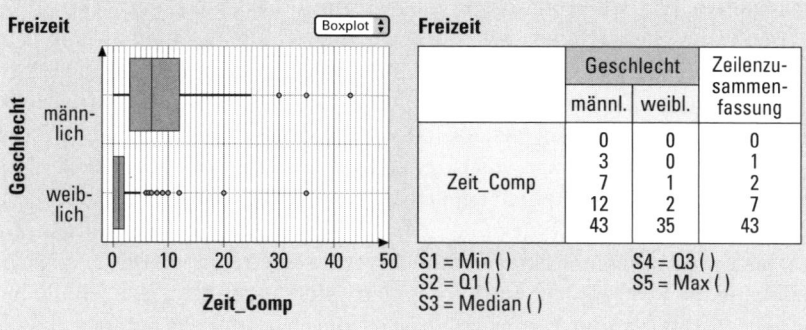

Aber es gibt auch einige Schülerinnen, die mehr Zeit am Computer verbringen: etwa 5 % der Mädchen sitzen mehr als 8 Stunden am Computer, das ist der Durchschnittswert der Jungen."

Haben die Schüler einen Boxplot als zusammenfassende Darstellung einer Verteilung kennen gelernt, so kann man den Vergleich verbessern und Unterschiede noch klarer visualisieren. Die männlichen Schüler verwenden nicht nur im Mittel viel mehr Zeit auf Computerarbeit, sondern die Gruppe ist auch viel inhomogener als die Gruppe der Schülerinnen. Trotzdem gibt es auch bei den Mädchen einige Ausreißer (relativ zum Mittelwert dieser Gruppe). Die Box im Boxplot reicht vom ersten Quartil Q1 bis zum dritten Quartil Q3, dazwischen ist der Median eingezeichnet, die Werte finden sich in der rechten Tabelle. Der Quartilabstand Q3-Q1 gibt die Ausdehnung der mittleren 50 % der Daten an und stellt ein sehr einfaches anschauliches Streuungsmaß dar, das insofern für die Sekundarstufe I didaktische Vorteile gegenüber der Standardabweichung besitzt (vgl. Arbeitskreis Stochastik der GDM 2003).

An diese Diagnose könnten sich weitere Fragen anschließen: Warum ist das so? Ist eine Veränderung wünschenswert? Hat sich die Situation heute geändert? (Neue Datenerhebung).

3.4 Der Aspekt Wahrscheinlichkeit und Zufall

Die Herausforderung an einen grundbildungsorientierten Unterricht besteht darin, die Beschäftigung mit Wahrscheinlichkeiten weder als „Würfelbudenmathematik" noch als kombinatorische Akrobatik erscheinen zu lassen, sondern als etwas, das – kurz gesagt – mit dem „Leben" zu tun hat. Allerdings sind gerade Spielsituationen für Schüler motivierend und kognitiv überschaubar. Es ist auch bezeichnend, dass sich historisch ebenfalls bestimmte Begriffsentwicklungen an Spielsituationen festgemacht haben, die gewissermaßen prototypischen Charakter hatten. Insofern sind Spielsituationen im Unterricht für die Realisierung der Leitidee wichtig, der Unterricht darf aber dabei nicht stehen bleiben. Wir haben dies bei der Auswahl unserer Beispiele berücksichtigt.

Der Wahrscheinlichkeitsbegriff muss in der Schule in seinen zwei Aspekten, dem theoretischen wie dem experimentellen, deutlich werden, auch in ihrem Wechselspiel zueinander. Wahrscheinlichkeiten können in Spezialsituationen berechnet werden als Anzahl der günstigen durch die Anzahl der möglichen Fälle, wenn man von einer endlichen Anzahl gleich möglicher Fälle ausgehen kann. Die Wahrscheinlichkeit eines Ereignisses kann experimentell durch die relative Häufigkeit geschätzt werden, indem man ermittelt, wie oft das Ereignis in einer langen Versuchsserie aufgetreten ist. Diese Möglichkeit kann man wesentlich durch computergestützte stochastische Simulation erweitern, mit der man genügend hohe Stichprobenumfänge erzeugen kann.

Ein grundbildungsorientierter Unterricht will anwendungsbereites Wissen erzeugen und nicht Wissen, dass neben dem in Alltagssituationen angewendeten Wissen unbenutzt koexistiert. Diese Gefahr besteht gerade beim Wahrscheinlichkeitsbegriff, wie zahlreiche Studien zeigen. Unterricht muss sich mit dem intuitiven Wissen und den intuitiven Strategien der Schüler auseinandersetzen und den Schülern Gelegenheit zur kognitiven Konstruktion adäquater Grundvorstellungen und Intuitionen bieten. Auch hier kann Simulation den Zufall erlebbar machen und Phänomen-Material für die Modellierung liefern. Wir werden deshalb bei einigen Aufgaben ansprechen, wie man sie durch den geeigneten Einsatz stochastischer Simulation anreichern kann.

3.5 Aufgaben zu Wahrscheinlichkeit und Zufall

Die Wahrscheinlichkeit von Augensummen

Jemand bietet dir ein Würfelspiel an. Dazu sollen zwei Würfel gleichzeitig geworfen und die Augensumme gezählt werden. Du darfst dir vorher aussuchen, ob du mit der Augensumme 5, 6, 7, 8 (Ereignis A) oder mit allen übrigen Augensummen (Ereignis B) gewinnen möchtest. Begründe, ob du eine der beiden Gewinnmöglichkeiten bevorzugen würdest.

Kommentar:

Dies ist eine für den Einstieg in Klasse 7 geeignete Aufgabe, die wir aus MÜLLER (2005) entnehmen, der auch eine interessante Unterrichtssequenz dazu dokumentiert.

Zu den Gewinnmöglichkeiten können verschiedene theoretische Ansätze gemacht werden. Durch Würfelexperimente und durch Simulation am Computer können „Theorien" andererseits überprüft werden. Das Attraktive an der Fragestellung ist, dass auf Schülerseite unterschiedliche Modelle angeregt werden, die auf unterschiedlicher Einschätzung von gleich möglichen Fällen beruhen. In der normativen Lösung sind von 36 gleich möglichen Würfelkombinationen 20 günstig für A, hält man aber alle 11 möglichen Augensummen für gleich wahrscheinlich, so sind nur 4 davon günstig für A. Sieht ein Schüler als Fälle für die Augensumme 4 nur die beiden Kombinationen 2 + 2 und 1 + 3 als günstig an (statt noch 3 + 1 hinzuzunehmen; bei anderen Ergebnissen entsprechend), so kommt er auf 21 mögliche Fälle, davon sind dann 11 günstig für A. Durch die unterschiedlichen Ansätze kann im Unterricht eine Modellkontroverse entstehen, die dann mit Hilfe von Experimenten und weiteren Argumentationen geklärt werden kann. Die typischen Facetten des Wahrscheinlichkeitsbegriffs werden erlebbar, zahlreiche Kompetenzen, insbesondere die sozial-kommunikative werden angesprochen. Für Näheres verweisen wir auf MÜLLER (2005).

Kreiselspiel

Für das folgende Spiel benötigt man zwei gleich große Mengen Bonbons als Zahlungsmittel und einen regelmäßigen achteckigen Kreisel wie in der nebenstehenden Abbildung.

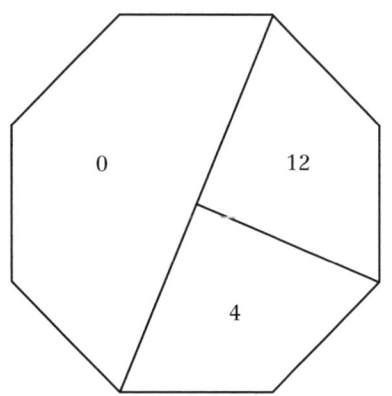

Spielregeln:
Heike bezahlt an Martin eine noch zu vereinbarende Menge an Bonbons als Einsatz, damit sie den Kreisel einmal drehen darf. Liegt der Kreisel bei der 4 auf, so bekommt sie von Martin 4 Bonbons; stoppt er bei der 12, so bekommt Heike von Martin 12 Bonbons, und stoppt er bei 0, so bekommt sie von Martin *keine* Bonbons.

a) Führe das Spiel mindestens 100-mal durch und notiere, wie viele Bonbons Heike jeweils gewinnt.

b) Was gewinnt Martin im Mittel, wenn er 5 Bonbons pro Spiel als Einsatz nimmt? Was gewinnt Heike, wenn sie als Einsatz nur 3 Bonbons gibt?

c) Heike will auf Dauer nicht verlieren. Gib ihr einen Rat, wie viele Bonbons sie *höchstens* als Einsatz an Martin bezahlen sollte.
Begründe deine Antwort.

d) Martin will auf Dauer aber auch nicht verlieren. Gib auch ihm einen Rat, wie viele Bonbons er *mindestens* pro Spiel verlangen sollte.
Begründe deinen Rat.

e) Wie kann Martin diesen Kreisel und die zugehörigen Regeln für Heike attraktiver machen?
Nenne eine Möglichkeit.

Bei dem Spiel bietet sich an, nach eigenen Experimenten eine Computersimulation durchzuführen, um den zu erwartenden mittleren Gewinn besser schätzen zu können.

Kommentar:
Die anspruchsvolle Aufgabe verbindet Wahrscheinlichkeiten mit Zufallsexperimenten, in denen Daten gesammelt werden, um Wahrscheinlichkeiten und erwarteten Gewinn mittels Experimenten angenähert zu schätzen. Computersimulation ist eine natürliche Erweiterung um die Genauigkeit und Verlässlichkeit der Schätzung zu erhöhen. Mathematisch steht der Erwartungswert im Hintergrund, der aber nicht explizit thematisiert werden muss.
    Wir betrachten zunächst folgende Schülerlösung, bei dem zunächst 101-mal der Kreisel gedreht wurde.

Schülerlösung

a)

	0	4	12
abso.	69	15	17
relat.	$\frac{69}{101}$	$\frac{15}{101}$	$\frac{17}{101}$

durchschnittlicher
Gewinn von Heiße
pro Spiel
$4 \cdot \frac{15}{101} + 12 \cdot \frac{17}{101} = \frac{264}{101} = 2,6$

A: Heiße gewinnt pro Spiel 2,6 Bonbons.

$4 \cdot \frac{25}{100} + 12 \cdot \frac{25}{100}$

$= 4 \cdot \frac{1}{4} + 12 \cdot \frac{1}{4} = 1 + 3 = 4$

b) Da Heiße im durchschitt nach Theorie
pro Spiel 4 Bonbons gewinnt und
Martin 5 setzt, verliert sie pro Spiel
in etwa 1 Bonbon.
Wenn α seiner Heiße als Einsatz 3
setzt, gewinnt sie pro Spiel etwa 1
Bonbon. Da sie im Durschnitt etwa
4 gewinnt.

c) Sie darf höchstens 4 setzen, da sie
im Durchschnitt auch etwa pro
Spiel 4 gewinnt.

d) Er muss mindestens 4 verlangen, da
er im durchschnitt 4 geben muss pro
Spiel.

e)

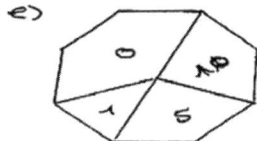

keine Lösung
kreiselspiel

Wir bemerken zunächst, dass der Vorschlag in Teilaufgabe e) falsch ist, aber sehr interessant, weil er eine deutliche Veränderung der Zahlenwerte vornimmt. Er wird aber leider nicht weiter begründet. Hier kann man anknüpfen, um die allgemeinen mathematischen Kompetenzen *Kommunizieren* bzw. *Argumentieren* aufzugreifen.

Wir gehen jetzt auf mögliche Lösungen zu den ersten Teilen ein.

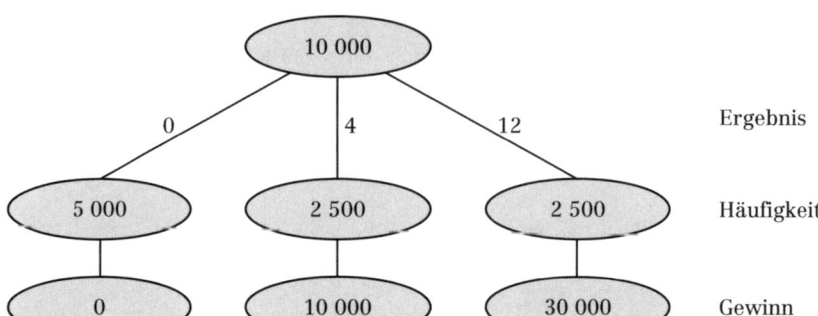

Die Schülerin unterscheidet den durchschnittlichen Gewinn in der durchgeführten Versuchsserie von dem "Durchschnitt nach Theorie". Danach arbeitet sie mit dem theoretischen Wert weiter. Um den theoretischen Wert zu ermitteln, könnte man zum Beispiel folgendermaßen vorgehen. Spielt man sehr oft, z. B. 10 000-mal, gewinnt A in der Hälfte der Fälle nichts, in etwa einem Viertel der Fälle (2500-mal) 4 Bonbons (also insgesamt 10.000 Bonbons), in einem weiteren Viertel 12 Bonbons, also insgesamt $12 \cdot 2500 = 30\,000$ Bonbons. Insgesamt hat man bei 10 000 Spielen 40 000 Bonbons gewonnen, also im Durchschnitt 4 pro Spiel. Man hat hier gewissermaßen eine "ideale" Simulation durchgeführt. Ein Baumdiagramm kann diese Argumentation visuell unterstützen. Das Baumdiagramm zeigt die allgemeine Lösungsstruktur und birgt insofern den Kern der Verallgemeinerung und Übertragbarkeit auf ähnliche Situationen. Denn eine allgemeine Formel vom Erwartungswert ist natürlich kein Thema der Sekundarstufe I.

Die Schülerin im Beispiel argumentiert gleich mit relativen Häufigkeiten, was aber für die meisten Schüler schwieriger ist als ein Argumentieren mit absoluten Häufigkeiten. Dies wird durch zahlreiche empirische Befunde aus der psychologischen Forschung gestützt (GIGERENZER 2002, WASSNER 2004, WASSNER/MARTIGNON/BIEHLER 2004).

Auch folgende noch abstraktere Argumentation mit Durchschnitten ist denkbar "Wenn man vier bzw. zwölf Bonbons erhalten möchte, kann der Kreisel auf zwei Kanten jeweils liegen bleiben. Bei vier weiteren Kanten bekommt man nichts. Wenn man nun also die vier Kanten der einen Seite des Kreisels zusammen nimmt, erhält man durchschnittlich acht Bonbons, auf der anderen Seite null Bonbons. Insgesamt erhält man also durchschnittlich vier Bonbons bei diesem Spiel".

In jedem Fall setzt die theoretische Argumentation voraus, dass man die Chancen/die Wahrscheinlichkeiten für die einzelnen möglichen Ergebnisse ermittelt hat.

Für den Unterricht ist das schlichte Nebeneinanderstellen von experimentellem Ergebnis und theoretischer Rechnung unbefriedigend. Schüler könnten ja auch geneigt sein, die Argumentation mit dem empirischen Mittelwert von 2,6 aufzubauen. Die obige Aufgabe setzt ein Grundverständnis des Gesetzes der großen Zahl voraus, dass sich nämlich die relative Häufigkeit bei wachsender Versuchsanzahl an die theoretische Wahrscheinlichkeit annähert. Dies könnte man per Simulation dynamisch visualisieren. Ähnlich könnte man vorgehen, um zu demonstrieren, dass sich der mittlere (empirische) Gewinn hier mit wachsender Versuchsanzahl an den theoretischen Wert (hier 4) annähert.

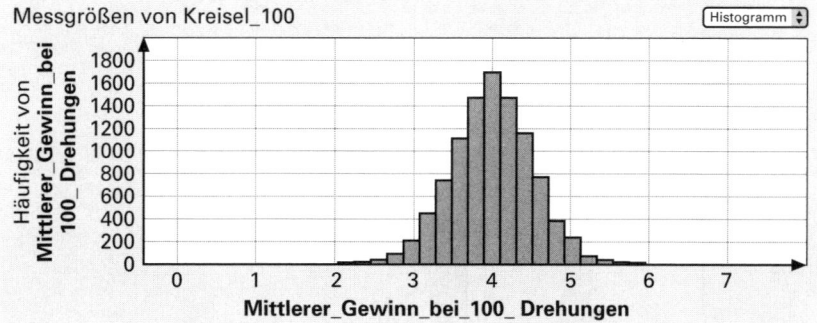

Wenn man als Lehrer reale Versuche durchführen lässt, ist es empfehlenswert, sich vorher einen Überblick zu verschaffen, mit welchen Abweichungen vom theoretischen Wert man denn rechnen muss. Wir haben den 100-fachen Kreiselwurf 10 000-mal simuliert und jeweils den mittleren Gewinn bei einer 100er-Serie ermittelt. Zu diesen 10 000 mittleren Gewinnen haben wir eine Häufigkeitsverteilung dargestellt (Verbindung zum Aspekt Daten der Leitidee). Werte zwischen 3,5 und 4,5 sind durchaus üblich. Der von den Schülern angegebene Wert von 2,6 ist eine extrem seltene Abweichung. Mit diesem Hintergrundwissen würde man wohl anzweifeln, dass die Schüler korrekt gewürfelt haben bzw. dass der Kreisel in Ordnung ist. Um Missverständnissen vorzubeugen: Es sollen hier im Unterricht keine statistischen Hypothesen getestet werden, aber als Lehrperson sollte man diesen fachlichen Hintergrund verfügbar und ein Simulationsprogramm zur Hand haben, wenn man experimentell Wahrscheinlichkeiten und Erwartungswerte schätzen und beurteilen will.

Wenn man beispielsweise verschiedene "Auszahlungspläne" und Spielvarianten nicht anhand der theoretisch ermittelten Durchschnittswerte vergleichen will, sondern anhand der experimentell geschätzten, dann ist es vorher wichtig, die Anzahl von Versuchswiederholungen abzuschätzen, die nötig sind, um eine solche Entscheidung überhaupt einigermaßen sicher treffen zu können.

Wenn man im Unterricht mit empirisch ermittelten Schätzwerten weiterrechnen will, müsste man den Schülern Tipps zu einer jeweils sinnvollen Simulationszahl geben (1 000, 5 000, 10 000).

Sehr unterschiedliche Ergebnisse der Schülerexperimente in Aufgabe a) können entweder Anlass sein für eine theoretische Lösung oder aber eine Motivation, den Versuchsumfang zu erhöhen, um eine genauere Schätzung zu bekommen. Wir zeigen rechts ein mögliches Ergebnis bei 1 000 Simulationen. Eine Aufgabe könnte sein:

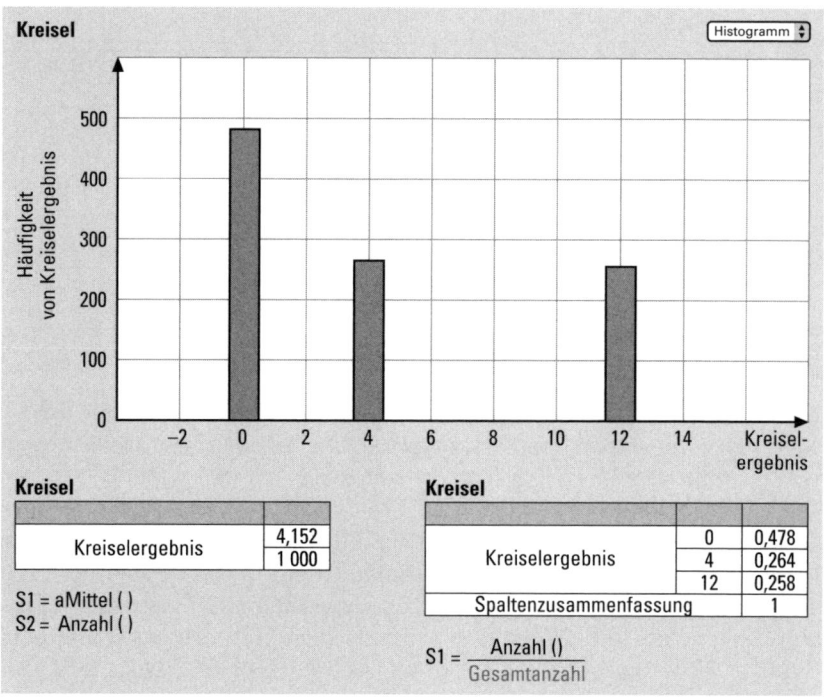

a1) Simuliere den Kreiselwurf 1000-mal und veranschauliche deine Ergebnisse. Schätze nun, welchen durchschnittlichen Gewinn pro Spiel man erwarten kann (bzw. falls die theoretische Ermittlung vorranging: Vergleiche mit dem theoretischen Ergebnis!).

a2) Wiederhole die Simulation weitere 5-mal und notiere die Durchschnittswerte! Überprüfe deine Schätzung.

Die Ergebnisse unserer Simulation sind 4,02; 3,98; 4,03; 4,10; 3,89. Wir schätzten, dass der Wert etwa bei 4 ± 0,1 liegt und behalten ein gewisses Gefühl für die Unsicherheit dieser Schätzung. Ferner können die Schüler die Schwankung der Häufigkeitsverteilung beobachten und so wesentliche Aspekte der Leitidee *Daten und Zufall* erfahren.

Das Sammelbilderproblem

Eine Firma bietet Päckchen mit Sammelbildern mit Spielern der Fußball-WM 2006 an. Man ist interessiert, so lange zu sammeln, bis man eine „vollständige Serie", d. h., bis man alle Spieler hat.

a) Wie lange muss man im Mittel warten, bis man eine „vollständige Serie" erreicht hat?

b) Wie wahrscheinlich ist es, dass man einmal sehr lange warten muss?

c) Wie kann man die mittlere Wartezeit verlängern, wenn man die „Stars" künstlich verknappt?

Zur Drucklegung dieses Bandes (WM 2006 in Deutschland) ist dieses Beispiel wieder besonders aktuell. Firmen (z. B. Panini) legen eine bestimmte Anzahl von Sammelbildern zur Fußballweltmeisterschaft auf, die gut gemischt auf Packungen mit vorgegebener Stückzahl verteilt werden. Die oben genannten Fragen haben schon Radiomoderatoren beschäftigt und zu kritischen Nachfragen beim Hersteller geführt, ob wirklich jeder Spieler mit gleicher Wahrscheinlichkeit vorkommt. Zuhörer hatten behauptet, sie hätten sehr viele Doppelte, aber von den „Stars" hätten sie nur immer höchstens ein Exemplar.

Falls Vertrauen in die Simulationsmethode aufgebaut ist, kann man sie auch in Fällen benutzen, wo die Lernenden über keine theoretische Kontrollmöglichkeit verfügen, z. B. hier, wo eine theoretische Lösung jenseits der üblichen Schulmathematik liegt. Mit einfachen Ideen und einem guten Computerwerkzeug, in das sich die Ideen leicht übertragen lassen, können Schüler der Sekundarstufe I die Mächtigkeit stochastischer Modellierung und Simulation als eigenes Kompetenzerlebnis erfahren.

Mögliche Lösung:

Wir gehen zunächst der Einfachheit halber von 22 Spielern aus und nehmen erstmal an, dass wir die Bilder einzeln kaufen können. Dann vertrauen wir zunächst der Firmenaussage, dass jeder Spieler mit gleicher Häufigkeit als Bild auftritt. Wir können uns also die Erzeugung der Bilder so vorstellen, als ob man aus einer Urne, in der sich 22 verschiedene Kugeln befinden, mit Zurücklegen zieht, wobei immer jedes Bild die gleiche Chance hat, gezogen zu werden. Hier wird von den Schülern Modellierungskompetenz erwartet. Mit den ihn bekannten einfachen Zufallsgeräten spielen sie die Situation gedanklich nach. Mit einer realen Urne würde man jetzt so lange ziehen, bis man alle Spieler gerade einmal erhalten hat. Die Anzahl der benötigten Ziehungen wird als „Wartezeit" notiert. Dann wird der Vorgang wiederholt.

Die Schüler machen die fundamentale, für die Leitidee *Daten und Zufall* zentrale Erfahrung, dass hier eine Größe (die Wartezeit) von Fall zu Fall schwankt. Wenn man aber diesen Versuch sehr oft wiederholt, stellt sich eine (Wartezeit)-Verteilung ein. Die Verteilung erlaubt uns, zu berechnen, wie lange man im Mittel warten muss, und wie wahrscheinlich es beispielsweise ist, dass man mehr als 100 Bilder kaufen muss, um eine vollständige Serie von 22 zu haben.

Hierzu sind aber viele Simulationen nötig, und ohne einen geeigneten Computereinsatz ist die Realisierung nicht praktikabel. Wir zeigen ein Simulationsergebnis für 1000 Simulationen, bei denen wir jeweils die Wartezeit auf eine vollständige Serie notiert haben. Neben dem Mittelwert (etwa 82 Bilder) kann man daraus auch Wahrscheinlichkeiten schätzen. In 208 von 1000 Wiederholungen war es der Fall, dass man sogar mehr als 100 Bilder kaufen musste, bis die Serie vollständig war. Die Wahrscheinlichkeit, dass dieses Ereignis in Zukunft wieder eintritt, ist also näherungsweise 21%.

Sofern hier ein Computerprogramm als ein einfaches kognitives Werkzeug der Schüler eingesetzt werden kann, reichen bei Schülern einfache stochastische Modellierungskompetenzen in Zusammenhang mit Urnenmodellen aus, um ein komplexes Problem zu bearbeiten. Die Beschäftigung mit Verteilungen von Merkmalen und die Schätzung der Wahrscheinlichkeit eines Ereignisses durch die relative Häufigkeit, mit der es in einer langen Versuchsserie eingetreten ist, beinhalten weitere fundamentale Aspekte der Leitidee Daten und Zufall.

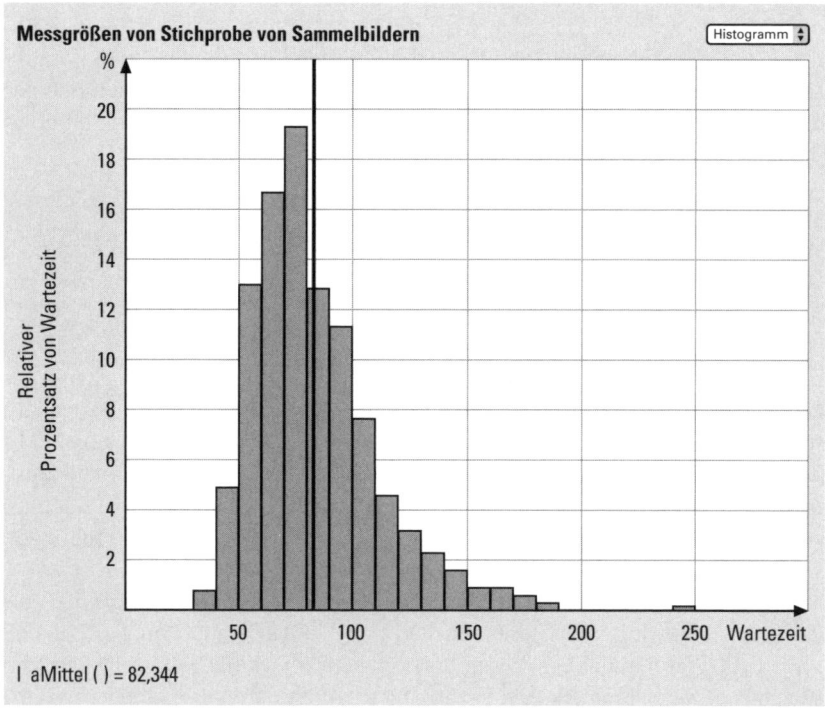

BSE-Test

Während der so genannten BSE-Krise zeigte sich bei durchschnittlich 2 von 1000 geschlachteten Rindern die BSE-Krankheit. Ein neu entwickelter Schnelltest erkennt eine vorhandene Infektion zu 98,5 %. Andererseits identifiziert der Test gesunde Rinder zu 99,9 % richtig. Wenn ein Test eine Erkrankung anzeigt, nennt man das Ergebnis „positiv".

Nimm an, es werden vorsichtshalber viele Rinder eines Bestandes getestet, noch bevor irgendwelche Symptome vorliegen.

a) Stellt euch nun vor, bei einem Rind ist der Test positiv. Jeder Schüler eurer Klasse soll schätzen, wie wahrscheinlich es ist, dass das Rind dann wirklich erkrankt ist. Tragt die Schätzungen eurer Klasse in ein Diagramm ein und versucht euch gegenseitig von euren Schätzungen zu überzeugen!

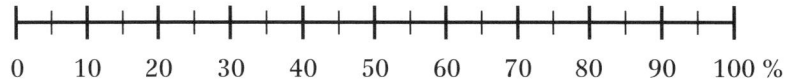

```
0    10   20   30   40   50   60   70   80   90   100 %
```

b) Welche Fehler und richtige Entscheidungen können beim Testen auftreten?
c) Inwiefern handelt es sich hier um zufallsabhängige Vorgänge? Stelle die verschiedenen Möglichkeiten und Stufen in einem Baumdiagramm dar.
d) Wie groß ist die Wahrscheinlichkeit, dass ein als krank getestetes Tier tatsächlich krank (gesund) ist?
e) Wie groß ist die Wahrscheinlichkeit, dass ein als gesund getestetes Tier tatsächlich krank ist? Schätze zunächst, bevor du rechnest.
f) Nimm an, dass sich die Erkrankungsrate auf 2 von 10 000 Tieren verbessert hat. Wie verändert sich dann die unter d) bestimmte Wahrscheinlichkeit?
g) Erkläre, warum man sich zunächst verschätzt. Gib eine anschauliche Erklärung deines Ergebnisses, die auch „Laien verstehen".

Eine strukturell ähnliche Aufgabe mit dem AIDS-Test als Kontext wurde bei WASSNER et al. (2004) als Einstieg in eine Unterrichtsreihe in Klasse 9 verwendet.

Kommentar:

Bei der Aufgabe handelt es sich im mathematischen Kern um die so genannte Bayes'sche Regel. Viele Sachsituationen tragen eine ähnliche Struktur, z. B. Resultate bei AIDS-, Mammographie- oder Schwangerschaftstests. Es handelt sich um eine einfache Aufgabe, bei der Daten (das Testergebnis) in Verbindung mit Hypothesen (Tier erkrankt oder gesund) betrachtet werden. Die allgemeinbildende Bedeutung solcher Aufgaben ist verschiedentlich herausgearbeitet worden, in der Didaktik zum Beispiel von RIEMER (1985), in der psychologischen Entscheidungsforschung vor allem von GIGERENZER (2002) und seiner Arbeitsgruppe. Die in diesen Forschungen herausgestellte Möglichkeit, Informationen mit „natürlichen Häufigkeiten" zu repräsentieren, eröffnet dabei auch formal-mathematisch weniger geübten Menschen Zugänge zu diesem Thema (WASSNER/MARTIGNON/BIEHLER 2004).

a) Für die Entwicklung von Grundvorstellungen zu Zufallssituationen ist es grundsätzlich immer wichtig, Intuitionen der Schüler erkennbar zu machen und daran anzuknüpfen, andernfalls wird eine Mathematik gelernt, die neben den zum Teil falschen Intuitionen koexistiert, die weiterhin zur Beurteilung von Alltagsproblemen eingesetzt werden. Diesem Ziel dient hier exemplarisch die Teilaufgabe a), die natürlich vor allem bei einem ersten Einstieg sehr wichtig ist. Die meisten Personen schätzen die Wahrscheinlichkeit zwischen 98,5 und 99,9 % ein, nehmen also die Sicherheitswahrscheinlichkeiten aus den Angaben der Aufgabe.

b) Man muss vier Fälle unterscheiden: erkrankt und Test positiv, erkrankt und Test negativ, gesund und Test positiv, gesund und Test negativ.

c) Man kann sich die Situation als 2-stufiges Zufallsexperiment vorstellen. In einer ersten Stufe wird zufällig ein Tier gewählt mit den möglichen Ergebnissen „krank" oder „gesund", in der zweiten Stufe wird dann der Test angewendet mit den möglichen Ergebnissen „Test positiv"" und „Test negativ". Die Informationen kann man in einem Baumdiagramm darstellen.

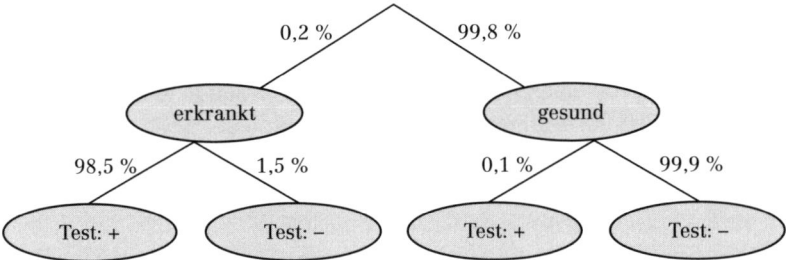

d) Die einfachste Lösung besteht darin, zunächst die in Prozenten gegebenen Wahrscheinlichkeitsinformationen in Form von (absoluten) Häufigkeiten in einer idealen Simulation zu repräsentieren. Wir stellen uns vor, dass ganz viele Tiere getestet werden (1 000 000).

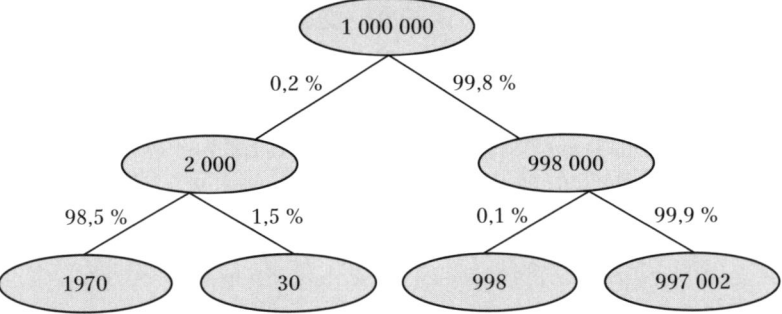

Wir erhalten so das nächste Baumdiagramm, welches eine einfache Auswertung erlaubt. Wir haben 1970 + 998 = 2968 Test-Positive, davon sind

1970 wirklich erkrankt, also ein Anteil von $\frac{1970}{2968} \approx 66\,\%$. Ein Drittel der positiv getesteten Tiere dagegen ist gesund.

Mit Hilfe von Wahrscheinlichkeiten gibt es auch verschiedene elementare Lösungsmöglichkeiten, ohne dass der Satz von Bayes explizit angesprochen werden müsste. Beispielsweise kann man mit den Pfadregeln für Wahrscheinlichkeiten wie folgt rechnen.

$P(Test+) = 0{,}002 \cdot 0{,}985 + 0{,}998 \cdot 0{,}001 = 0{,}002968$

$P(Test+$ und $erkrankt) = 0{,}002 \cdot 0{,}985 = 0{,}00197$

$P(erkrankt$ unter der Bedingung $Test+) =$

$= \dfrac{P(Test+ \text{ und } erkrankt)}{P(Test+)} = \dfrac{0{,}00197}{0{,}002968} = 0{,}6637$

Selbst wenn es gelingt, die letzte Beziehung zwischen den 3 Wahrscheinlichkeiten gut zu motivieren, ertrinkt die Einsicht in einer Fülle undurchsichtig kleiner Dezimalzahlen.

e) Die Wahrscheinlichkeit, dass ein gesund getestetes Tier krank ist, ist

$\dfrac{30}{997002 + 30} \approx 0{,}003\,\%$.

f) Man erhält jetzt nur noch 197 erkrankte Tiere mit positivem Test und 999 gesunde mit positivem Test. Die Wahrscheinlichkeit, dass ein positiv getestetes Tier jetzt tatsächlich erkrankt ist, ist nur noch $\dfrac{197}{197 + 999} \approx 16{,}5\,\%$. Es überwiegen unter den positiv getesteten die „Falsch-Positiven".

Dies Problem wird umso gravierender, je seltener die Erkrankung in der getesteten Gruppe ist. Nicht allen, die mit der Beratung Kranker zu tun haben, sind diese Gefahren einer Fehleinschätzung bekannt (GIGERENZER 2002). Dies Argument hat historisch auch mit dazu beigetragen, dass man von vorsorglichen Massentests auf AIDS-Erkrankung abgesehen hat.

g) Hier werden Kompetenzen des *Argumentierens* und *Kommunizierens* gefordert. Schüler erkennen das Baumdiagramm mit Häufigkeiten als Kommunikationsmittel. Die Fehleinschätzung erfolgte u. a., weil man an die vielen Falsch-Positiven nicht gedacht hat. Es ist außerdem ein Unterschied, ob man den Anteil der Kranken unter den positiv gestesteten bestimmt oder den Anteil der positiv gestesteten unter den Kranken (dies ist bereits mit der Angabe von 98,5 %) gegeben. Hierbei ergeben sich Verbindungen zu den Datenanalysekompetenzen aus unserem Abschnitt 3.3.

Software

Fathom 2. Key Curriculum Press. Deutsche Adaption: AG Rolf Biehler. Springer 2006 [Testversion zum Download und Infos: http://www.mathematik.uni-kassel.de/~fathom]

Literatur

ARBEITSKREIS STOCHASTIK DER GDM (2003): Empfehlung zu Zielen und zur Gestaltung des Stochastikunterrichts. Stochastik in der Schule, 23(3), 21–26.

BIEHLER, R. (2001): Statistische Kompetenz von Schülerinnen und Schülern – Konzepte und Ergebnisse empirischer Studien am Beispiel des Vergleichens empirischer Verteilungen. In: Borovcnik, M./Engel, J./Wickmann, D. (Hrsg.): Anregungen zum Stochastikunterricht (S. 97–114). Hildesheim: Franzbecker.

BIEHLER, R. (im Druck; 2006): Leitidee „Daten und Zufall" in der didaktischen Konzeption und im Unterrichtsexperiment. In: Meyer, J. et al. (Hrsg.): Anregungen zum Stochastikunterricht, Bd. 3. Hildesheim: Franzbecker.

BIEHLER, R. (Hrsg.) (1999): Daten und Modelle. mathematik lehren, Heft 97.

BIEHLER, R. /HOFMANN, T./MAXARA, C./PRÖMMEL, A. (2006): Fathom 2 – Eine Einführung. Heidelberg: Springer.

BIEHLER, R./KOMBRINK, K./SCHWEYNOCH, S. (2003): MUFFINS – Statistik mit komplexen Datensätzen – Freizeitgestaltung und Mediennutzung von Jugendlichen. Stochastik in der Schule, 23(1), 11–25.

BIEHLER, R./WEBER, W. (Hrsg.) (1995): Explorative Datenanalyse. Computer + Unterricht 17 (März 1995).

BOROVCNIK, M./ENGEL, J. (Hrsg.) (2001): Die NCTM-Standards 2000 ; klassische und Bayes'sche Sichtweise im Vergleich ; Bericht von zwei Arbeitskreistagungen des Arbeitskreises „Stochastik in der Schule" in der Gesellschaft für Didaktik der Mathematik e.V. vom 29./30. Oktober 1999 und 10.–12. November 2000 in Berlin. Hildesheim: Franzbecker.

FRIEL, S. N./CURCIO, F. R./BRIGHT, G. W. (2001): Making Sense of Graphs: Critical Factors Influencing Comprehension and Instructional Implications. Journal for Research in Mathematics Education, 32(2), 124–158.

FÜHRER, L. (1997): Misstrauensregeln. mathematik lehren, 85, 61–64.

GIGERENZER, G. (2002): Das Einmaleins der Skepsis: Über den richtigen Umgang mit Zahlen und Risiken. Berlin: Berlin Verlag.

KMK (Hrsg.) (2004a): Bildungsstandards im Fach Mathematik für den Hauptschulabschluss (Jahrgangsstufe 9) – Beschluss der Kultusministerkonferenz vom 15.10.2004. München: Wolters Kluwer.

KMK (Hrsg.) (2004b): Bildungsstandards im Fach Mathematik für den Mittleren Schulabschluss – Beschluss der Kultusministerkonferenz vom 4.12.2003. München: Wolters Kluwer.

KRÄMER, W. (1991): So lügt man mit Statistik. Frankfurt: Campus.

KRÄMER, W. (2001): Statistik in den Wirtschafts- und Sozialwissenschaften. Allg. Stat. Archiv, 85(2), 187–199.

MÜLLER, J. H. (2005): Die Wahrscheinlichkeit von Augensummen – Stochastische Vorstellungen und stochastische Modellierung. Praxis der Mathematik, 47(4), 17–22.

OGBORN, J./BOOHAN, D. (1991): Making Sense of Data: Nuffield Exploratory Data Skills Project. (9 Mini-courses with teacher booklets). London: Longman.

RIEMER, W. (1985): Neue Ideen zur Stochastik. Mannheim: B.I. Wissenschaftsverlag.

SCHWEYNOCH, S. (2003): MUFFINS in der Praxis – Ein Bericht über ein Projekt für den Schüleraustausch. Stochastik in der Schule, 23(1), 27–30.

SPECTOR, W. S. (1956): Handbook of biological data. Philadelphia: Saunders.

TUKEY, J. W. (1977): Exploratory Data Analysis. Reading: Addison-Wesley.

VOGEL, D./WINTERMANTEL, G. (2003): explorative datenanalyse. Stuttgart: Klett.

WASSNER, C. (2004): Förderung Bayesianischen Denkens – Kognitionspsychologische Grundlagen und didaktische Analysen. Hildesheim: Franzbecker.

WASSNER, C./BIEHLER, R./SCHWEYNOCH, S./MARTIGNON, L. (2004): Authentisches Bewerten und Urteilen unter Unsicherheit – Arbeitsmaterialien und didaktische Kommentare für den Themenbereich „Bayes'sche Regel". In: Wassner, C. (2004), S. 182–223.

WASSNER, C./MARTIGNON, L./BIEHLER, R. (2004): Bayesianisches Denken in der Schule. Unterrichtswissenschaft, 32, 58–96.

Teil 2:
Aspekte von kompetenzorientiertem Mathematikunterricht

1. Kompetenzorientierte Aufgaben im Unterricht

Timo Leuders

Aufgaben erfüllen für den Mathematikunterricht unterschiedliche Funktionen: Im Unterricht sollen Aufgaben den Erwerb verschiedenster Kompetenzen fördern. In Klassenarbeiten oder bei diagnostischen Tests sollen vorhandene oder fehlende Kompetenzen offenbar werden. Der Beitrag zeigt an wenigen Beispielen auf, was „Kompetenzorientierung" in diesen unterschiedlichen Unterrichtsituationen bedeuten kann, und insbesondere, wie man von Aufgaben, die zur Leistungsüberprüfung dienen, zu solchen gelangen kann, die vielfältige Lernprozesse initiieren.

1.1 Zur Rolle von Aufgaben im Mathematikunterricht

Aufgaben können im Mathematikunterricht eine Vielzahl unterschiedlicher Funktionen erfüllen. Wenn man bei der langfristigen Planung von Unterricht zusammen mit den Lehrkräften in Bildungsstandards oder Kerncurricula blickt, so findet man dort Beispielaufgaben, die wesentlich dazu dienen, die erwarteten Kompetenzen von Schülern zu illustrieren.

Nun hat man aber konkrete Klassen vor Augen, Schüler in einem bestimmten Jahrgang mit einer jeweils eigenen Lerngeschichte. Jenseits der obligatorischen Kompetenzen in den Standards hat man sicherlich auch noch eigene Zielsetzungen und Schwerpunke sowie eigene Vorstellungen über erwartete Kompetenzen und deren konsequenten Aufbau über die Schuljahre. Was man konkret von den Schülern in einer bestimmten Klasse am Ende einer Unterrichtsreihe oder eines Jahres erwartet, kann man wohl am besten dadurch konkretisieren, dass man bereits zu Anfang der Unterrichtsplanung Aufgaben und Probleme festlegt, mit denen man die Schülerleistungen am Ende überprüfen möchte. Hat man solche Ziele vor Augen, so fällt es leichter, Planungsentscheidungen zu treffen, Methoden auszuwählen oder das Schulbuch und andere Unterrichtsmaterialien zielgerichtet einzusetzen.

Nun wäre man allerdings schlecht beraten, Schüler auf genau *die* Aufgaben vorzubereiten, die man als Konkretisierung von langfristigen Unterrichtszielen ausgewählt hat oder auf solche Aufgaben, die in zentralen Tests eingesetzt wurden. Schließlich sollen Schüler ja mathematische *Kompetenzen* erwerben und nicht Lösungsschemata memorieren und anwenden. Man wählt also Aufgaben und Unterrichtsarrangements aus, die geeignet scheinen, dass Schüler die für das Schuljahr relevanten inhaltsbezogenen Kompetenzen und gleichzeitig die allgemeinen Kompetenzen wie *Argumentieren, Probleme lösen* usw. erwerben können. Solche Lern- und Übungsgelegenheiten sollten sicherlich reichhaltiger sein als die Aufgaben, die zur Überprüfung von Kompetenzen z. B. in Klassenarbeiten ausgewählt werden – sie beziehen sich aber auf dieselben Kompetenzen.

Das hier angedeutete Vorgehen illustriert, wie man sich bei der Unterrichtsplanung konsequent und kontinuierlich an den Zielen, sprich an den erwarteten Kompetenzen der Schüler orientieren kann, und welche Rolle Aufgaben dabei spielen. Nicht jede Aufgabe ist dabei für jeden Zweck gleichermaßen geeignet, oft aber lässt sie sich – je nach Absicht verändern – und dies gilt auch für die Aufgaben in diesem Buch. Die Einschätzung von Aufgaben und der zielgerichtete Umgang mit ihnen ist dabei keine Geheimwissenschaft. Jeder kann sie nach einfachen Kriterien und Prinzipien selbst vornehmen.

Die wohl grundlegende Frage, die man beim Einsatz einer Aufgabe stellen muss, ist die Frage nach der konkreten Unterrichtssituation und der Funktion, die die Aufgabe jeweils haben soll. Soll die Aufgabe etwa

- zum Erkunden, Entdecken und Erfinden dienen?
- zum Sammeln, Sichern und Systematisieren dienen?
- zum Üben, Vernetzen und Wiederholen dienen?
- zur Diagnose von Fähigkeiten und Vorstellungen dienen?
- zum Überprüfen von Leistungen dienen?

Die ersten drei Situationen (Erkunden, Systematisieren, Üben) könnte man eher als „Lernsituationen" beschreiben. Hier sollen individuelle Lernwege ermöglicht und Kreativität angeregt werden. Dazu müssen Momente der Leistungsbewertung möglichst zurückgedrängt werden. Die beiden letzten Situationen (Diagnose und Leistungsüberprüfung) sind eher „Leistungssituationen", bei denen es darauf ankommt, dass Schüler zeigen, „was sie können". Dabei kann es darum gehen, dass sie ihren Kompetenzzuwachs erfahren, dass sie ihre Leistungen selbst überprüfen und so zu einer realistischen Selbsteinschätzung kommen oder auch dass sie Feedback von der Lehrperson bekommen. Manche solcher Leistungssituationen werden durch die Lehrkraft mit der Absicht einer Lernstandsdiagnose oder einer Leistungsbewertung initiiert.

Wenn man sich Rechenschaft abgelegt hat über die Unterrichtssituation, in der eine Aufgabe zum Einsatz kommen soll, fällt es leichter, die Aufgabe nach ihrer Eignung zu bewerten und gegebenenfalls abzuändern. Die genannten fünf zentralen Bereiche *Entdecken, Systematisieren, Üben, Diagnose* und *Leistungsüberprüfung* sind dabei keinesfalls als überschneidungsfreie Unterrichtsphasen zu verstehen. Sie haben mannigfaltige Überschneidungen – zum Beispiel ist das Üben weit reflektierter und wirksamer, wenn Schüler dabei auch Gelegenheit haben, Entdeckungen zu machen (WITTMANN 1992, SELTER 1995, s. auch Kapitel 3, S. 113). Eine solche Einteilung nach der spezifischen Funktion, die eine Aufgabe übernehmen soll, kann helfen, diese konsequent ihrem Zweck entsprechend zu optimieren (BÜCHTER/LEUDERS 2005). Die genannten Bereiche sollen im Folgenden dargestellt und mit Aufgabenbeispielen illustriert werden – allerdings nicht in ihrer natürlichen chronologischen Reihenfolge. Stattdessen soll das *„Leisten"* (Leistungsbewertung und Diagnose) vor dem *„Lernen"* (Entdecken, Systematisieren, Üben) dargestellt werden, um anzudeuten, wie der Prozess der Unterrichtsplanung ausgehend vom erwarteten Lernergebnis aussehen könnte.

1.2 Unterrichtssituation: Überprüfen von Leistungen

Viele neue Lehrplanformate beschreiben nicht mehr abzuarbeitende Stoffkataloge, sondern formulieren Kompetenzen, die von Schülern am Ende bestimmter längerer Zeiträume erwartet werden. Um diese Erwartungen zu konkretisieren, werden – wie auch in den nationalen Bildungsstandards – Aufgaben genannt, die die erwarteten Leistungen von Schülern exemplarisch verdeutlichen. Solche Aufgaben kann man sich etwa vorstellen als Teile von zentralen Tests oder von Klassenarbeiten. Sie können aber auch in einer unbenoteten Überprüfung im Verlauf einer Unterrichtsreihe verwendet werden, um sich eine Übersicht über die Schülerleistungen zu verschaffen.

Dreiecke in einer Figur

In der dargestellten Figur liegen die Punkte *A*, *B, C* und *D* auf einem Kreis mit dem Mittelpunkt *M* und dem Durchmesser $\overline{AC}$.
A, B, C, und *D* bilden ein Drachenviereck. Die Figur enthält mehrere rechtwinklige Dreiecke, z. B. das Dreieck *ASD*.
Gib alle weiteren rechtwinkligen Dreiecke an, die in der Figur enthalten sind. Begründe jeweils, weshalb das Dreieck rechtwinklig ist.

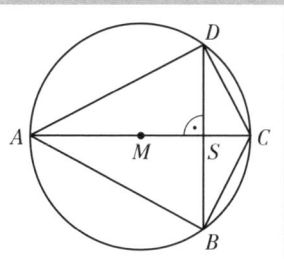

Diese Aufgabe illustriert, was auf dem Niveau einfacher Anwendung von Schülern am Ende der Klasse 10 erwartet wird, wenn die Bildungsstandards im Bereich der Leitidee *Raum und Form* folgende inhaltsbezogene Kompetenz formulieren (KMK 2003):

■ *Schüler wenden Sätze der ebenen Geometrie bei Konstruktionen, Berechnungen und Beweisen an, insbesondere den Satz des Pythagoras und den Satz des Thales.*

Hier geht es eben nicht allein um die Kenntnis des Thalessatzes, sondern um die Fähigkeit, diesen auch dann anzuwenden, wenn die Thalesfigur in einem anderen Zusammenhang auftaucht. Zugleich wird von den Schülern erwartet, dass sie

■ *Routineargumentationen wiedergeben (wie Rechnungen, Verfahren, Herleitungen, Sätze, die aus dem Unterricht vertraut sind).*

Die Kenntnis mathematischer Begriffe und Zusammenhänge ist also eine Grundvoraussetzung für die Kompetenz *Probleme lösen* oder des Begründens.

So wie hier beschrieben, illustriert die Aufgabe also gewisse Kompetenzen. Sie kann eingesetzt werden zur Überprüfung dieser Kompetenzen etwa am Ende eines Schuljahres in einer themenübergreifenden Klassenarbeit oder auch in einer Überprüfungssituation unmittelbar nach der Behandlung des Thalessatzes. Durch die Aufforderung „Begründe …!" kann man zusätzliche Information darüber erhalten, wie differenziert das Argumentationsniveau der Schüler ist.

Was aber fängt man etwa mit der Lösung an: „Sechs rechtwinklige Dreiecke, weil zweimal der Thales drin ist." Hat dieser Schüler den Thalessatz, also insbesondere seine Voraussetzung, wirklich verstanden? Oder hat er nur gedacht: „Wenn ein Dreieck im Kreis liegt, hat es einen rechten Winkel", also eine oberflächliche und möglicherweise unverstandene falsche Argumentationsfigur? Ebenso wenig weiß man ja bei einem Schüler, der $\frac{2}{3} + \frac{1}{4}$ berechnen kann, ob er *verstanden* hat, wie man Brüche addiert und warum man sie *so* addiert.

Dieses Problem kann man angehen, wenn man eine Aufgabe, die eher ein *Verfahren* abtestet, zu einer Aufgabe umformuliert, die eher *Verstehen* überprüft. Das kann man unter anderem durch eine der folgenden Techniken bewerkstelligen:

1. *Einbetten in einen (inner- oder außermathematischen) Kontext* – das ist bei der obigen Aufgabe mit der Viereckfigur bereits geschehen.

2. *Explizites Einfordern von Begründungen* – auch das hat die obige Aufgabe bereits genutzt.

3. *Umkehren der Fragestellung* – dadurch, dass beim Umkehren meist nicht mehr nur eine einzige Antwort richtig ist, wird eine höhere Flexibilität in der Anwendung der Begriffe erwartet.

Beim Umkehren der Fragestellung wird aus „Bestimme den Flächeninhalt des gezeichneten Dreiecks" nunmehr „Zeichne ein Dreieck mit dem Flächeninhalt 24 cm²". Aus „Berechne $\frac{2}{15} + \frac{1}{5}$." wird „Gib zwei Brüche an, deren Sum-

me $\frac{1}{3}$ ist.". Die folgende Variante der Aufgabe „Dreiecke in einer Figur" ver
bindet die beiden Techniken „Umkehren" und „Begründung einfordern".

Varianten der Aufgabe „Dreiecke in einer Figur"

Ergänze einen weiteren Punkt
C auf dem Kreis bzw. auf dem
Quadrat so, dass jeweils ein
Dreieck mit rechtem Winkel
bei C entsteht. Begründe dein
Vorgehen.

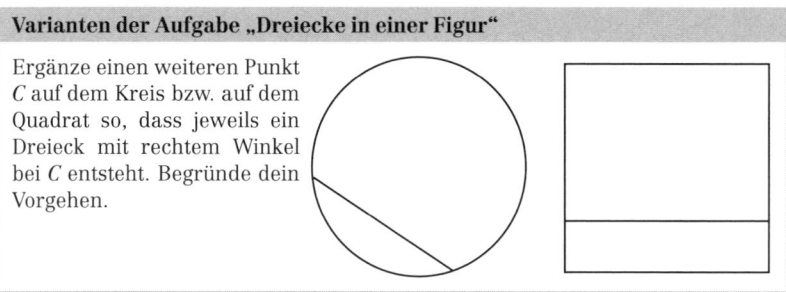

Wenn ein geeignetes Konstruktionsprinzip zuvor besonders geübt wurde, ist
diese Variante der Aufgabe natürlich nur noch eine verfahrensüberprüfende.

4. *Beispiele und/oder Gegenbeispiele einfordern* – hier wird das Verstehen
dadurch auf die Probe gestellt, dass der Schüler *selbstständig* Situationen
angeben muss.

In einen Kreis sollen Vierecke eingezeichnet werden, die entweder einen oder
zwei oder drei oder vier rechte Winkel haben. Welche dieser Fälle funktionieren?
Welche nicht? Begründe!

5. *Die Fragestellung „dynamisieren", indem man fragt „Was passiert,
wenn…"* – dadurch kann man auch überprüfen, ob wichtige Bedingungen
eines Satzes oder Aspekte eines Begriffes verstanden wurden.

Vierecke im Kreis

Das abgebildete Viereck liegt mit allen Ecken auf dem Kreis und hat zwei
rechte Winkel. Was passiert jeweils
mit der Anzahl der rechten Winkel,
wenn man eine der Ecken entlang
der Kreislinie wandern und die anderen drei jeweils fest lässt? Begründe
deine Vermutung.

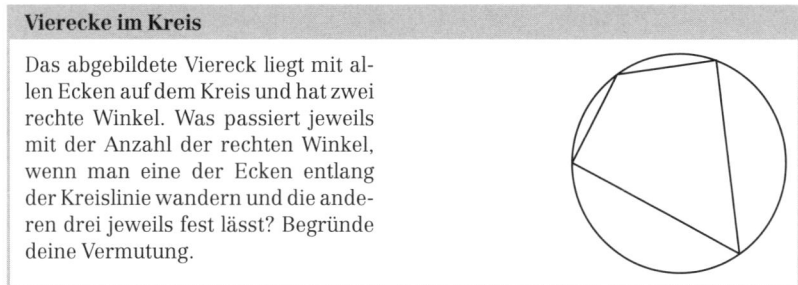

Diese letzte Variante der Aufgabe ist nur sinnvoll, wenn Schüler die Bewegung
mental durchführen und dabei erkennen können, welche geometrische Konsequenzen die Veränderung hat. Einen ganz anderen Charakter hat die Aufgabe, wenn die Bewegung mit einem *Dynamischen Geometrie System* (DGS)
ausgeführt wird.

1.3 Vom Überprüfen von Leistungen zur Organisation von Lernprozessen

So geeignet die vorgestellte Aufgabe und ihre Varianten zur Illustration und zur Überprüfung von Kompetenzen, etwa in Klassenarbeiten, erscheinen, so wenig vernünftig wäre es, diese „Leistungsaufgabe" zum Entdecken des Thalessatzes zu verwenden, also einfach in eine andere Unterrichtssituation zu übernehmen. Schüler würden bei der oben dargestellten ersten Fassung der Aufgabe die rechten Winkel durch Messen oder durch schlichten Augenschein erkennen, ohne jedoch Gründe oder Zusammenhänge zu erkennen. Der Inhalt „Satz des Thales" könnte zu einer schlicht mitgeteilten Kenntnis werden.

Wenn Schüler aber solche Zusammenhänge durchdringen sollen, brauchen sie Gelegenheiten, selbst aktiv zu erkunden, Vermutungen zu äußern und zu verwerfen, Bedingungen zu überprüfen und miteinander zu argumentieren. Solche Erfahrungen verhelfen nicht nur zu einer breiten Erfahrungsbasis und einem vertieften Verständnis, sie fördern zugleich den Aufbau sowohl allgemeiner als auch fachspezifischer Kompetenzen.

Um Kompetenzen nicht nur zu überprüfen, sondern zu erwerben, muss eine Aufgabe also anders aussehen, z. B. so:

> Zeichne mit einem dynamischen Geometrieprogramm ein Viereck, dessen Ecken auf einem Kreis liegen, und untersuche die Frage: Wie viele rechte Winkel kann ein solches Viereck haben? Wie müssen die Ecken liegen, damit es ein, zwei, drei oder vier rechte Winkel hat?

Auch ohne Computerunterstützung können Schüler den Thalessatz entdecken:

Dreiecke im Kreis

Spanne das Gummiband so, dass möglichst viele verschiedene Dreiecke entstehen.
Zeichne die entstehenden Dreiecke ab, sammle sie, untersuche ihre Winkel und sortiere sie nach Gruppen.
Stelle möglichst viele Vermutungen auf. Überprüfe und begründe sie, wenn möglich.

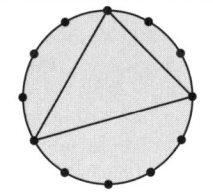

Die beiden letzten Aufgaben sind als Anstoß für Lernprozesse vor allem deswegen geeignet, weil sie Handlungen anregen und individuelle Lernwege auf unterschiedlichem Niveau zulassen. Zudem engt die Aufgabe die Schüler nicht auf den Thalessatz ein: Sie können den Winkelsummensatz im Dreieck wiederentdecken und Winkelberechnungen üben, sie operieren gedanklich mit Komplementärwinkeln usw. Die Aufgaben geben eine Orientierung in Form eines herausfordernden, aber nicht überfordernden Problems.

Auch diejenigen Schüler, zu deren Entdeckung nicht die Thalesfigur gehört –
und es ist bei einer derart offenen Aufgabenstellung damit zu rechnen, dass es
diese gibt –, haben bei der Bearbeitung hinreichend viele Erfahrungen über
Winkel und Dreiecksformen gemacht, dass sie die Ergebnisse einer anderen
Gruppe vermutlich problemlos einsehen werden. Wenn man nämlich findet,
dass es einige Dreiecke mit einem 90°-Winkel gibt, so findet man, dass deren
längste Seite erstaunlicherweise immer gleich lang ist. Legt man sie entlang
dieser Seite übereinander, so entsteht die prägnante Thalesfigur.

In der unterrichtlichen Gestaltung dieser Aufgabe ist es also besonders
wichtig, dass die Lehrkraft anfangs die große Breite individueller Bear-
beitungswege unterstützt. Im zweiten Schritt kann sie auswählen und „in-
szenieren", welche Teilergebnisse vorgestellt werden sollen, um schließlich
besonders ausbaufähige Ergebnisse hervorzuheben und Schüler dazu aufzufordern, diese Entdeckungen zu präzisieren, vielleicht sogar zu beweisen.

1.4 Unterrichtssituation: Diagnostizieren von Fähigkeiten und Vorstellungen

Das Überprüfen von Leistungen im Unterricht kann ganz unterschiedliche
Zwecke haben. Ob die Lehrperson Schüler bewerten will oder ob sie sich einen Überblick über die Leistung der Klasse verschaffen möchte, sollte sie immer transparent machen.

Ein Überblick über die Leistungen ist immer hilfreich, um weitere Lernprozesse zu gestalten. Noch hilfreicher ist es, wenn man nicht nur erfährt, welche Schüler einer Klasse etwa eine bestimmte Kompetenz (wahrscheinlich)
besitzen, weil sie eine bestimmte Aufgabe lösen können, sondern auch, *woran* einzelne Schüler scheitern und welches mögliche Ursachen ihrer Schwie-
rigkeiten sind. Solche *diagnostische* Informationen erhält man beispielsweise
durch die Analyse von Schülerlösungen bei geeigneten Aufgaben (aber natürlich auch im Gespräch mit Schülern). Neben vielen anderen Aspekten, die in
Kap. 2 (s. S. 96) dargestellt werden, gibt es einige Anforderungen an eine für
die Diagnose geeignete Aufgabe:

- Sie muss Schüler dazu anregen, möglichst aussagekräftige Produkte zu erstellen, also etwa ihre Gedanken und Ideen beim Problemlösen oder beim
  Suchen nach einer Begründung aufzuschreiben (oder mündlich zu äußern). Eine Aufgabe, bei der die Schülerproduktion aus der Auswahl unter
  mehreren Antwortalternativen oder dem Ausfüllen eines Ergebnisfeldes
  besteht, ist in dieser Hinsicht wenig aussagekräftig.
- Günstig ist ebenfalls, wenn eine Aufgabe nicht einfach nur Löser und Nicht-
  löser voneinander scheidet, sondern auf verschiedenen Niveaus lösbar ist
  und damit Auskunft über mögliche Leistungsniveaus gibt.

■ Schließlich kann eine gute Diagnoseaufgabe sich auch auf bestimmte Teil-kompetenzen konzentrieren, um fokussierte Aussagen treffen zu können. Solche Qualitäten haben etwa die folgenden beiden Aufgaben:

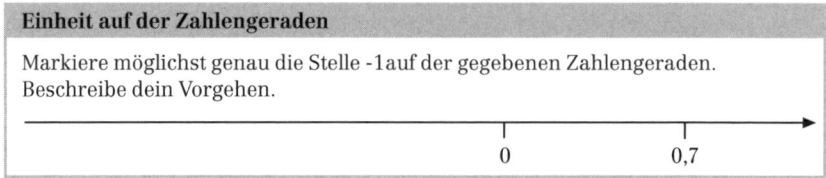

Einheit auf der Zahlengeraden

Markiere möglichst genau die Stelle -1 auf der gegebenen Zahlengeraden. Beschreibe dein Vorgehen.

$$\qquad\qquad\qquad\qquad\qquad\qquad\longrightarrow$$
$$ 0 \qquad 0{,}7$$

Bruchverständnis

a) Kennzeichne und benenne auf einer Zahlengeraden eine Bruchzahl, die zwischen $\frac{1}{2}$ und $\frac{3}{4}$ liegt. Wie hast du diese Bruchzahl ermittelt?

Für Diagnoseaufgaben sind also Differenzierungsvermögen und Anregung zur Produktion („Zeichne", „Gib ein Beispiel", „Beschreibe", …) wichtige Qua-litätsmerkmale. Bei Aufgaben, die im Sinne einer objektivierenden Leistungs-bewertung nach dem Prinzip richtig/falsch aufgebaut sind, ist eine solche Di-agnose schwieriger. Auch in Klassenarbeiten sollte man daher vermehrt „diagnostische Aufgaben" stellen, damit man die Schüler seiner Klasse nicht nur bewerten kann, sondern qualitative Rückmeldungen über den Leistungs-stand einzelner Schüler erhält (vgl. Leuders 2006).

1.5   Unterrichtssituation: Erkunden, Entdecken, Erfinden

Lernen ist an Vorerfahrungen gebunden und verläuft individuell mitunter sehr verschieden. Lernen wird angestoßen in herausfordernden, aber zugäng-lichen Situationen. Lernen hat individuelle Aktivitäten zur Voraussetzung ebenso wie den sozialen Austausch. Dies alles sind Gründe, warum es beson-dere Aufgaben braucht, um Lernprozesse zu initiieren, um Schüler zum ei-genständigen Erkunden, zum individuellen Entdecken und zum kreativen Er-finden anzuregen. Damit Aufgaben dies leisten können, sollten sie bestimmte Kriterien erfüllen (von denen einige oben bereits zur Sprache kamen):
■ Offenheit für verschiedene individuelle Lernwege,
■ keine Engführung durch vielfach „atomisierte" Teilaufgaben,
■ Aktivierung zum Denken (nicht nur zum Handeln),
■ Ermöglichen von vielfältigen Erfahrungen,
■ Orientierung an herausfordernden, aber zugänglichen Problemen,
■ Zulassen von Schülersprache und vorläufigen Begriffen,
■ Anstoßen von Kommunikations- und Kooperationsprozessen.

Natürlich kann nicht jede Aufgabe alle diese Forderungen zugleich erfüllen. Diese Kriterien können aber helfen, Aufgaben bewusst für Entdeckungsprozesse zu öffnen. Die folgenden Aufgaben erfüllen jeweils mehrere der genannten Kriterien – natürlich kann man von keiner Aufgabe fordern, *alle* Kriterien zu erfüllen.

Flächen von Vielecken

Es werden Fünfecke betrachtet, deren Ecken in den Punkten des gezeichneten Gitters liegen. Die Abbildung zeigt ein solches Fünfeck.

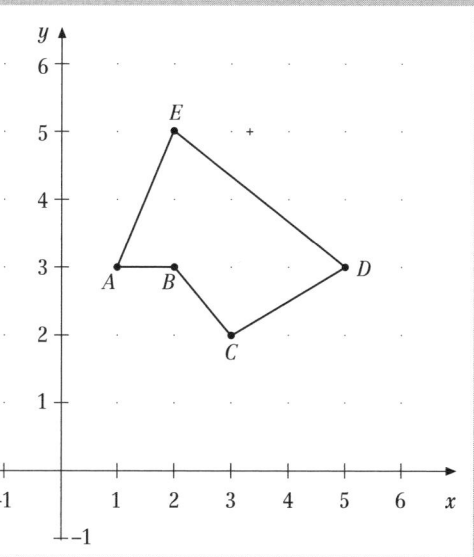

a) Suche nach Möglichkeiten, wie man durch Verschieben immer eines einzelnen Eckpunktes die Form dieses Fünfecks verändern kann, ohne dass der Flächeninhalt sich ändert.

b) Nutze diese Möglichkeiten, um das Fünfeck schrittweise so zu verändern, dass die Fläche gleich bleibt, aber der Umfang kleiner wird. Halte alle deine Überlegungen in einem Forschungsheft fest.

Die Arbeit mit einem Forschungsheft hat den Vorteil, dass Schüler sich über einen längeren Zeitraum selbstständig mit dem Problem auseinandersetzen können. Dadurch, dass sie ihre Lernwege festhalten, können sie ein höheres Reflexionsniveau erreichen und auch im Nachhinein Problemlösungsprozesse reflektieren.

Quadratische Terme

Aus zwei linearen Funktionen kann man durch Multiplizieren der beiden Terme eine quadratische Funktion erzeugen, z. B.

$f(x) = x + 3$
$g(x) = x - 2$
$h(x) = (x - 2) \cdot (x + 3)$

a) Untersuche die drei Funktionen $f(x)$, $g(x)$ und $h(x)$, indem du sie grafisch darstellst (z. B. mit einem Funktionenplotter, einem grafischen Taschenrechner, einem CAS oder einer Tabellenkalkulation.)

b) Welche Zusammenhänge zwischen den Graphen kannst du entdecken? Beschreibe deine Beobachtungen und überprüfe deine Ergebnisse an weiteren Beispielen dieser Art.

Nachfolgend sind drei Schülerlösungen dargestellt:

Schülerlösung 1

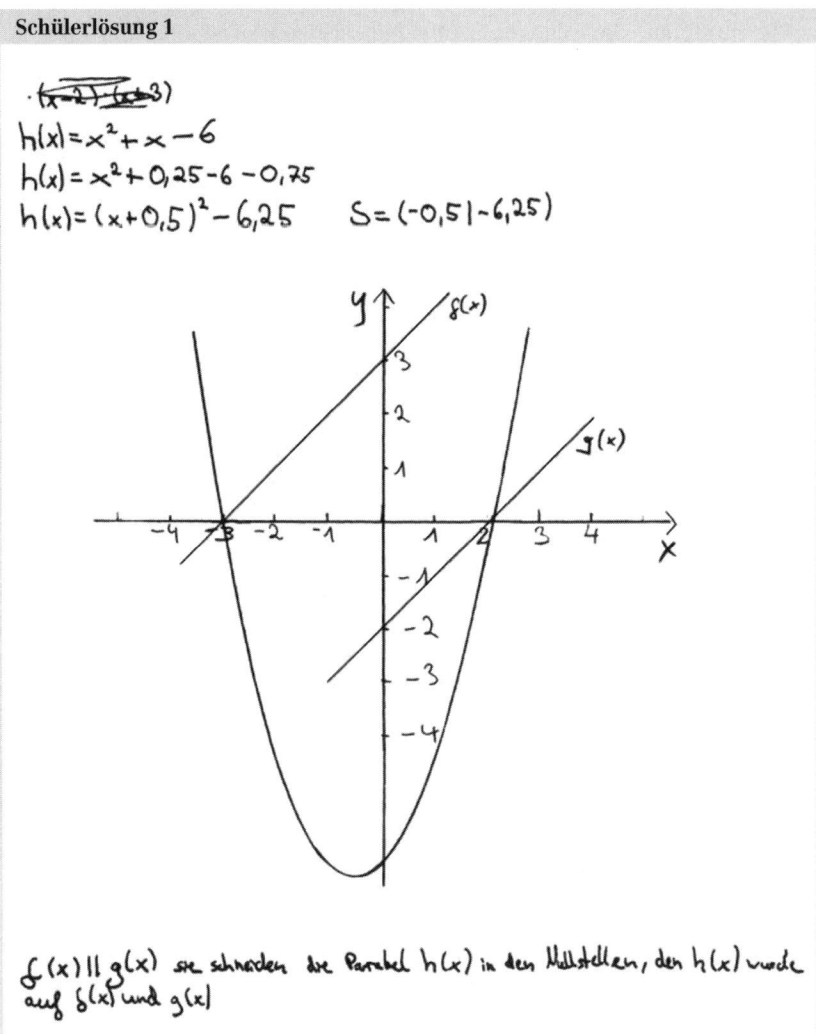

Der Schüler hat offenbar $a = 3$ gewählt. Er stellt – ohne dies näher zu begründen – fest, dass die Geraden parallel verlaufen, und benennt zwei der vier Schnittpunkte beider Geraden mit der Parabel.

Ein anderer Schüler hat die Substanz des Beispiels erkannt, beschreibt aber lediglich die Parallelität der Geraden und benennt die Parabel als solche, wobei er „Gerade h(x)" statt „Graph von h(x)" schreibt.

Schülerlösung 2

Gerade $h(x)$ ist eine Parabel

Gerade $f(x)$ und $g(x)$ sind parallel.

In der dritten Schülerlösung werden die Stellen der vier Schnittpunkte angegeben, und der Schüler beschreibt in Ansätzen den Zusammenhang zwischen den Graphen.

Schülerlösung 3

Die Beiden parallelen ergeben eine Parabel

Die Parabel schneidet die parallelen in -3/+3 | -2/+2

Die multiplikation der zwei y-Werten der gerade ergeben den y-Wert von der Parabel

1.6 Unterrichtssituation: Sammeln, Sichern, Systematisieren

So wesentlich das selbstständige Entdecken als Motor des Lernens im Mathematikunterricht ist, Lernen kann sich nicht im Entdecken erschöpfen. Zusammenhänge müssen auch eingeordnet werden, Begriffe müssen mit normierten Verfahren und Bezeichnungen der Mathematik in Bezug gesetzt werden, neue Begriffsbildungen in ihrer Reichweite reflektiert werden. In der Regel geschieht dies durch das Zusammentragen von Ergebnissen im Klassengespräch, wobei die wesentliche Funktion der Lehrperson darin besteht, die Einzelergebnisse in ihrer Bedeutung hervorzuheben, zu systematischen Zusammenfassungen anzuregen, ggf. zu ergänzen und – nur dort, wo nötig – die bestehenden Bezeichnungen und Begriffe der Mathematik einzubringen. Solche konvergenten Prozesse können allerdings auch in Teilen von den Schülern selbstständig vollzogen werden, wenn eine geeignete Aufgabe vorhanden ist. Solche Aufgaben können z. B. darin bestehen, die Ergebnisse einer vorausgehenden Erarbeitungsphase zu vergleichen, zusammenzufassen und systematisch darzustellen, z. B. in Form einer Mind-Map. Dabei können die Schüler auch weitere Quellen wie z. B. Texte aus Lehrbuchdarstellungen hinzuziehen und Verbindungen zu ihren individuell oder in der Gruppe gewonnenen Erkenntnissen knüpfen.

1.7 Unterrichtssituation: Üben, Wiederholen, Vernetzen

Die Sicherung von Begriffen und Verfahren ist nicht mit dem gemeinsamen Festhalten von Ergebnissen beendet. Zu langfristigen Lerneffekten kann es nur kommen, wenn die Schüler immer wieder die Gelegenheit erhalten, das Gelernte einzuüben und zu flexibilisieren, in verschiedenen Kontexten zu wiederholen und mit anderen Begriffen zu vernetzen. Zu den verschiedenen Möglichkeiten des Übens finden sich differenzierte Anmerkungen in Kapitel 3, s. S. 113.

Viele Aufgaben (das gilt auch für die in diesem Buch), die dazu angelegt sind, Fähigkeiten zu überprüfen, indem sie diese in verschiedenen Kontexten einfordern, sind meist auch geeignete Übungsaufgaben. Das Anwenden in unterschiedlichen Kontexten hat das Ziel, Fertigkeiten zu flexibilisieren und Kenntnisse zu vernetzen. Das Üben ist für Schüler besonders attraktiv, wenn sie erleben, dass sie mit Hilfe ihrer bereits erworbenen Fähigkeiten interessante Probleme angehen und lösen können, wie z. B. dieses:

Forscheraufgabe Seifenblase

Ein Trinkhalm (s. Bild) wird in Seifenlauge getaucht und wieder herausgezogen. Dabei bildet sich in ihm ein Pfropfen. Nun wird daraus eine Seifenblase mit etwa 8 cm Durchmesser geblasen. Wie dick wird die Seifenblasenhaut ungefähr sein?

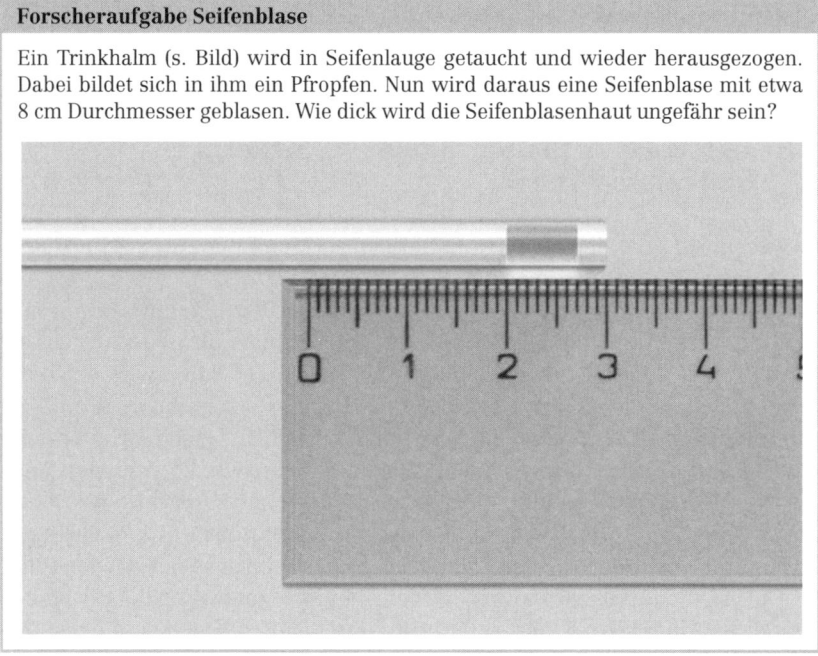

Die nachstehende Schülerlösung zeigt, wie vom Volumen des Tropfens ausgehend das Volumen der Seifenblasenhaut bestimmt und damit der Innenradius der Seifenblase ermittelt wird. Durch Differenzbildung erhält der Schüler einen Näherungswert für die Dicke der Seifenblasenhaut.

Schülerlösung

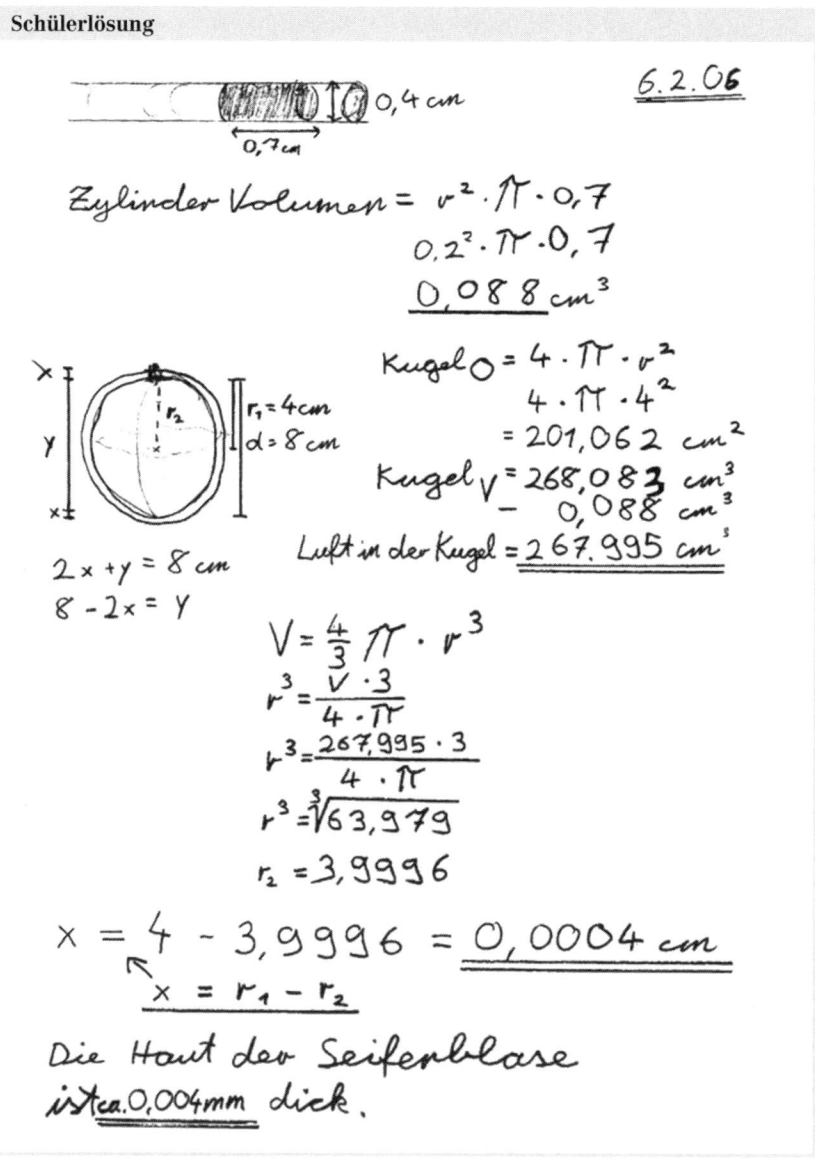

6.2.06

$0,4\,cm$

$0,7\,cm$

Zylinder Volumen $= r^2 \cdot \pi \cdot 0,7$

$0,2^2 \cdot \pi \cdot 0,7$

$\underline{0,088\,cm^3}$

$r_1 = 4\,cm$
$d = 8\,cm$

$2x + y = 8\,cm$

$8 - 2x = y$

Kugel$_O = 4 \cdot \pi \cdot r^2$

$4 \cdot \pi \cdot 4^2$

$= 201,062\,cm^2$

Kugel$_V = 268,083\,cm^3$
$- \quad 0,088\,cm^3$

Luft in der Kugel $= \underline{\underline{267.995\,cm^3}}$

$V = \frac{4}{3}\pi \cdot r^3$

$r^3 = \frac{V \cdot 3}{4 \cdot \pi}$

$r^3 = \frac{267,995 \cdot 3}{4 \cdot \pi}$

$r^3 = \sqrt[3]{63,979}$

$r_2 = 3,9996$

$x = \underset{\nwarrow}{4} - 3,9996 = \underline{\underline{0,0004\,cm}}$

$\underline{x = r_1 - r_2}$

Die Haut der Seifenblase ist ca. 0,004mm dick.

Noch stärker wird den Schülern die Kompetenz des selbstständigen und kooperativen Arbeitens abverlangt, wenn man diese Aufgabe nicht in dieser relativ viel vorgebenden Form stellt, sondern ihnen lediglich Seifenlauge und Strohhalme mitbringt mit der Aufgabe, die Dicke der Seifenblasenhaut zu bestimmen:

Variante der Aufgabe „Forscheraufgabe Seifenblase"

Ein Trinkhalm wird in Seifenlauge getaucht und wieder herausgezogen.
Dabei bildet sich in ihm ein Pfropfen. Nun wird daraus eine Seifenblase geblasen.
Wie dick mag die Seifenblasenhaut sein?
Bestimmt die Ausgangsdaten für diese Aufgabe im Experiment.

Eine ähnliche Verbindung von Vernetzen und Vertiefen einerseits und Kompetenzerleben andererseits bieten Aufgaben, bei denen die Schüler Größen aus dem Alltag überschlagen oder darstellen sollen (vgl. die Aufgaben in Kap. 4, s. S. 126).

Kompetenzen beruhen immer auch auf Fertigkeiten und Kenntnissen, auch solchen, die durch Übung und Wiederholung gefestigt, sozusagen automatisiert werden. Die Automatisierung von Fertigkeiten hat das Ziel, das Individuum bei ihrer Ausführung zu entlasten und Freiräume für andere Denkprozesse zu schaffen (vgl. auch Kap. 3, s. S. XX). Nun darf das automatisierende und einprägende Üben aber nicht als sture Repetition ausgeführt werden. Das „Üben unter Ausschaltung des Denkens", wie dies in vielen Aufgabenpäckchen anzutreffen ist, kann sogar dazu führen, dass das Verständnis gänzlich „verschüttet" wird und nur noch das unverstandene Arbeiten von Routinen stattfindet. Wenn dann die Fertigkeit irgendwann einmal mangels Ausübung verloren geht, kann man sich nicht mehr durch Rückgriff auf sein grundsätzliches Verständnis behelfen.

Aufgaben zum automatisierenden Üben sollten also auch das Denken fördern, sollten Reflexionen und auch Entdeckungen möglich machen. Meist haben sie dann noch die besondere Eigenschaft, dass Schüler an denselben Aufgaben je nach Reflexionsfähigkeit unterschiedlich arbeiten können und niemand unter- oder überfordert wird.

Aufgaben, die so etwas leisten, sind gar nicht allzu exotisch, wie das folgende Beispiel zeigt:

Als „Rohmaterial" dient hier eine Schulbuchaufgabe, die lediglich das Training von Fertigkeiten zum Ziel hat:

Überschlag

Mache zuerst einen Überschlag, berechne dann.

a) $3\,025 : 25$	**b)** $2\,139 : 31$	**c)** $4\,183 : 47$	**d)** $5\,278 : 58$
$8\,424 : 24$	$7\,011 : 57$	$3\,534 : 38$	$4\,140 : 92$
$49\,941 : 93$	$33\,894 : 42$	$26\,524 : 38$	$46\,257 : 51$

Statt nur das ganze Aufgabenpaket abarbeiten zu lassen, wird den Schülern die zusätzliche Frage aufgetragen: Welches Ergebnis liegt am nächsten bei 100?

Die Schüler müssen hier immer noch rechnen, vielleicht etwas weniger, können aber zugleich Strategien entwickeln und haben nun auch einen guten Grund für überschlägiges Rechnen (vgl. z. B. WITTMANN 1992, BLUM/WIEGAND 2000, LEUDERS 2005).

1.8 Fazit

Die Beispiele der vorstehenden Abschnitte haben gezeigt, wie Aufgaben je nach intendierter unterrichtlicher Funktion optimiert werden können. Die dabei angesprochenen verschiedenen Aspekte des Erwerbs und der Überprüfung von Kompetenzen werden in den nachfolgenden Kapiteln wieder aufgenommen, vertieft und an zahlreichen weiteren Beispielen illustriert.

Literatur

BLUM, W./WIEGAND, B. (2000): Vertiefen und Vernetzen – Intelligentes Üben im Mathematikunterricht. In: Üben & Wiederholen, Friedrich Jahresheft XVII, 106–108.

BÜCHTER, A./LEUDERS, T. (2005). Mathematikaufgaben selbst entwickeln. Lernen fördern – Leistung überprüfen. Berlin: Cornelsen Scriptor.

LEUDERS, T. (2006): „Erläutere an einem Beispiel…" Mathematische Kompetenzen erkennen und fördern – mit offenen Aufgaben. Friedrich Jahresheft XXIII. Seelze: Friedich Verlag.

LEUDERS, T. (2005): Intelligentes Üben selbst gestalten! Pädagogik 11/05.

KMK (2004): Bildungsstandards im Fach Mathematik für den Mittleren Schulabschluss – Beschluss der Kultusministerkonferenz vom 04.12.2003.

SELTER, C. (1995): Entdeckend üben – übend entdecken. Grundschule 27, Heft 5, 30–34.

WITTMANN, E. C. (1992): Wider die Flut der bunten Hunde und der grauen Päckchen: Die Konzeption des aktiv-entdeckenden Lernens und produktiven Übens. In: Müller/Wittmann: Handbuch produktiver Rechenübungen, Band 1. Stuttgart, Düsseldorf, Berlin, Leipzig: Klett.

2.   Unterrichtliche Gestaltung und Nutzung kompetenzorientierter Aufgaben in diagnostischer Hinsicht

Johann Sjuts

Kompetenzorientierte Aufgaben zu diagnostischen Zwecken zeichnen sich durch charakteristische Merkmale aus. Diese lassen sich umschreiben durch „Erläuterungen in einem Begleittext", „Stellungnahme und Reflexion", „Analyse von Fehlvorstellungen" und „Aufnahme von Ideen". Solchen Aufgaben ist gemeinsam – und das kennzeichnet den Sinn von Diagnostik beim Mathematiklernen –, den jeweils eigenen Denk- und Verstehensprozess nach außen zu kehren, also Unsichtbares sichtbar zu machen, Verborgenes aufzudecken. So lassen sich detaillierte und differenzierte Befunde gewinnen sowie abgestimmte Maßnahmen ableiten. Dieses wird im Folgenden anhand von drei Aufgabenbeispielen genauer ausgeführt.

2.1   Diagnostischer Einsatz von Aufgaben im Unterricht

Wie konstruiert man Aufgaben zu diagnostischen Zwecken? Wie gelingt es, mittels passender Aufgabenstellungen Auskünfte über den Stand von Lernprozessen zu erhalten? Wie kann man zuverlässig feststellen, ob der Unterricht angekommen ist? Wie kann man herausfinden, wie jemand gedacht hat, der eine gestellte Aufgabe auf eine ganz bestimmte Weise bearbeitet hat?

Im Unterrichtsgeschehen müssen Lehrkräfte erkennen, welche mathematische, welche gedankliche Substanz in dem steckt, was Schüler sagen. Ebenso bedarf das, was sie zu Papier bringen oder an der Tafel, auf dem Tageslichtprojektor präsentieren, der Analyse: Was ist gemeint? Welche Vorstellungen stecken hinter den Darstellungen?

Repräsentiert man Bildungsstandards durch Aufgaben, so geben die Aufgabenbearbeitungen Aufschlüsse darüber, in welchem Maße betroffene Leitideen schon verankert sind, in welchem Maße angesprochene Kompetenzen bereits entwickelt sind und in welchem Maße Anforderungen eines bestimmten Bereichs bewältigt werden.

Leitideen, Kompetenzen und Anforderungsbereiche sind fachgebunden. Das ist im Zusammenhang mit der Gestaltung von Aufgaben selbstverständlich und keiner besonderen Erläuterung wert. Aber im Zusammenhang mit der Nutzung von Aufgaben für diagnostische Zwecke bedarf dieser Hinweis vor allem gegenüber einer rein pädagogischen Sicht von Diagnostik der besonderen Erwähnung. Es geht darum, so genau wie möglich zu ermitteln, inwieweit Schüler über mathematisch-kognitive Werkzeuge verfügen, mittels derer sie die mit Mathematik verbundene Welt zu erschließen und zu verstehen, mittels derer sie Mathematisierungen vorzunehmen vermögen (COHORS-FRESENBORG/SJUTS/SOMMER 2004).

Weiterhin ist zu bedenken, dass eine wohlüberlegte Aufgabenstellung bereits selbst stimulierend und lernfördernd wirkt, dass sie demjenigen, der sie bearbeitet, schon die eigenen Stärken und Schwächen ins Bewusstsein bringt und somit eigene Kompetenzen konsolidiert und stabilisiert oder aber ihn veranlasst, für Abhilfe zu sorgen.

Das vorherige Kapitel 1 hat Möglichkeiten zum unterrichtlichen Einsatz kompetenzorientierter Aufgaben aufgezeigt. Eine nochmalige Darlegung erfolgt deshalb an dieser Stelle nicht mehr. In diagnostischer Hinsicht ist selbstverständlich ein vielfältiger Einsatz denkbar.

Die Vielfalt betrifft die Sozialformen, die Medien sowie die Arbeitsmethoden. Von besonderer Bedeutung ist es jedoch, der Auswertung im Unterricht breiten Raum zu geben. Die kompetenzbezogene Konstruktion von Aufgaben soll ja diagnostisch genutzt werden. Insofern muss das gesamte Unterrichtsarrangement auch auf Diagnose und daraus abgeleitete Konsequenzen ausgerichtet sein – von gezielter Förderung bis hin zu remedialen Maßnahmen (HELMKE 2003).

Welches Potenzial passende kompetenzorientierte Aufgaben im unterrichtlichen Einsatz enthalten, um abgesicherte Befunde zu erhalten, sollen die nachfolgenden Aufgabenbeispiele illustrieren und die abschließenden Überlegungen zur unterrichtsbezogenen Gestaltung und Nutzung von Aufgaben darlegen.

2.2 Aufgabenbeispiele

Die folgenden Abschnitte widmen sich drei Aufgabenbeispielen. Es handelt sich um die Aufgaben „Jungen im Schulbus", „Summen von Nachbarzahlen" und „Blöcke". Alle drei Aufgabenbeispiele werden präsentiert und nach den Vorgaben der Bildungsstandards klassifiziert. Etliche Schülerbearbeitungen dokumentieren Möglichkeiten zur Lösung dieser Aufgaben und bieten ein reichhaltiges Material für diagnostische Analysen.

2.2.1 Aufgabe: „Jungen im Schulbus"

Jungen im Schulbus

Ansgar, Bertram, Carsten, Dieter und Erik fahren jeden Morgen mit dem Schulbus zur Schule. Da sie an der ersten Haltestelle einsteigen, schaffen sie es immer, sich auf die fünf Plätze der letzten Reihe zu setzen.

Jungen im Schulbus (Fortsetzung)

a) Eines Tages bemerkt Erik: „Zum Schuljahr gehören etwa 210 Tage. Ist es möglich, dass wir fünf stets auf verschiedene Weise hier in der letzten Reihe sitzen?"
Beantworte Eriks Frage. Erläutere dein Vorgehen.

b) Dieter sagt: „Bei Aufgaben dieser Art benötige ich immer eine systematische Darstellung aller Möglichkeiten, um ganz sicher zu sein, keine Möglichkeit zu vergessen".
Skizziere eine solche systematische Darstellung, aus der hervorgeht, dass wirklich alle Möglichkeiten, wie die fünf Jungen in der letzten Reihe des Schulbusses sitzen können, berücksichtigt werden.

c) Ansgar erklärt: „Mich interessiert, wie viele Möglichkeiten wir fünf insgesamt haben, wenn ich stets neben Bertram sitze. Das ist doch so, als wären Bertram und ich eine Person auf einem Sitz; ihr drei hättet dann noch drei Plätze. Also sind es $4 \cdot 3 \cdot 2 \cdot 1 = 24$ Möglichkeiten."
Das von Ansgar genannte Ergebnis ist nicht richtig. Greife aber Ansgars Erklärung auf und führe sie bis zum richtigen Ergebnis fort.

d) Bertram hingegen meint zu dem in c) genannten Problem: „Ich überlege mir alle Möglichkeiten, die wir beide haben, uns nebeneinander hinzusetzen. So komme ich auf $1 + 2 + 2 + 2 + 1 = 8$ Möglichkeiten."
Auch Bertrams Überlegung ist noch nicht vollständig. Setze sie bis zum richtigen Ergebnis fort.

Klassifikation der Aufgabe „Jungen im Schulbus"

Alle Teilaufgaben gehören zur Leitidee *Zahl*. Es sind kombinatorische Überlegungen anzustellen, um die Anzahl der jeweiligen Möglichkeiten zu bestimmen. Allerdings kommen in den Teilaufgaben mehrere Kompetenzen gleichzeitig zum Tragen.

Die mit der **Teilaufgabe a)** verbundenen Kompetenzen sind vor allem *Probleme lösen* und *Argumentieren*. Es ist eine Strategie zur Bestimmung der Möglichkeiten zu entwickeln (Anforderungsbereich II). Das Ergebnis für die Anzahl der Sitzmöglichkeiten (120) ist mit der Anzahl der Schultage (210) zu vergleichen, um die gestellte Frage vollständig zu beantworten. Der Lösungsweg ist mit mehrschrittigen Argumentationen zu erläutern (Anforderungsbereich II).

Die bei der **Teilaufgabe b)** vorwiegend geforderten Kompetenzen sind *Darstellungen verwenden* und *Kommunizieren*. Für die Lösung gibt es zweifellos verschiedene systematische Darstellungen. Das erhöht die Lösungswahrscheinlichkeit. Es bleibt aber ein nicht geringer Anspruch an das schriftliche Ausdrucksvermögen (Anforderungsbereich III).

Bei den **Teilaufgaben c)** und **d)** muss man vorgelegte unterschiedliche Gedankengänge aufnehmen und fortführen. In beiden Fällen sind aber gleiche Kompetenzen gefragt, nämlich *Probleme lösen, Argumentieren* und *Kommunizieren* (Anforderungsbereich III).

Schülerlösungen zur Aufgabe „Jungen im Schulbus"

Zu a):

Schülerlösungen

Nein, denn weil es 5 Sitze sind und 5 Personen hat der 1. 5 Möglichkeiten der zweite 4 u.s.w. Also gibt es 120 Möglichkeiten (5·4·3·2·1). Da das Schuljahr 210 Tage hat und nicht 120 geht es nicht.

Ich denke das geht. Es sind
5 · 5 · 5 · 5 · 5 = 3125 also
mehr als 210.

Nein, längst nicht, weil jeder hat 5 Plätze sich hinzusetzen, also 5 + 5 + 5 + 5 + 5 = 25.

Zu b):

Schülerlösung

Asgar = A, Bertram = B, Carsten = C, Dieter = D, Erik = E

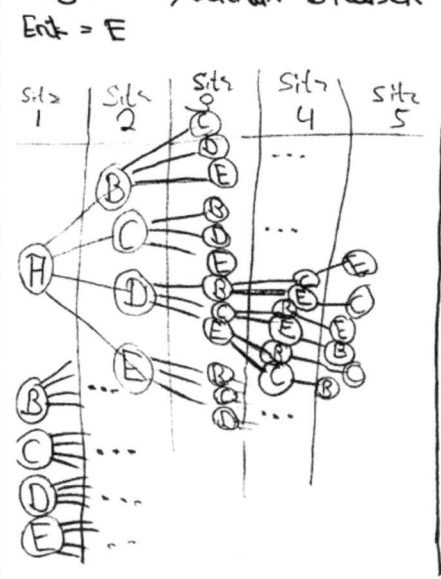

Da es viel zu viel wäre, die ganze Skizzierung aufzuzeichnen, habe ich nur die Situation, dass A auf dem ersten Platz und B auf dem zweiten Platz sitzt bis zum Ende aufgeschrieben/gezeichnet. Für diese Situation gibt es 6 Möglichkeiten. Um die Situation auszurechnen, dass A auf dem ersten Platze sitzt, rechne ich diese 6·4 (für B,C,D,E) = 24. Dieses Mal fünf (da auch B,C,D,E) auf dem ersten Platz sitzen können und ich habe das Ergebnis = 120 Möglichkeiten

---

Zu **c**):

Schülerlösungen

Es ist falsch, weil Ansgar entweder links oder
rechts neben Bertram sitzen kann.
$4 \cdot 3 \cdot 2 \cdot 1 = \underline{24}$ $24 \cdot 2 = \underline{48}$, Weil Ansgar
rechts neben Bertram oder $\overline{links}$ sitzen kann also mal 2.

Rechnung : $4 \cdot 3 \cdot 2 \cdot 1 = 24$ $24 \cdot 2 = 48$
Ergibt 48 Möglichkeiten.

Begründung: Ansgar fing richtig an, Doch er vergaß das Bretram und er
selbst auch die die Plätze wechseln können. Also B links
und A rechts und A links und B recht. Darum muss man
das Ergebnis verdoppeln.

Zu **d**):

Schülerlösung

Bertram hat die Möglichkeiten von sich selbst & Ansgar ausgewechnet
sich hinzusetzen. Doch die anderen haben noch 3·2·1 Möglichkeit
sich hinzusetzen. Also $8 \cdot 6 = 48$.

Zu **c**) und **d**):

Schülerlösung

c)/d) Die Lösungen gefallen mir nicht,
deshalb schlage ich folgende Lösung vor:
Ansgar und Bertram können sich
auf den Plätzen 5 u. 4 ; 4 u. 3 ; 3 u. 2 ;
2 u. 1 , sodass Bertram links oder
rechts ist nebeneinander Ansgar sitzt.
Also $4 \cdot 2 = 8$. Die anderen
haben dann bei allen 8 Möglichkeiten
3 Plätze. Auf diesen 3 sitzen können
sie sich in 6 Sitzordnungen setzen.
Das heißt $6 \cdot 8 = 48$.

Analyse der Schülerlösungen zur Aufgabe „Jungen im Schulbus"

Die dokumentierten Schülerlösungen liefern nachträglich Anhaltspunkte, wie die Schwierigkeit der Teilaufgaben einzuschätzen ist. Vor allem aber zeigen sie, welche diagnostischen Auskünfte solche Schülereigenproduktionen bieten können.

Die erste Schülerlösung zur **Teilaufgabe a)** ist knapp und prägnant. Offensichtlich liegt ein sicheres Verständnis dafür vor, dass hier eine Multiplikation der einzelnen Möglichkeiten der Jungen, sich hinzusetzen, erforderlich ist. Es wird das Hinsetzen der fünf Jungen der Reihe nach betrachtet; ebenso könnte das Besetztwerden der Plätze der Reihe nach geschehen. Das möglicherweise bewusst demonstrierte Verständnis wird besonders durch die vollständige Darstellung des Produkts einschließlich des Faktors 1 deutlich. Nicht selten treten bei einer solchen Aufgabe indes Fehlvorstellungen auf, wie das die beiden anderen Schülerlösungen zeigen. In diesen beiden Fällen wird nicht berücksichtigt, dass das Hinsetzen der Personen oder das Besetztwerden der Plätze Vorgänge sind, bei denen man nicht nur an eine (womöglich nur an die erste) Person oder nicht nur an einen Platz denken darf. Bedenkt man das Prozesshafte nämlich nicht, kommt es zum Fehlverständnis von fünf gleichwertigen Möglichkeiten. Recht typisch ist auch, dass zu kombinierende Möglichkeiten nicht multipliziert, sondern fälschlicherweise addiert werden. Abhilfe bietet in solchen Fällen das Prinzip der Darstellungsvariation.

Die Lösung zur **Teilaufgabe b)** beinhaltet eine nachvollziehbare Skizzierung aller Sitzmöglichkeiten (im Stile eines Baumdiagramms) und eine Erläuterung der Skizze und der Berechnungen. Abgesehen von einem Schreibfehler (es müsste in der sechsten Zeile des Textes D statt B heißen) ist eine bemerkenswerte Sicherheit in den Erläuterungen der jeweils auftretenden Zahl von Möglichkeiten samt Berechnungen erkennbar. Erwähnenswert ist, dass im Sinne der Kompetenz *Kommunizieren* plausibel gemacht wird, alle Möglichkeiten erfasst zu haben. *Kommunizieren* ist adressatenbezogen, kann sich an einen Leser, einen Zuhörer oder einen Gesprächspartner richten. Möglicher oder tatsächlicher Kritik, die hier vor allem die Vollständigkeit der Möglichkeiten beträfe, muss begegnet werden können.

Die Lösungen zu den **Teilaufgaben c)** und **d)** identifizieren das, was zur vollständigen Lösung fehlt. Der Satz *„Ansgar fing richtig an"* belegt ein Hineindenken in die Vorstellungen einer anderen Person. Die Rekonstruktion von Vorstellungen anderer Personen ist zugleich das Offenlegen eigener Vorstellungen. Dabei zeigt sich auch ein wichtiges Element des *Kommunizierens*. Eine Entgegnung, eine Erwiderung muss das vorher Gesagte genau erfassen, um die Richtigkeit zu beurteilen, um eventuelle Fehlargumentationen oder Trugschlüsse aufzudecken.

Die letzte Lösung (zu **c)** und **d)**) verdeutlicht, dass ein eigener Gedankengang bevorzugt wird. Denn die in der Aufgabenstellung vorgelegte Zwischenlösung in der Form $1 + 2 + 2 + 2 + 1 = 8$ wird ersetzt durch die eigene Überlegung $2 + 2 + 2 + 2 = 8$. Hier werden viermal je zwei Plätze samt Vertauschung besetzt, während in der im Aufgabentext angebotenen Lösung sich offenbar erst ein Junge auf einen Platz setzt, bei einem Platz am Rande der zweite Junge danach eine Möglichkeit hat, sich daneben zu setzen, bei einem Platz nicht am Rand dagegen zwei. Erkennbar ist in diesem Fall eine Präferenz in der kognitiven Struktur (SCHWANK 2003). Die eher dynamische Vorstellung wird abgelehnt und stattdessen die eher statische gewählt. Gerade eine solche Bloßlegung bietet Ansatzpunkte für den leistungsfördernden Wechsel von Vorstellungen und Darstellungen.

Die Schülerlösungen zeigen, dass die Kompetenz *Probleme lösen* sich hier in der Wahl einer geeigneten Strategie niederschlägt, die Kompetenz *Argumentieren* in der Darlegung mehrschrittiger Überlegungen und die des *Kommunizierens* in verständlichen und nachvollziehbaren Formulierungen.

2.2.2 Aufgabe: „Nachbarzahlen"

Nachbarzahlen

a) Berechne jeweils: $1 + 2 + 3 =$
$\qquad\qquad\qquad\quad 9 + 10 + 11 =$
$\qquad\qquad\qquad\quad 14 + 15 + 16 =$
$\qquad\qquad\qquad\quad 49 + 50 + 51 =$

Schreibe auf, was dir auffällt.

b) Im Unterricht entwickelt sich dazu folgendes Gespräch.
Nicole meint: „Mit den Rechnungen ist bewiesen, dass die Summe von drei aufeinander folgenden natürlichen Zahlen stets ein Vielfaches von 3 ist."
Jessica ergänzt: „Was für 3 gilt, muss auch für 4 gelten. Das bedeutet: Die Summe von vier aufeinander folgenden natürlichen Zahlen ist stets ein Vielfaches von 4."
Kathrin: „Tut mir leid. Was ihr beide jeweils sagt, kann ich nicht akzeptieren. Dir, Nicole, würde ich es so erklären: ... Und dir, Jessica, so: ..."
Führe Kathrins Erklärungen fort, d. h., erläutere Nicole, was an ihrer Aussage nicht in Ordnung ist, und zeige Jessica, was an ihrer Äußerung falsch ist.

Klassifikation der Aufgabe „Nachbarzahlen"

Diese (zum Zwecke von Diagnostik gegenüber der Version im Kap. 1 auf S. 37) abgewandelte Aufgabe gehört vor allem zur Leitidee *Zahl*. Dabei sind mehrere Kompetenzen von Bedeutung. Bei Teilaufgabe a) ist es vorwiegend das *Kommunizieren*, bei Teilaufgabe b) sind es zusätzlich das *Argumentieren* und das *symbolisch/technisch/formale Arbeiten*.

In **Aufgabenteil a)** dürfte man sinngemäß Folgendes erwarten: Das Ergebnis der Addition der drei Zahlen ist das Dreifache der mittleren Zahl. Zu einer solchen Feststellung zu gelangen, gehört noch zum Anforderungsbereich I.

Im **Aufgabenteil b)** muss man zunächst die Äußerungen von Nicole und Jessica erfassen, bevor Kathrins jeweiliger Gedankengang fortgesetzt wird. Bloße einzelne Rechnungen können hier nicht als Beweis gelten. Darin besteht Kathrins Beweis-Fehlvorstellung. Es muss auf zwingende Weise einsichtig gemacht werden, dass die Summe immer das Dreifache der mittleren Zahl ist. Dafür gibt es überzeugende Visualisierungen ebenso wie Beweise, die auf Formalisierungen zurückgreifen (vergleiche die verschiedenen Begründungen auf S. 37/38). Bezeichnet etwa x die mittlere Zahl, so erhält man die Beziehung $(x-1) + x + (x+1) = 3 \cdot x$, die in knapper Weise Evidenz erbringt. Anders ist es bei Jessica. Dass ihre Verallgemeinerung unzulässig ist, verdeutlicht bereits ein Gegenbeispiel: $1 + 2 + 3 + 4 = 10$ und 10 ist kein Vielfaches von 4. Da es sich bei den Erläuterungen, Erklärungen und Argumentationen um den Einsatz nicht allzu einfacher Mittel handelt und dabei eine Darlegung über Reichweite und Schlüssigkeit von Begründungen zu erfolgen hat, erscheint bei dieser Teilaufgabe eine Einordnung in den Anforderungsbereich III gerechtfertigt.

Schülerlösungen zur Aufgabe „Nachbarzahlen"

Zu a):

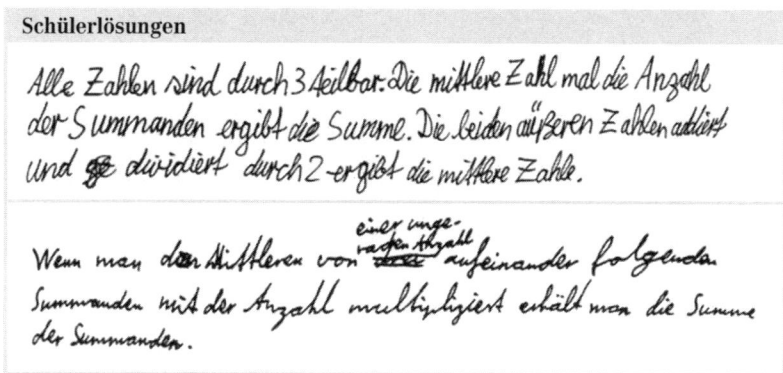

Zu b):

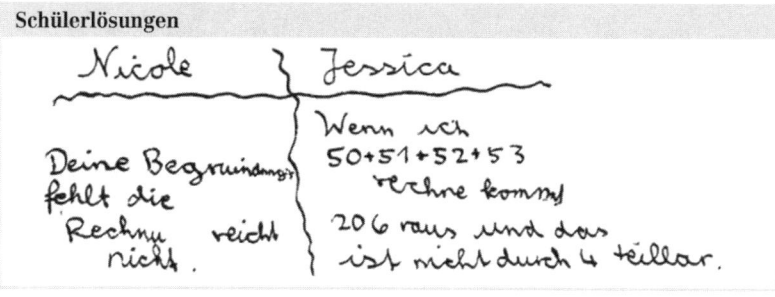

Schülerlösungen

b) _Nicole_: Mit den Rechnungen ist nicht bewiesen, dass alle Summen von drei aufeinanderfolgenden ganzen Zahlen durch drei teilbar ~~ist~~ sind. Hier eine richtige Lösung: Man erhält die Summe auch, wenn man den mittleren Summanden mit 3 multipliziert, also sind die Summen immer ein vielfaches von 3.

Jessica: Ein Gegenbeispiel für dich:

$$1+2+3+4 = 10 \quad \text{und } 10 \text{ ist nicht durch 4 teilbar.}$$

Dir _Nicole_, würde ich es so erklären:
Es kann sein das es stimmt mit den 3 aufeinanderfolgenden Zahlen aber dies ist nicht durch die „paar" Rechnungen bewiesen. Es stimmt aber das 3 auf-einanderfolgenden Zahlen immer durch 3 teilbar sind weil $1+2+3=6$ durch 3 teilbar ist und beim nächsten Zahlen $2+3+4$ immer 1 pro Zahl dazu kommt =) 3 dazu immer noch durch 3.
Dir _Jessica_ so: Bei 4 passt es nicht weil $1+2+3+4 = 10$ nicht durch 4 teilbar sind dann bringt es auch nichts das immer 4 dazu kommen.

---

b) Die Zahlen rechts und links sind immer die Zahl in der Mitte + 1 bzw - 1. Daraus kann man sagen, dass die Summe immer 3 · die Zahl in der Mitte ist.

$$(n-1) + n + (n+1) = 3n$$

Analyse der Schülerlösungen zur Aufgabe „Nachbarzahlen"

Die Lösungen zur **Teilaufgabe a)** beinhalten, wie der Aufgabentext „Schreibe auf, was dir auffällt." nahelegt, Beschreibungen feststellbarer Zusammenhänge. Im ersten Lösungsvorschlag werden sogar drei Feststellungen getroffen, die alle von wesentlicher Bedeutung sind. Der im zweiten Lösungsvorschlag präsentierte Satz enthält neben der Abstraktion zusätzlich eine Verallgemeinerung.

Teilaufgabe b) überprüft das mathematische Beweisverständnis. Nicht selten gibt es dazu erhebliche Fehlvorstellungen. Die vorliegenden Lösungen zeichnen sich durch Klarheit darüber aus, dass eine Allaussage nicht mit Beispielen bewiesen, sehr wohl aber mit einem Gegenbeispiel widerlegt werden kann.

Auch ist eine adressatenbezogene Kommunikation sichtbar. Die dritte und vierte Schülerdarlegung (zu diesem Aufgabenteil) offenbaren entwickelte oder verfügbare Ideen, den anfangs erkannten und beschriebenen Zusammenhang zu beweisen. In einem Fall ist es die Idee der vollständigen Induktion: Begonnen wird mit der Gleichung $1 + 2 + 3 = 6$. Erhöht man jeden Summanden um 1, so erhöht sich die Summe um 3. Die Eigenschaft, Vielfaches von 3 zu sein, bleibt. Und man erhält auf diese Weise alle möglichen Summen von drei aufeinanderfolgenden natürlichen Zahlen (vgl. die entsprechende Lösungsidee auf S. 38). Die Induktionsidee führt anschließend sogar noch zu der Erkenntnis, dass die Summe von vier aufeinanderfolgenden natürlichen Zahlen in keinem Fall Vielfaches von 4 ist. Der andere Lösungsvorschlag nutzt die Idee des Zahlenausgleichs, die im Text erläutert und durch die Formalisierung (Cohors-Fresenborg/Sjuts/Sommer 2004) auf knappe Weise zum Ausdruck gebracht wird.

Die Ausprägung der in dieser Aufgabe bedeutsamen Kompetenzen *Argumentieren* und *Kommunizieren* ist in den Schülerlösungen gut erkennbar. Dabei ist vor allem das Beweisverständnis hervorzuheben. Die besondere Anlage der Aufgabe veranlasst die Schüler, genau zu erläutern, was eine überzeugende Argumentation – einen Beweis eben – ausmacht. Es geht nicht um äußerliche Strenge, sondern darum, Einsicht und Evidenz zu erzeugen. Und dazu gehört auch ein Gespür für Vollständigkeit und ein Sich-Einlassen auf argumentative und kommunikative Ansprüche. Denn die Qualität des *Argumentierens* und *Kommunizierens*, die in der Regel bei einer solchen Art von Aufgaben deutlich erkennbar ist, offenbart, wie entwickelt die Kompetenz zu einem ehrlichen Dialog ist.

2.2.3 Aufgabe: „Blöcke"

Blöcke

Hier sind Blöcke von gleicher Form und gleicher Größe gestapelt. Die kürzeste Kantenlänge eines Blockes beträgt 10 cm. Die beiden anderen Kantenlängen sind jeweils ein Vielfaches dieser Länge.

a) Wie lang sind die beiden anderen Kantenlängen? Schreibe auf, wie du das herausfindest.

b) Wie groß ist das Volumen des Blockstapels? Erläutere dein Vorgehen.

c) Welcher Block berührt die meisten anderen Blöcke? Welche beiden Blöcke berühren die wenigsten anderen Blöcke? Begründe deine Antworten.

d) Der Blockstapel ist mit möglichst wenigen Blöcken so zu ergänzen, dass ein großer Quader entsteht. Welche Kantenlängen hat dieser Quader? Erläutere deine Überlegungen.

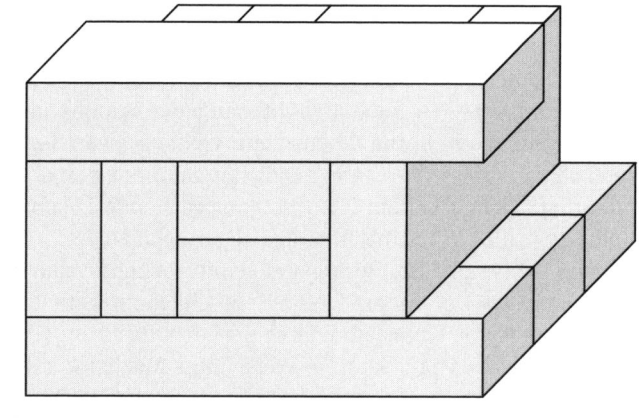

Klassifikation der Aufgabe „Blöcke"

Aufgabenteil a) gehört vorwiegend zur Leitidee *Raum und Form*, obwohl auch die Leitideen *Zahl* und *Messen* berührt sind. Die Aufgabenbearbeitung verlangt die Kompetenzen *Argumentieren, Darstellungen verwenden* und *Kommunizieren*. Die Berechnung der fehlenden Kantenlängen ist zu begründen. Dabei spielen Überlegungen zu den Vielfachen von 10, das Erfassen von Längen im Raum mit Verkürzungen durch die perspektivische Darstellung sowie das lückenlose Einsichtigmachen eines möglicherweise recht schnell zu berechnenden Ergebnisses eine Rolle. Vor allem wegen der geforderten Begründung handelt es sich um den Anforderungsbereich II.

Aufgabenteil b) ist dagegen einfacher. Die Anzahl der Blöcke zu bestimmen, das Volumen eines einzelnen Blockes und daraufhin das des Blockstapels zu berechnen und alles zu erläutern, gehört zum Anforderungsbereich I. Von Bedeutung sind hier insbesondere die Leitidee *Messen* sowie die Kompetenz *Argumentieren*.

Aufgabenteil c) gehört zur Leitidee *Raum und Form*. Zur Lösung benötigt man eine Strategie. Zu beantworten sind zwei Fragen, deren Formulierungen bereits Hinweise auf den Lösungsumfang enthalten. Zu begründen bleiben die mittels der gewählten Strategie gefundenen Lösungen. Verlangt wird die hier im Anforderungsbereich II liegende Kompetenz *Probleme lösen*.

Auch **Aufgabenteil d)** ist nicht allzu schwierig und liegt noch im Anforderungsbereich I. Die Aufgabe verbindet die Leitidee *Raum und Form* mit den Kompetenzen *Argumentieren, Darstellungen verwenden* und *Kommunizieren*. Es soll nicht unerwähnt bleiben, dass die Informationsentnahme aus der Abbildung auch Mechanismen der Selbstüberwachung erfordert. Eine wahrnehmungspsychologische Überprüfung ist nötig, etwa bei der Größenverzerrung und bei der Linienführung in der perspektivischen Darstellung oder bei der Deutung der gerasterten Flächen.

Schülerlösungen zur Aufgabe „Blöcke"
Zu a):

Schülerlösung

Die kürzeste Kantenlänge ist die Höhe die 10 cm beträgt In der Mitte vom Blockstapel sind die Blöcke 4 und 5 die Beide die Höhe 10 cm haben und die Höhe von den Beiden ist genauso groß wie die Breite von Block 6 also: 2·10=20 m . die Breite ist also 20 cm. die Länge errechnet man indem man die Breite von 7,8 und 9 zusammenrechnet die genauso lang ist wie die Länge von 6 also: 3·20=60 cm. Also ist die Höhe von einem Block 10 cm, die Breite 20 cm und die Länge 60 cm.

Zu b):

Schülerlösung

Ein Block hat das Volumen $10 cm · 20 cm · 60 cm = 12.000 cm^3$.

Es gibt neun Blöcke.

Neun Blöcke haben das Volumen $9 · 12.000 cm^3 = 108.000 cm^3$

Zu c):

> **Schülerlösung**
>
> Ich untersuche die Blöcke der Reihe nach.
>
> Block 1 berührt 2, 3, 4, 6 . (4)
>
> Block 2 berührt 1, 3, 7, 8, 9 . (5)
>
> Block 3 berührt 1, 2, 4, 5, 7, 8, 9 . (7)
>
> Block 4 berührt 1, 3, 5, 6 . (4)
>
> Block 5 berührt 3, 4, 6, 7, 8, 9 . (6)
>
> Block 6 berührt 1, 4, 5, 7, 8, 9 . (6)
>
> Block 7 berührt 2, 3, 5, 6, 8 . (5)
>
> Block 8 berührt 2, 3, 5, 6, 7, 9 . (6)
>
> Block 9 berührt 2, 3, 5, 6, 8 . (5)
>
> Block 3 berührt die meisten anderen Blöcke.
> Die Blöcke 1 und 4 berühren die wenigsten anderen Blöcke.

Zu d):

> **Schülerlösung**
>
> Es müssen drei hinzugefügt werden.
> Die Kantenlängen sind:
> 60 cm, 60 cm, 40 cm
> Es muss ganz rechts einer hinzugefügt werden und oben zwei.

Analyse der Schülerlösungen zur Aufgabe „Blöcke"

Die Lösung zum **Aufgabenteil a)** enthält eine vollständige Argumentation, ohne Mess- oder Beobachtungsinterpretationen zu benutzen. Geometrische Begriffe werden konsequent verwendet.

Die Lösung zum **Aufgabenteil b)** zeichnet sich durch Korrektheit und leseunterstützende Notationen aus. Üblicherweise liegen in diesem Bereich häufig zu diagnostizierende Schwächen. Ungenauigkeiten in der Notation gehen mit Fehleranfälligkeiten einher.

Ausgesprochen übersichtlich und ordentlich ist die Lösung zum **Aufgabenteil c)**. So wird auch die Vollständigkeit der vorgenommenen Untersuchung augenfällig. Die Nummerierung erleichtert die Lösung dieses Aufgabenteils ganz wesentlich. Es ist offensichtlich, dass die damit verbundene Sorgfalt die erforderliche metakognitive Selbstüberwachung begünstigt.

Die Lösung zum **Aufgabenteil d)** zeigt ein richtiges Begriffsverständnis zum Quader. (Es könnte beispielsweise eine Verwechslung zum Würfel auftreten.)

2.3 Gestaltung und Nutzung von Aufgaben im Unterrichtszusammenhang

Formulierung und Gestaltung von Aufgaben sowie ihre jeweilige Platzierung im Lehr-Lern-Prozess sind überaus wirkungsvolle Mittel in der Hand der Lehrkräfte. Dazu gehören, unabhängig davon, in welchem Zusammenhang Aufgaben zur Bearbeitung gestellt werden, Auswertung und Rückmeldung im Unterricht. Aufgabenbearbeitungen und Lösungsvorschläge müssen folglich der Lerngruppe zugänglich gemacht werden. Dies kann auf vielfache Weise geschehen: als Fotokopie einer Lösung auf Arbeitsblättern, als von Schülerhand gefertigte Folie auf dem Tageslichtprojektor, als an der Wandtafel notierte Lösung. Hinzu kommt der Vorteil, dass derjenige, der die Lösung angefertigt hat, darüber weitere Auskünfte geben kann.

Die unterrichtliche Beschäftigung mit authentischen Schülerbearbeitungen lässt zu, gezeigte Kenntnisse zu konsolidieren, nachgewiesene Fertigkeiten zu stabilisieren und vorhandene Kompetenzen weiterzuentwickeln sowie im Fall festgestellter Defizite erforderliche Maßnahmen zu bedenken, die auch wieder der gesamten Lerngruppe zugute kommen sollen und können. Die diagnostische Güte einer Aufgabe besteht darin, einen möglichst detaillierten und differenzierten Befund zu liefern.

Aufgaben lassen sich vielfältig verwenden, sowohl zur Leistungsüberprüfung als auch zur Erarbeitung oder zur Festigung. Aufgaben wirken als Steuerungsinstrumente. Sie dienen ebenso dem Kompetenzaufbau wie der Sicherung von Ansprüchen. Von zentraler Bedeutung ist aber, dass die gedankliche

Auseinandersetzung mit Aufgabenstellungen und Aufgabenbearbeitungen zum Gegenstand des Unterrichts wird. Kognition und Metakognition stehen also im Mittelpunkt (SJUTS 2003, COHORS-FRESENBORG/SJUTS/SOMMER 2004). Dazu muss man sich auch explizit äußern. Damit wird der Forderung der Bildungsstandards nach Orientierung an Lernprozessen und Lernergebnissen sowie nach Analyse individueller Lernwege und Lernergebnisse und deren Nutzung Rechnung getragen.

Wie lassen sich also Aufgaben konstruieren, damit man ihren Bearbeitungen (Schülereigenproduktionen) eine Diagnose über die Ausprägung spezifischer Kompetenzen entnehmen kann, die zu begründeten Entscheidungen über Folgerungen führt? Selbstverständlich können Aufgaben in zahlreichen Formen (bis hin zu wohlüberlegten Multiple-Choice-Aufgaben; vgl. auch Kap. 3, s, S. 113) diagnostische Informationen liefern. Hier sollen nun einige geeignete Formen für einen Unterricht, der sich an Lernprozessen orientiert, aufgeführt werden.

a) Erläuterungen in einem Begleittext
Mathematisch-kognitive Aktivitäten sind vielfältig. Sie können durch vorgelegte Probleme und Aufgaben in Gang gesetzt werden. Aber die geistigen Aktivitäten werden nicht immer sichtbar, sie bleiben häufig verborgen. Unsichtbares sichtbar zu machen, Verborgenes aufzudecken, ist in diagnostischer Hinsicht unerlässlich. Die diesbezügliche Operation ist die des Erläuterns. Erläutern bedeutet Offenlegen. Auch das Beschreiben, das Darlegen, das Erklären, das Explizieren eigener Gedanken dient diesem Zweck. Aufgabenstellungen müssen solche Operationen ausweisen, sie in expliziter Weise fordern. Als Beispiel mag die Aufgabe „Blöcke" dienen. Sie enthält an mehreren Stellen entsprechende Formulierungen: *„Schreibe auf, wie du das herausfindest."* *„Erläutere dein Vorgehen."* *„Erläutere deine Überlegungen."* Das veranlasst diejenigen, die sich mit der Aufgabe beschäftigen, einen Begleittext zu verfassen, und es führt dazu, die eigenen Vorstellungen nach außen zu kehren. Weiterhin ermöglicht es diese Aufgabenstellung, Stärken und Schwächen zu erkennen, gegebenenfalls Abhilfe zu finden. Nicht zu unterschätzen ist nämlich, dass die Textanfertigung auf das eigene Denken und Verstehen zurückwirkt. Wer seine Überlegungen zu erläutern hat, muss genauer aufpassen, muss sich selbst mehr überwachen (SJUTS 2003, 2006). Er muss sich auf einen Diskurs mit sich selbst einlassen.

b) Stellungnahme und Reflexion
In ähnlicher Weise wirken Aufgaben, die zur Stellungnahme und Reflexion auffordern. Die Reflexion kann sich auf Planung, Überwachung und Kontrolle eigener Aufgabenbearbeitungen beziehen, sie kann aber auch auf vorgelegte Lösungsvorschläge gerichtet sein. Verlangt werden Kommentierungen, Ge-

genüberstellungen, Vergleiche, Unterscheidungen, Einordnungen und Systematisierungen. Als Beispiel sei die Kommentierung zum Beweisverständnis in der Aufgabe „Summe von Nachbarzahlen" genannt.

Aufgaben dieses Prinzips rücken insbesondere Formulierungen und Schreibweisen ins Augenmerk. Sie sind folglich geeignet, individuelle Unterschiede bei Begriffsbildungs- und Verstehensprozessen auszumachen und individuelle Vorstellungen zu rekonstruieren. Solche Rekonstruktionen und Identifizierungen ermöglichen individuelle Würdigungen und wirken einer verengten Sichtweise oder gar Geringschätzung unkonventioneller Leistungen entgegen. Aufgaben im „Nimm-Stellung-Format" erlauben gedankliche Vielfalt und erweitern das diagnostische Spektrum (KAUNE 2005).

c) Analyse von Fehlvorstellungen

Die Vorlage von Unterrichtsszenen, Schülerdialogen, Fehlern, Lücken, Fehlvorstellungen und kognitiven Dissonanzen ist ein besonderes Gestaltungsprinzip diagnostischer Aufgaben. Die Anlage einer solchen Aufgabe basiert häufig auf unterschiedlichen Vorstellungen, die mit Verweis auf namentlich erwähnte Personen die Aufgabe einleiten und zum Gegenstand einer Erörterung werden. Auf diese Weise sollen sich Schüler in eine Situation, vor allem in die Gedankenwelt anderer Personen hineinversetzen. Bei der Auseinandersetzung mit den Vorstellungen anderer Personen erkennen sie auch den Stand ihrer eigenen kognitiven Struktur (SCHWANK 2003), was zu Veränderungen, Erweiterungen oder Festigungen Anlass geben kann. Fehlvorstellungen aufzuspüren und zu beheben, ist ein Merkmal, das sich bei den vorliegenden Aufgaben in wesentlichen Teilen der Aufgaben „Jungen im Schulbus" und „Summen von Nachbarzahlen" findet.

Dieses Merkmal hat die Mathematikdidaktik mehrfach dargelegt und an Beispielen erörtert. Erinnert sei an folgende Aufgabe: *„Ein üblicher Schülerfehler besteht in der Vorstellung : ‚-a ist negativ'. Wie würdest du helfen?"* Aufgaben, die fehlerhafte Notationen (etwa zur Klammersetzung) thematisieren, sowie Aufgaben mit Überschlags- und Kontrollüberlegungen gehören in diese Kategorie und ebenso solche, die eine Auseinandersetzung mit Argumentationsfehlern oder -lücken verlangen. Stets geht es darum, Unvollständigkeiten, Fehlvorstellungen und Fehlerhaftigkeiten (womöglich auch Ursachen und Gründe) herauszupräparieren und zu korrigieren.

d) Aufnahme von Ideen

Aufgaben sollen sich nicht nur auf zurückliegendes Lernen beziehen, sondern ausdrücklich zu Weiterführungen anregen. Sie sollen neue Ideen liefern, neues Wissen aufzubauen helfen und Inspirationen geben. Sie sollen zu weiteren Fragen und zu Fortführungen von Aufgaben ermuntern. Das verleiht ihnen mehr Lebenswirklichkeit, aber auch mehr Beschäftigungsanreiz. Anregungen und Herausforderungen schaffen Aktivierung und erzeugen Lernzuwachs. Indem man Lösungsideen vorlegt, kann man den genannten Zielsetzungen gerecht werden. Eine solche Aufgabengestaltung findet sich in der Aufgabe „Jungen im Schulbus". Diese Art von Aufgaben diagnostiziert nicht Fehlvorstellungen, Fehler und Wissenslücken, sondern die Anschlussfähigkeit eines Kompetenzstandes, das Ausmaß und die Verfügbarkeit spezifischer Kompetenzen, in gewisser Weise also die Lernfähigkeit. Angesichts des hohen Stellenwerts von Lernkompetenz ist es erforderlich, auch über ihre individuelle Ausprägung Befunde zu erhalten, die Entscheidungen über Konsequenzen nach sich zu ziehen erlauben.

Literatur:

COHORS-FRESENBORG, E./SJUTS, J./SOMMER, N. (2004): Komplexität von Denkvorgängen und Formalisierung von Wissen. In: NEUBRAND, M. (Hrsg.): Mathematische Kompetenzen von Schülerinnen und Schülern in Deutschland. Vertiefende Analysen im Rahmen von PISA 2000. Wiesbaden, S. 109–144.

HELMKE, A. (2003): Unterrichtsqualität erfassen, bewerten, verbessern. Seelze.

KAUNE, C. (2005): Schreiben als Anregung zum Nachdenken über eigene Lernprozesse. Nimm-Stellung!-Aufgaben und diskursive Unterrichtsprotokolle. In: Praxis der Mathematik, 47. Jahrgang, Heft 5, S. 7–11.

SCHWANK, I. (2003): Einführung in funktionales und prädikatives Denken. In: Zentralblatt für Didaktik der Mathematik, Jahrgang 35, Heft 3, S. 70–78.

SJUTS, J. (2003): Metakognition per didaktisch-sozialem Vertrag. In: Journal für Mathematik-Didaktik. Jahrgang 24, Heft 1, S. 18–40.

SJUTS, J. (2006): Beim Denken gedacht, das Denken überwacht. Ideen der Metakognition beim Umgang mit Termen. In: mathematik lehren 136, S. 47–49.

3. Intelligentes Üben

Alexander Wynands

Lernen als aktiver Prozess erfolgt in der Beschäftigung mit Aufgaben und Problemen, deren Sinn und Zweck man erkennt und zu deren Lösung neues Wissen erforderlich ist. Übungen sind unerlässlich zum Sichern des Gelernten und zum Vernetzen von Wissen. Kompetenzorientiertes intelligentes Üben betont die Notwendigkeit des „Ein-Übens", zielt aber darüber hinaus auf weitere Kompetenzen der Bildungsstandards, z. B. Festigen von Routinen oder Anwenden des Gelernten auf ähnliche neue Fälle und Vernetzen von Stoffgebieten.

Im vorliegenden Kapitel werden zuerst einige allgemeine Aspekte intelligenten Übens herausgearbeitet und dann Aufgabenbeispiele präsentiert, mit denen ein derartiges Üben realisiert werden kann.

3.1 Wozu intelligentes Üben im Mathematikunterricht?

Die Frage nach sinnvollem Unterricht und speziell nach Sinn und Umfang des Übens in der Schule scheint so alt zu sein wie die Schule selbst. WINTER (1991) zitiert COMENIUS, der zwei Gründe für den kärglichen Erfolg der Schulen nennt: „die Schulen geben sich zu sehr mit ‚Nebensächlichem und Wertlosem ab' und der Unterricht trägt nicht der Tatsache Rechnung, dass die Menschen vergesslich sind, vielmehr beim Lesen und Hören ‚Wasser mit einem Siebe' schöpfen."

Damit der Mathematikunterricht mehr durch Sinn und Verstand bestimmt wird und nicht Kompetenzen wie Wasser mit einem löchrigen Sieb geschöpft werden, ist auf ein intensives und häufiges Üben, das sich nicht nur auf Hören und Lesen beschränkt, sondern allein oder in Partnerarbeit eigenes Tun bewirkt, unverzichtbar. Als besonders wertvoll und gar nicht nebensächlich ist das Üben und Wiederholen von Basisfertigkeiten einzuschätzen. Hierzu gehören u. a. Kopfrechenfertigkeiten, Runden auf 10er-Stufenzahlen (Zehnerpotenzen) und Rechnen mit diesen Zehnerpotenzen, Kopfgeometrie, Verstehen „einfacher" Terme, Verständnis für „Größen" (Maßeinheiten und Umwandlungsfaktoren) und Fertigkeiten (z. B. beim Lösen (anti-) proportionaler Zuordnungsaufgaben. Die Expertise (BAUMERT et al., 1997) zur „Steigerung der Effizienz des mathematisch-naturwissenschaftlichen Unterrichts" betont völlig zu Recht, dass „in der Sekundarstufe I die Verfahren des so genannten bürgerlichen Rechnens unverzichtbar" sind. Wenn darauf nicht ausreichend geachtet wird, fehlen häufig notwendige, entlastende Routinen, die in „höheren Anforderungsbereichen" das Erkennen von Zusammenhängen und Verallgemeinerungen erleichtern und Reflexionen, Begründungen und Beweise unterstützen können.

Den Sinn solchen „reinen" oder „einfachen" Übens und Wachhaltens von Basisfertigkeiten betont z. B. AEBLI (1991). Eine solche „Übung strebt die Bildung von Automatismen an", es sollen „rasche, sichere aber stereotype Reaktionen" trainiert werden. AEBLI begründet den daraus entstehenden Nutzen damit, dass nur durch diese Automatisierung die gedankliche Beweglichkeit und Übersicht geschaffen wird, sodass „neue Operationen in höhere Zusammenhänge integriert werden können". Erst die Tatsache, dass ein Schüler zum Beispiel über manche Rechenschritte nicht mehr nachdenken muss, ermöglicht ihm, mit Hilfe dieser Rechenschritte neue Probleme zu lösen. Es soll auch nicht übersehen werden, dass es für manche Schüler ein Erfolgserlebnis und emotional wichtig ist, Routinen sicher, schnell und erfolgreich ausführen zu können.

Allerdings kann nach AEBLI die „reine Übung" den Schüler nicht befähigen, das in einer bestimmten Situation erworbene und in ähnlichen Situationen geübte Wissen auf neue Situationen zu übertragen. Von „intelligentem Üben" möchten wir sprechen, wenn nicht nur Routinen als Selbstzweck gepflegt werden, sondern wenn dabei allgemeine Begriffe „begreifbarer" gemacht, Stoffgebiete vernetzt, neue Erkenntnisse entdeckt und begründende Kommunikation angestoßen werden. Übungen erhalten damit einen hohen Stellenwert im Mathematikunterricht, wenn sie nicht nur auf stures Repetieren von Schemata ausgerichtet sind, die Langeweile erzeugen. WINTER (1991) weist darauf hin, dass Üben und entdeckendes Lernen nicht entgegen, sondern gleichgerichtet sein können.

Die hier folgenden Beispiele konkretisieren alte Forderungen u. a. von WITTMANN (1982) nach Aufgaben, Problemen und Problemfeldern zum „aktiventdeckenden Lernen" als Kern für den konkreten Mathematikunterricht. Intelligentes Üben in der Sekundarstufe I will eigenständiges Denken fördern und die Zielrichtung des „produktiven Übens" von WITTMANN/MÜLLER (1992) auf der Basis von Grundfertigkeiten des Zählens und Rechnens, von Form- und Maßerfassung aufgreifen und weiterführen. Die angeführten Beispiele vernetzen Zahlen, Formen und Maße. Sie fordern auf zum Weiterdenken, um Muster oder Regeln zu erkennen und diese nach Möglichkeit zu begründen und darüber mit anderen zu sprechen.

Zusammenfassend seien folgende Ziele für kompetenzorientiertes intelligentes Üben genannt:

- Festigen von Routinen,

▓ Anwenden des Gelernten auf ähnliche neue Fälle und Vernetzen von Stoffgebieten,

▓ Entdecken von mathematischen Eigenschaften oder von allgemeinen Regeln und

▓ Kommunikation über Erfahrungen und Entdeckungen mit mathematischen Argumenten in adäquater Form mit mathematischen Sprachmit-
teln.

Damit beinhaltet intelligentes Üben alle sechs allgemeinen Kompetenzen der
Bildungsstandards.

3.2 „Reines" Üben und Basiswissen

Es ist nicht im Sinne der Bildungsstandards, auf die Einübung von Automatismen zu verzichten – wohl aber, den oft sehr hohen Anteil eines kalkülorien-
tierten Arbeitens zu reduzieren oder in neue Bahnen zu lenken. Zusammen-
hanglose Rechenaufgaben könnten vermehrt durch Sequenzen von Aufgaben
ersetzt werden, die nicht nur Rechenfertigkeit trainieren, sondern auch noch
den Blick auf Zusammenhänge, Gesetzmäßigkeiten, Regeln, Methoden oder
Begriffe richten.

Zunächst seien Beispiele für „kleine, einfache" Aufgaben zum Üben spe-
zieller Basiskompetenzen genannt – z. B. Kopfrechnen mit einziffrigen Zahlen und Zehnerpotenzen, Überschlagsrechnen oder Maßumwandlungen (vgl.
hierzu WYNANDS/NEUBRAND 2003). Sie sollten häufig(er) im Mathematikunterricht bei „mündlichen" Konzentrationsübungen und Klassenarbeiten zur
Wiederholung von weiter zurückliegenden Stoffen Beachtung finden.

Auch diese Aufgaben sind geeignet, vernetztes Denken auszubilden. Bei allen guten Ideen und Wünschen darf aber besonders in der Hauptschule keine
Überforderung der Schüler erfolgen. Frust und kontraproduktive Ängste wären absehbare Folgen. Deutlich gesagt sei aber, dass sich die hier angegebenen Beispiele aus einem Unterrichtswerk für die Hauptschule (Welt der Zahl,
2001–2004) nicht nur an die ca. 30 % leistungsstarken Schüler in der Hauptschule richten, deren mathematische Fähigkeiten derjenigen in der Realschule oder im Gymnasium entspricht. Manche Schüler werden gerade durch her-
ausfordernde Aufgaben gefördert.

Zum Wachhalten technischer Fertigkeiten seien hier nur wenige Beispiele
für die Jahrgangsstufen 5/6 genannt, die sich auf Terme und „Größen" beziehen.

Terme und Größen

a) Rechne aus, ordne die Ergebnisse der Größe nach, beginne mit der kleinsten Zahl.

$4 + 2 \cdot 3$ $(4 + 2) \cdot 3$ $4 \cdot (2 + 3)$ $4 : (2 - 1)$

$4 : 2 - 1$ $4 - 2 \cdot 0$ $(4 + 2 : 1) \cdot 0$

b) Welche Größenangaben gehören zu Längen, welche zu Flächen? Sortiere und ordne.

$0,6$ m $0,1$ m² 50 mm 80 cm² 10 cm² 1 dm² $\dfrac{1}{2}$ km 66 cm

Welche konkreten Gegenstände sind so groß? Gib Beispiele hierzu an.

c) Arbeite mit diesen Längenangaben:

305 m, 905 m, 195 m, 95 m, 550 m, 650 m, 450 m, 915 m, 805 m, 85 m.

1. Zwei Längen sollen zusammen mindestens $\dfrac{1}{2}$ km (höchstens 1,5 km) ergeben. Schreibe *alle* passenden Längenpaare auf.

2. Wie lang sind x gleiche Stäbe, die zusammen so lang sind wie alle hier angegebenen Längen zusammen? Bestimme die Stablängen für verschiedene x-Werte.

d) Ergänze Faktoren so, dass eine richtige Gleichung entsteht.

1. $10 \cdot 6 = 5 \cdot \_\_ \cdot \_\_$ 2. $100 \cdot 15 = 25 \cdot \_\_ \cdot 3 \cdot \_\_$ 3. $9 \cdot 40 = \_\_ \cdot \_\_ \cdot \_\_ \cdot \_\_$

In den nachfolgenden Beispielen ist das Ausrechnen der angegebenen Aufgaben „reine Pflichtübung", das Erkennen des Aufgabenmusters eine „Kür" oder ein Anreiz für Entdeckungen und deren Begründung eine Herausforderung.

Gleichungen

a) Rechne und kontrolliere. Ergänze ähnliche Gleichungen.

1. $9 \cdot 11 = 10 \cdot 10 - 1$; $19 \cdot 21 = 20 \cdot 20 - 1$; $29 \cdot 31 = 30 \cdot 30 - 1 \dots$

2. $9 \cdot 1 - 1 = 8$; $9 \cdot 21 - 1 = 188$; $9 \cdot 321 - 1 = 2888$; $9 \cdot 4321 - \dots$

b) 1. Schau dir die Serie von Gleichungen an und kontrolliere. $1 = 1$

2. Setze die Serie fort um drei weitere Gleichungen. $4 - 1 = 1 + 2$

3. Wie heißt die 10. Gleichung? Ist sie richtig? $9 - 4 + 1 = 1 + 2 + 3$

4. Zeichne für beide Seiten der Gleichungen $16 - 9 + 4 - 1 = 1 + 2 + 3 + 4$
Punktmuster.

Tipp: Links stehen „Quadrat"-Zahlen, rechts „Dreieckszahlen"...

c) Kontrolliere, ergänze und prüfe weitere ähnliche Gleichungen.

$(1 + 2)^2 = 1^3 + 2^3$,

$(1 + 2 + 3)^2 = 1^3 + 2^3 + 3^3$,

$(1 + 2 + 3 + 4)^2 = 1^3 + 2^3 + 3^3 + 4^3$, ...

Mit diesen Aufgaben wird ein wichtiges Denkmuster für strategisches Arbeiten geübt. Wer frühzeitig den Blick für rückwärtsbezogenes (rekursives) und nach vorne orientiertes (induktives oder iteratives) Arbeiten schärft, kann leistungsstarken Schülern rekursives und iteratives Arbeiten nahebringen und die Beweismethode der „vollständigen Induktion" vor Augen führen. Wichtig ist es dabei, zunächst mit „auffälligen" oder „signifikanten" konstanten Zahlen statt mit Variablen zu arbeiten. Im Rückblick werden dann gegebenenfalls die „signifikanten" Zahlen, die man auch rot färben kann, durch Variable ersetzt und ein allgemeines Gesetz oder eine Regel formuliert. Man vergleiche hierzu den Beweis für die vorstehende Aufgabensequenz als Vorschlag für ein Unterrichtsgespräch zum geführten Entdecken (WYNANDS 2005).

3.3 Erprobte Aufgabenbeispiele

Die nachfolgenden Aufgabenbeispiele wurden in verschiedenen Schulformen und Jahrgangsstufen erprobt. Wir verorten die Beispiele in den Bildungsstandards und betrachten gelungene Lösungsideen wie auch typische Fehler.

3.3.1 Ein Beispiel zum symbolisch/technisch/formalen Arbeiten

Zahlenmauern

Die folgenden Zahlenmauern werden so gebildet, dass in den Stein, der über zwei Steinen liegt, das Produkt der dortigen Zahlen geschrieben wird.
a) Fülle die (linke) Zahlenmauer vollständig aus.

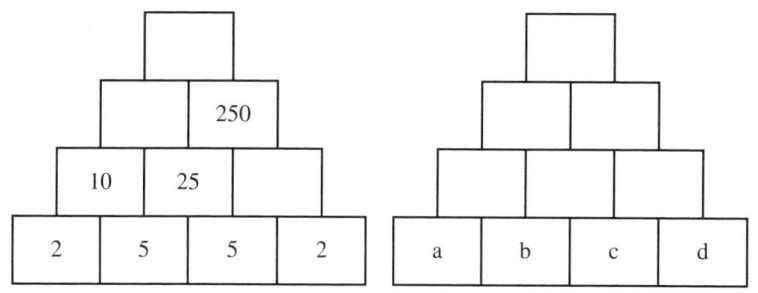

b) Die Zahl, die im oberen Stein erscheint, heißt *Zielzahl*. Schreibe auf, wie du die Zielzahl für die rechte Zahlenmauer berechnen kannst, ohne die anderen Zahlen im Einzelnen zu berechnen.
c) Die Zielzahl ist 100 000 000, in der unteren Reihe sind alle Zahlen gleich. Wie heißt die Zahl in der unteren Reihe?

■ **Anmerkungen**
Diese Aufgabe zur Leitidee *Zahl* erfordert die Kompetenzen *Darstellungen verwenden* und einfachstes *symbolisch/technisch/formales Arbeiten*. **Teilaufgabe a)** erfordert Basisfertigkeiten im Anforderungsbereich I, **b)** und **c)** verlangen das Erkennen von Zusammenhängen, Potenzschreibweise und eine „zielgerichtete Probierstrategie" oder Rückwärtsrechnen (Anforderungsbereich II).

Aufgabentypen wie die **Teilaufgaben a)** und **c)** sind mit „Summensteinen" statt „Produktsteinen" schon in der Grundschule sinnvoll. Addition/Subtraktion und Multiplikation/Division im Bereich der natürlichen Zahlen sind und bleiben „gängige" Aufgaben im Mathematikunterricht.

In **Teilaufgabe b)** könnten auch mehrgliedrige Terme in der untersten Reihe stehen, womit dann vielfältige Übungen zu Termnotationen entstehen. Partnerarbeit bietet sich an: Ein Partner stellt Aufgaben, die der andere Partner löst. Wenn nötig, müssen die Lösungen gegen Einwände des Aufgabenstellers verteidigt werden.

■ **Erfahrungen und Ergebnisse**
In zwei 8. Gymnasialklassen löste die Mehrzahl der Schüler die Teilaufgaben a) und b) richtig, dagegen Teilaufgabe c) nur weniger als die Hälfte der Schüler. In einer 10. Hauptschulklasse lösten alle Schüler die Teilaufgabe a). Durch Probieren kam etwa die Hälfte bei c) zum richtigen Ergebnis.

In einer einjährigen Fachoberschule zeigten sich lediglich bei der Formulierung von Potenztermen und bei Teilaufgabe c) Fehler.

■ In einer zweijährigen Fachoberschule gelang nur wenigen eine passende Formulierung in Teilaufgabe b).

3.3.2 Ein Beispiel zum Probleme lösen und Kommunizieren

Verbindungsstäbe

Aus Kugeln und Verbindungsstäben werden – wie in der Abbildung dargestellt – Würfel gebaut. Bei drei Kugeln auf einer Kante ergibt sich eine Gesamtzahl von 20 Kugeln.

a) Bestimme die Gesamtzahl der Kugeln für zwei bzw. vier Kugeln auf einer Kante und vervollständige die Tabelle.

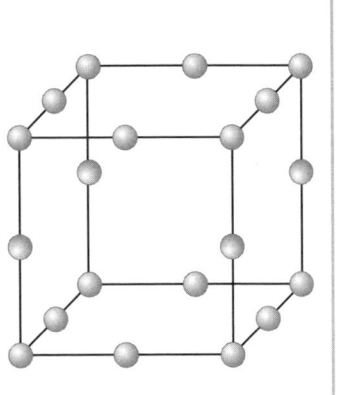

Kugelanzahl auf einer Kante	2	3	4
Gesamtzahl der Kugeln		20	

b) Wie viele Kugeln werden benötigt, wenn 100 Kugeln auf einer Kante befestigt sind. Schreibe auf, wie du rechnest.

■ **Anmerkungen**
Ausgehend von Einführungsübungen in **Teilaufgabe a)** soll in **b)** eine Zählstrategie entwickelt und durch einen Rechenweg aufgeschrieben werden.

Der notierte Lösungsweg – ggf. in der Form eines Terms – zeigt, ob man die mathematische Sprache mit Vorrangregeln (für Klammern und Punkt-vor-Strich-Rechnung) beherrscht. Solche Übungen mit Punktmustern können schon in der Grundschule eingesetzt und häufig in der Sekundarstufe I zur Erarbeitung von Termnotationen, Entdeckung von Symmetrien in der Geometrie und deren arithmetische Folgerungen, d. h. zur Vernetzung von Arithmetik/Algebra und Geometrie gepflegt werden (vgl. WYNANDS 2005). Zur Überprüfung von Leistungsfähigkeiten in allen Kompetenzen bieten sich derartige Aufgaben an, speziell zum *Probleme lösen* und *Kommunizieren*, da der Schüler seinen Lösungsweg in Teilaufgabe b) dokumentieren soll.

■ Erfahrungen und Ergebnisse

In zwei 8. Gymnasialklassen löste die Mehrzahl der Schüler Teilaufgabe a), aber nur ein Drittel die Teilaufgabe b) richtig.

In einer zweijährigen Gewerbeschule (Technik, Klasse 10) löste etwa jeder dritte Schüler, in einer Fachoberschule (Technik Klasse 12) jeder zweite beide Teilaufgaben richtig.

Durch eine Vielzahl verschiedener richtiger Rechenwege zu b) können verschiedene Denkrichtungen und Strategien aufgedeckt werden. Im Unterricht können diese Lösungswege als Denkprotokolle z. B. auf einem „Lernplakat" gesammelt, verglichen und die pfiffigsten Wege besonders prämiert werden. Hier sind einige interessante – teils falsche – Denkprotokolle aus einer 8. Gymnasialklasse. Man kann sie an die Tafel schreiben, um dann im Klassenverband zu besprechen, wie oder was gedacht wurde:

Schülerlösung 1

$(1)\ 100 \cdot 4 = 400,\ 98 \cdot 8 = 784\ \text{also}\ K = 400 + 784 = 1184$

$(2)\ K = 8 + 12 \cdot (100 - 2)$

$(3)\ K = 12 \cdot 100 - 16$

$(4)\ K = 4 \cdot 100 + 8 \cdot 98$

$(5)\ K = (100 + 196) \cdot 2 + 2 \cdot 100 - 8$

$(6)\ 100 + 99 + 99 + 98 + 99 + 99 + 98 + 99 + 99 + 98 + 98 + 98$

Verblüffend ist die folgende Rechnung, bei der in der Zeile für 4 Kugeln je Kante schon das Ergebnis 32 stand. Es folgte eine Kette von (rekursiv richtigen) Rechenschritten:

Schülerlösung 2

$5 \sim \quad 32 + 12 = 44$

$6 \sim \quad 44 + 12 = 56$

$7 \sim \quad 56 + 12 = 68$

$8 \sim \quad 68 + 12 = 80$

$9 \sim \quad 80 + 12 = 92$

$10 \sim \quad 92 + 12 = 104$ (hier war eine Lücke, dann folgte das Ergebnis)

$$90 \cdot 12 + 104 = 1184$$

Bei der Gesamtzahl 1184 für 100 Kugeln je Kante wurde offensichtlich das Zwischenergebnis 104 für 10 Kugeln je Kante strategisch klug genutzt. Der Weg, nicht das Zahlenergebnis (1184), ist das Ziel dieser Übung!

Die Analyse typischer falscher Rechenwege ermöglicht eine Diskussion für falsche Problemlösungen, für die die nachfolgenden beispielhaft stehen:

Schülerlösung 3

(1) $K = 12 \cdot 98$

(2) $K = 12 \cdot 100 - 6 \cdot 8$

(3) 400 pro Fläche, $6 \cdot 400 = 2400$

(4) $4 \cdot 100 + 4 \cdot 98$

(5) $11 \cdot 99 + 100$

(6) $12 \cdot 100 - 8$

(7) $10 \cdot 100 ; \ 8 \cdot 100$

(8) 3 Kugeln $- 20 ; \ 1$ Kugel $- 20/6 ; \ 100$ Kugeln $- 20/6 \cdot 100 = 666,6$

Bemerkungen zur Analyse möglicher Fehler:

(1) Vergessen wurden Überlegungen an den acht Ecken.

(2) Falsche Betrachtung der acht Ecken.

(3) U. a. falsche Zählung an den sechs Würfelflächen.

(4) Wurden hier nur acht (von 12) Würfelkanten betrachtet?

(5) An 11 Kanten kommen nicht immer 99 Kugeln hinzu.

(6) Zählfehler an den acht Würfelecken.

(7) Hat ein Würfel 10 + 8 = 18 Kanten?

(8) Hier wurde ein „Dreisatz" bedenkenlos durchgeführt.

3.3.3 Ein Beispiel zum Probleme lösen und Argumentieren

Diagonalen

In das äußere regelmäßige Fünfeck sind alle 5 Diagonalen eingezeichnet. Ergänze in der folgenden Tabelle die Anzahl der Diagonalen der angegebenen regelmäßigen (konvexen) Vielecke.

Dreieck	Viereck	Fünfeck	Sechseck	Siebeneck	Achteck	Zwölfeck
		5				

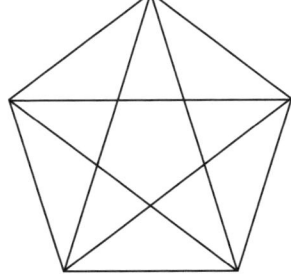

Beschreibe, wie du die Anzahl der Diagonalen im Zwölfeck gefunden hast.

▨ Anmerkungen

Diese Aufgabe vernetzt die Leitideen *Zahl* und vor allem *Raum und Form*. Als Einstieg in die „Formkunde" ebener (regelmäßiger) Vielecke ist sie ebenso geeignet wie zur Einübung systematischer Zählverfahren, speziell der Entwicklung rekursiver oder iterativer Methoden. Als Testaufgabe ist dieses Problem-Beispiel fast zu „schade"; es eignet sich viel besser zum eigenständigen Entdecken und Begründen, wofür man in der Klasse mehr Zeit lassen und kooperative Arbeitsformen wie z. B. Partnerarbeit ermöglichen sollte. Eine Lösungsformel, mit der man schnell die gesuchte Anzahl von Diagonalen berechnen kann, sollte ein lohnendes Ziel für weiterführende Überlegungen sein. Die Schwerpunkte liegen hier bei den Kompetenzen *Probleme lösen* und *Argumentieren*. Die Anzahl aller Diagonalen im Zwölfeck zu bestimmen, erfordert eine Strategie. Diese kann sich zwar auf vorangehende einfachere Fälle stützen, bedarf aber einer Reflexion der gelösten Fälle und bereits einer Verallgemeinerung. Die Aufgabe kann als geometrische Veranschaulichung des Problemkreises „2 aus n möglichen herausgreifen" dienen. Schülergemäße Einkleidungen hierzu sind: „Wie viele Spiele gibt es, wenn jeweils 2 von n (18 in der Fußball-Bundesliga) Mannschaften gegeneinander spielen sollen?" oder „Jeder schüttelt jedem die Hand …". Die Modellierung solcher Probleme kann zu grafischen Darstellungen in n-Ecken führen.

■ **Erfahrungen und Ergebnisse**

In den beiden genannten 8. Gymnasialklassen füllte die Hälfte der Schüler die Tabelle bis zum Achteck richtig aus. Die Anzahl (54) der Diagonalen im Zwölfeck fand nur jeder vierte Schüler. Vier richtige Lösungen waren sehr klar strukturiert, eine davon zeigt das untenstehende Arbeitsprotokoll:

Schülerlösung 1

$$5\text{-Eck} = 5 = 2 + 2 + 1$$
$$6\text{-Eck} = 9 = 3 + 3 + 2 + 1$$
$$7\text{-Eck} = 14 = 4 + 4 + 3 + 2 + 1$$
$$8\text{-Eck} = 20 = 5 + 5 + 4 + 3 + 2 + 1$$
$$\vdots$$
$$12\text{-Eck} = 54 = 9 + 9 + 8 + 7 + 6 + 5 + 4 + 3 + 2 + 1$$

Das erste Gleichheitszeichen im Lösungsprotokoll ist zwar falsch gewählt, sein Sinn aber verständlich; es wurde als „verzeihlicher" Fehler akzeptiert. Ganz anders arbeiteten zwei weitere Schüler. Die Tabelle der Aufgabenstellung wurde „lückenlos" bis zum Zwölfeck um eine Zeile ergänzt:

Schülerlösung 2

Drei-eck	Vier-eck	Fünf-eck	Sechs-eck	7-Eck	8-Eck	9-Eck	10-Eck	11-Eck	12-Eck	
0	2	5	9	14	20	27	35	44	54	(Anzahl der Diagonalen)
	+2	+3	+4	+5	+6	+7	+8	+9	+10	(so viele kommen jeweils hinzu)

Ein anderer Lösungsweg wurde so notiert:
$11 + 10 + 9 + 8 + \ldots + 2 + 1 - 12 = 54$.
Der linke Gleichungsterm ist das Protokoll einer richtigen Denkstrategie. Zu allen Lösungen und Versuchen wurden Handskizzen angefertigt.

3.3.4 Ein weiteres Beispiel zum Probleme lösen und Argumentieren

Sechseck

a) In der Abbildung erkennst du 6 gleiche Innenwinkel α. Finde heraus, wie groß jeder von ihnen ist. Begründe dein Vorgehen.

b) Aus dem regelmäßigen Sechseck werden wie in der Zeichnung rechtwinklige Dreiecke ausgeschnitten. Übrig bleibt ein Stern. Zeichne dieses Bild. Wie kannst du die rechtwinkligen Dreiecke konstruieren? Wie groß ist der Winkel β an der Spitze eines Sterns?

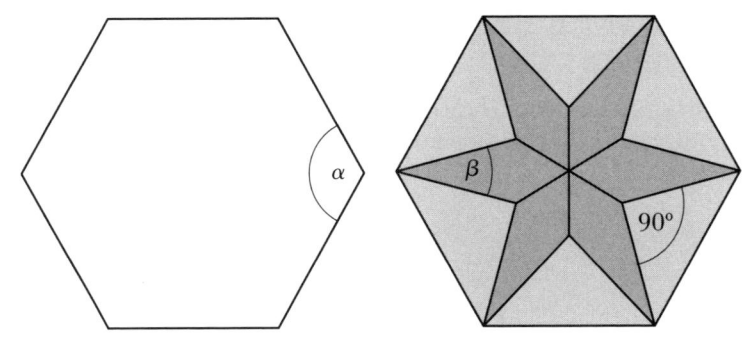

Anmerkungen

Auch diese Aufgabe dient mehr einer auf Entdeckung gerichteten Übung als Testzwecken. Hauptsächlich werden die Kompetenzen *Argumentieren* und *Probleme lösen* gefördert. Die Aufgabe ist gedacht ab Klasse 7 im Anschluss an die Behandlung einfacher Winkelsätze (Winkelsumme im Dreieck, Basiswinkelsatz). Dort dient sie zur Vertiefung und Vernetzung. Teilaufgabe a) bereitet die Bearbeitung von Teilaufgabe b) vor. In sehr guten Klassen könnte man also auf a) verzichten. Beziehungen zwischen Winkeln im regelmäßigen Sechseck müssen entdeckt werden. Die Konstruktion des Sterns ist auf verschiedene Weisen möglich. Dieser Teil von b) ist also für Konstruktionsmethoden „offen" – mit Thalessatz, mit Mittelsenkrechten zu den Sechseckseiten, mit Dreieckskonstruktion (w, s, w) = (45°, Seite, 45°).

Erfahrungen und Ergebnisse

Von den Schülern der beiden 8. Gymnasialklassen fanden bei Teilaufgabe a) fast drei Viertel das richtige Ergebnis (120°). Einige wussten offensichtlich, dass die Summe aller Innenwinkel 720° ist. Von den Schülern, die ihr Vorgehen begründeten, argumentierten einige über die sechs Mittendreiecke, einige mittels einer Zerlegung des Sechsecks in vier Dreiecke und andere über die Zerlegung in ein Rechteck und zwei Dreiecke.

Diese Lösungsvielfalt ist erfreulich hoch; ermöglicht wird sie durch kreative Leistungen der Schüler, die bei dieser methoden-offenen Aufgabenstellung eher in Einzel- oder Partnerarbeit entsteht als bei einem „lehrerzentrierten" Unterrichtsgespräch.

Teilaufgabe b) löste etwa die Hälfte der Gymnasialschüler rechnerisch richtig. Dabei muss aber vermerkt werden, dass für die Schüler dieser 8. Klassen das Zeichnen des Sechsecks mit Stern nicht verlangt wurde. Als Testaufgabe hätte dies den Zeitrahmen von 35 Arbeitsminuten für alle vier bisher vorgestellten Aufgaben gesprengt.

Mehrere Schüler haben bei den Teilaufgaben a) und b) nicht gerechnet, sondern die Größe des Winkels β gemessen.

Der Einsatz dieser Aufgabe in einer 9. Klasse (im Zusammenhang mit der Nachbesprechung einer Lernstandserhebung) hat gezeigt, dass man die Aufgabe auch gut im Rahmen einer Unterrichtsreihe zum Üben und Wiederholen verwenden kann. Sterne wie in Teilaufgabe b) sprechen viele Schüler wegen ihrer Ästhetik an, deshalb wird die Figur auch farbig vorgegeben. Wenn Schüler den Stern, wie in der Aufgabe vorgeschlagen, tatsächlich ausschneiden, bekommt die Aufgabe noch einen handelnden Zugang. Das Zeichnen des Sterns regt die Schüler an, erste Überlegungen zur Struktur der Figur vorzunehmen. Im Anschluss kann die Zusatzfrage gestellt werden: „Welche Winkel erkennst du noch in der Figur?" Die Aufgabe kann im Unterricht erweitert werden, indem nicht nur rechtwinklige, sondern auch stumpfwinklige oder spitzwinklige Dreiecke ausgeschnitten werden und jeweils der Winkel an der Spitze des Sterns berechnet wird. Umgekehrt kann auch der Winkel an der Spitze vorgegeben und nach den Winkeln im Dreieck gefragt werden.

Derartige Erweiterungen können auch sehr gut mit Hilfe einer dynamischen Geometriesoftware unterstützt werden. Diese ermöglicht durch das Ausmessen der Winkel eine Selbstkontrolle der Schüler. Die Figur muss dabei so konstruiert werden, dass sich der Stern ändert (und dabei symmetrisch bleibt!), wenn an einer inneren Ecke des Sterns „gezogen" wird. Für die Konstruktion müssen sich die Schüler die Struktur der Figur genau klar machen.

Die Software erhöht auch noch den ästhetischen Reiz, da es sehr leicht möglich ist, die Figur umzufärben.

Literatur

AEBLI, H. (1991): Zwölf Grundformen des Lehrens: Eine allgemeine Didaktik auf psychologischer Grundlage. Klett-Cotta, Stuttgart 6. Auflage.

BAUMERT, J. et al. (Hrsg.) (1997): Gutachten zur Vorbereitung des Programms „Steigerung der Effizienz des mathematisch-naturwissenschaftlichen Unterrichts" (Materialien zur Bildungsplanung und Forschungsförderung, Heft 60). Bonn: Bund-Länder-Kommission für Bildungsplanung und Forschungsförderung.

WINTER, H. (1991): Entdeckendes Lernen im Mathematikunterricht. 2. verbesserte Auflage, Hrsg. Ch. Wittmann, Vieweg, Braunschweig.

WITTMANN, E. C. (1982): Unterrichtsbeispiele als integrierender Kern der Mathematikdidaktik; Journal für Mathematik-Didaktik, Jg. 3, H. 1, S. 3–20.

WITTMANN, E. C./MUELLER, G. N. (1992): Handbuch produktiver Rechenübungen. Stuttgart: Klett, Bd.1 1990, Bd. 2.

WYNANDS, A./NEUBRAND, M. (2003): PISA und mathematische Grundbildung – Impulse für Aufgaben (nicht nur) in der Hauptschule. In: Hefendehl-Hebeker/S. Hußmann (Hrsg.), Mathematikdidaktik zwischen Fachorientierung und Empirie. Festschrift für Norbert Knoche (S. 299–311). Hildesheim: Franzbecker.

WYNANDS, A. (2005): Sehen, verstehen und begründen – Muster, Zahlen und Terme. In: Mathematik Lehren, Heft 128, S. 47–51.

Welt der Zahl (2001–2004): WYNANDS, A. mit RINKENS, H. D. für Band 5 und Bauhoff, E. ab Band 7 (Hrsg.) – Ausgabe Hauptschule NRW. Bände 5 (2001) bis 10 (2004), Hannover: Schroedel.

4. Projektorientierung

Christina Drüke-Noe

Aufgaben im Mathematikunterricht können ein sehr unterschiedliches Maß an Offenheit aufweisen. Das Spektrum reicht von kurzen geschlosseneren Übungsaufgaben über zunehmend breiter angelegte und offen(er)e Aufgaben bis hin zu projektartigen Aufgaben. Im Folgenden soll das mögliche Potenzial projektartiger Aufgaben mit Bezug zur Förderung verschiedener mathematischer Kompetenzen aufgezeigt werden.

4.1 Die Bedeutung von projektorientiertem Unterricht

Bereits in den zwanziger Jahren des 20. Jahrhunderts versuchten John Dewey und William Heard Kilpatrick, Alternativen zu traditionellen Unterrichtsformen zu entwickeln. Sie forderten vom veränderten Unterricht, dass er die Interessen und Bedürfnisse des Schülers in den Vordergrund stellen solle, damit Schüler im Prozess des selbstorganisierten Lernens bei ihrer Arbeit Planen, Lernen und Handeln verbinden. Solche Ziele können mit zumindest phasenweise projektorientiertem Unterricht verfolgt werden.

Nun kann die Durchführung von projektorientiertem Unterricht (oder von Projektunterricht) nicht als Folgerung aus den Bildungsstandards abgeleitet werden, und projektorientierter Unterricht stellt auch keine neue Unterrichtsform dar. Vielmehr kann mit einer Umsetzung dieser Unterrichtsform zum einen ein Beitrag zur Erweiterung der methodischen Vielfalt des Mathematikunterrichts und zum anderen ein Beitrag zur Realisierung von kompetenzorientiertem Unterricht geleistet werden, da während der Bearbeitung von Projekten oder projektartigen Aufgaben im Allgemeinen eine Vielzahl von Kompetenzen aktiviert und gefördert wird.

Deutscher Mathematikunterricht orientiert sich häufig am Erwerb von Routinen und ist durch das Lösen innermathematischer Standardaufgaben geprägt. Kleinere mathematische Projekte können Schülern daher die Gelegenheit geben, selbstständig und aktiv Probleme zu lösen, inhaltlich zu argumentieren und Verbindungen mathematischer Begriffe mit Situationen aus Alltag und Umwelt herzustellen. Durch projektartige Unterrichtsphasen kann die bestehende Unterrichts- und Aufgabenkultur so weiterentwickelt und ergänzt werden, dass die Schüler vielfältige Gelegenheiten zu kompetenzbezogenen Tätigkeiten erhalten und bei gleichzeitiger Verstärkung der Schülerorientierung eine kognitive Aktivierung der Lernenden stattfindet (vgl. die Qualitätskriterien in Kapitel 1, s. S. 29).

4.2 Was ist mit „Projektorientierung" gemeint?

Da Projektunterricht in seiner Reinform in der unterrichtlichen Realität oft an die Grenzen des Machbaren stößt, sei hier von *projektorientiertem Unterricht* die Rede, der eher realisierbar und weniger zeitaufwändig ist. GUDJONS formuliert (vgl. GUDJONS 1997) zehn Merkmale eines „Projektes" und spricht demgegenüber lediglich von „Projektorientierung", wenn nur eine Auswahl dieser zehn Merkmale erfüllt ist. Für projektartigen Unterricht sollen in diesem Artikel folgende Merkmale gelten: Selbstorganisation und Selbstverantwortung (Schüler sind an der Planung beteiligt), zielgerichtete Projektplanung, Produktorientierung, Einbeziehen vieler Sinne und soziales Lernen im Projekt[1].

Projektorientierung bedeutet eine stärkere Prozessorientierung bei gleichzeitig hoher Bedeutung des Prozessergebnisses, des Produktes. Idealtypisch kann ein Projekt durch die folgenden vier – chronologisch nur bedingt getrennten – Phasen charakterisiert werden, wobei ein Vermischen dieser Phasen durchaus beabsichtigt und sinnvoll ist:

1. Zielsetzung
2. Planung
3. Durchführung
4. Evaluierung

Bei dieser Organisationsform schulischen Lernens erhalten die Schüler durchgängig ein erhöhtes Maß an Mit- und Selbstbestimmung, sie legen im Idealfall die Unterrichts- oder zumindest die Stundenziele fest, können die Methoden bei der Durchführung bestimmen, die Probleme und Ergebnisse bearbeiten und diese abschließend beurteilen. Solche abschließenden Beurteilungen helfen, über das Lernen und über das Gelernte nachzudenken, wodurch erworbene Kenntnisse vertieft und mit bestehenden vernetzt werden. Derartige Reflexionen können dazu beitragen, dass bewusst gemachte Vorgehensweisen bei der Bearbeitung der Fragestellung leichter auf andere Probleme übertragen werden können und sind – nicht nur in projektorientierten Phasen – ein zentrales Merkmal von Unterrichtsqualität.

[1] Gudjons formuliert neben den genannten weitere Merkmale eines Projekts: Situationsbezug (d. h., die Aufgabe ergibt sich aus dem Leben), Orientierung an den Interessen der Beteiligten, gesellschaftliche Praxisrelevanz und Interdisziplinarität. Er nennt auch Grenzen von Projekten, z. B., dass das in der Projektarbeit Gelernte auf die Systematik eines Unterrichtsfaches beziehbar sein muss und Systematisierungen von Erkenntnissen erfolgen müssen.

Im Folgenden soll von der Aufgabe „Trinkpäckchen" ausgehend aufgezeigt werden, wie die gezielte Veränderung der Aufgabenstellung (vgl. dazu auch Kap. 1, s. S.152) viele Merkmale von Projektorientierung realisierbar macht. Die Kompetenzen, die Schüler bei einer projektorientierten Herangehensweise erwerben können, werden an den betreffenden Stellen exemplifiziert.

4.3   Ein Aufgabenbeispiel: „Trinkpäckchen"[2]

Trinkpäckchen

Gegeben ist ein Trinkpäckchen mit angeklebtem Strohhalm.

Einstichloch

Zu diesem Kontext lässt sich eine Reihe von Teilaufgaben entwickeln, deren Bearbeitung Grundwissen und Grundfertigkeiten sowie Kompetenzen der Schüler fördert. Mögliche Teilaufgaben sind:

a) Miss Länge, Breite und Höhe des Trinkpäckchens. Zeichne maßstabsgetreu ein Schrägbild.

b) Berechne das Volumen des Trinkpäckchens. Vergleiche mit der Angabe auf der Verpackung.

c) Berechne die Größe der Oberfläche des Trinkpäckchens.

d) Wenn man nicht aufpasst, kann der Strohhalm beim Trinken leicht in die Verpackung hineinrutschen. Woran kann das liegen?

e) Was ändert sich, wenn du dich an dem Einstichloch der Verpackung orientierst? Wie lang müsste der Strohhalm sein, damit er nicht hineinrutschen kann, wenn das Loch genau in der Mitte wäre?

f) Welche Probleme bekommt man bei der Befestigung eines längeren Strohhalms an der Verpackung? Wie lang darf ein gerader Strohhalm höchstens sein?

---

[2] Bei der unterrichtlichen Verwendung dieser Aufgabe ist zu entscheiden, ob eine Skizze des Kantenmodells vorgegeben wird. Wird sie vorgegeben, so verändert sich der Charakter dieser Modellierungsaufgabe hin zu einer stärker innermathematischen Aufgabe.

Bei der Bearbeitung dieser Teilaufgaben wird eine Vielzahl von Kompetenzen benötigt. Die Schüler wenden die Kompetenz *Darstellungen verwenden* beim Zeichnen des Schrägbildes an, *modellieren* das Volumen und die Oberfläche und arbeiten *symbolisch/technisch/formal*. In der dargestellten Variante ist die Aufgabe besonders gut für Übungsphasen geeignet.

Ausgehend von der Analyse zweier Schülerlösungen der Teilaufgabe b) soll anschließend aufgezeigt werden, welche weiteren Kompetenzen und zusätzlichen Schüleraktivitäten mit einer projektartigen Umsetzung dieser Fragestellung gefördert werden können.

Schülerlösungen

$V = h \cdot G$
$V = 13,5 \cdot (5 \cdot 3,5)$
$V = 236,25 \, cm^3$
Es befinden sich 13,75 cm³ weniger in der Packung als angegeben wird.

b) $V = a \cdot b \cdot c$
$V = 5 \cdot 3,5 \cdot 13,5$
$V = 236,25 \, cm^3$

Die beiden Schülerlösungen zu Teilaufgabe b) zeigen, dass die Schüler über die Kompetenz des *symbolisch/technisch/formalen* Arbeitens verfügen, da sie das Volumen aus den gemessenen Maßen richtig errechnen. Das errechnete Volumen wird jedoch in beiden Fällen unterschiedlich reflektiert. Während es in der ersten Schülerlösung – wie gefordert – mit der Angabe auf der Verpackung in Beziehung gesetzt wird, bleibt dieser Vergleich bei der zweiten Schülerlösung aus. In beiden Fällen erfolgt keine Reflexion über die Genauigkeit des Ergebnisses. Es wird nicht (zumindest nicht erkennbar) überlegt, ob es von den auf Millimeter genau ermittelten Maßen des Trinkpäckchens ausgehend Sinn macht, das Volumen (in cm^3) auf zwei Nachkommastellen genau anzugeben. Des Weiteren fehlt ein Bezug zu den Eigenschaften des Trinkpäckchens, das sich beim Befüllen ausbeult und so sicher die angegebenen 0,25 l, also mehr als die errechneten 236,35 cm^3 fasst. Insgesamt ist festzustellen, dass der Realitätsbezug dieser Aufgabe (vgl. Kap. 4, s. S. 194) nicht genügend ernst genommen wird.

Die Reflexion eines errechneten Ergebnisses ist wahrscheinlicher, wenn dieses Ergebnis eine Bedeutung, z. B. für die weitere Bearbeitung der Aufgabe hat. Dies ist u. a. dann der Fall, wenn Schüler bei vorgegebenem Volumen mögliche Maße eines Trinkpäckchens selbst festlegen. Dabei müssen sie mehrere Kombinationen von Maßen überprüfen und die jeweils errechneten Volumina mit der Volumenvorgabe in Beziehung setzen. Projektorientierter Unterricht kann solche Reflexionen begünstigen.

4.4 Projektorientierte Umsetzung der Aufgabe „Trinkpäckchen"

a) Die projektorientierte Aufgabe „Trinkpäckchen"

> Entwirf eine Verpackung, die ca. 250 ml eines Fruchtsaftgetränks enthält.
> Versuche dabei Aspekte wie z. B.:
> - Transport der Verpackungen,
> - geringe Materialkosten,
> - ein nicht komplett in die Verpackung hineinrutschender Trinkhalm
> zu berücksichtigen.

b) Der unterrichtliche Rahmen

Eine projektorientierte unterrichtliche Realisierung der Aufgabe „Trinkpäckchen" kann im Rahmen einer Unterrichtseinheit zu Volumina und Oberflächen von Körpern oder in einem größeren thematischen Rahmen, beispielsweise „Verpackungen" (ein entsprechender Vorschlag hierzu findet sich im Kap. 5, s. S. 138) erfolgen. Die unterrichtlichen Methoden sind abhängig von der Projektphase zu wählen. Kooperative Arbeitsformen (Partner- und Gruppenarbeit) sind besonders geeignet, für die Präsentation der Produkte bieten sich verschiedene Methoden, z. B. die Expertenmethode, ein Museumsrundgang[3] oder auch eine Präsentation im Plenum an. Je nach Verlauf und Ergebnis der einzelnen Projektphasen ist die Verwendung verschiedener Medien günstig, insbesondere von Modellen, Folien, Plakaten usw.

c) Projektphasen und Kompetenzen

Mit Bezug zu den vier Projektphasen wird im Folgenden erläutert, welche Projektschritte und Schülertätigkeiten dabei jeweils ausgeführt, welche inhaltlichen Aspekte umgesetzt und welche Kompetenzen in den einzelnen Phasen besonders aktiviert und gefördert werden. Bei der nachfolgenden Darstellung wird davon ausgegangen, dass eine Klasse in mehreren Gruppen arbeitet.

- **Erste Projektphase: Zielsetzung**

  Zunächst wird die Aufgabenstellung im Plenum vorgestellt, erste Vorschläge und Ideen werden gesammelt und mögliche Fragen formuliert. Dabei wird das Ziel bzw. Thema des Projekts (vgl. a)) festgelegt.

- **Zweite Projektphase: Planung**

  Während dieser Phase wird die Vorgehensweise für die Erstellung der Verpackungen strukturiert und Entwürfe für verschiedene Verpackungsmo-

---

[3] Genauere Ausführungen zu den genannten Methoden finden sich beispielsweise in BRAUNECK et al.

delle werden geplant. Dazu kann es erforderlich sein, dass die Schüler weitere Informationen beschaffen müssen. Während dieser Projektphase kommen mehrere mathematische Kompetenzen zum Tragen. Zum einen ist dies die Kompetenz *Argumentieren*, da die Schüler mathematische Argumentationen entwickeln und beispielsweise Bedingungen aufstellen müssen, unter denen das geforderte Volumen von 250 ml erreicht wird. Dabei können sie *symbolisch/technisch/formal Arbeiten*, indem sie Volumina berechnen. Eine weitere Kompetenz ist *Probleme lösen,* da die Schüler das gestellte Problem in geeignete Teilprobleme zerlegen und Lösungsideen finden müssen. Während dieser Planungsphase können heuristische Hilfsmittel wie Tabellen und Skizzen verwendet werden.

Dritte Projektphase: Durchführung

Während dieser dritten Projektphase werden in den einzelnen Gruppen Verpackungsentwürfe (sog. Projektentwürfe) ausgearbeitet. Dazu können mathematische Modelle verschiedener Verpackungen, die durchaus unterschiedliche Formen aufweisen können, erstellt werden. Als Verpackungsformen sind Prismen mit verschiedenen Grundflächen oder aus verschiedenen Prismen zusammengesetzte Körper denkbar. Die gruppeninterne Reflexion der Lösung(en) wird durch das Zeichnen von Schrägbildern oder Abwicklungen unterstützt. Beide Darstellungsformen begünstigen die Analyse, die Bewertung und den Vergleich verschiedener Verpackungsformen. Das Anfertigen solcher Darstellungen ist der Kompetenz *Darstellungen verwenden* zuzuordnen. Weiterhin wird in dieser Projektphase besonders die Kompetenz *Modellieren* gefördert, denn die Schüler übersetzen die Situation „Entwurf einer Verpackung, die ca. 250 ml Fruchtsaft erhält" in mathematische Strukturen und arbeiten anschließend im gewählten mathematischen Modell (Quader, Würfel, Kreiszylinder o. Ä.). Stets müssen sie, dies ist für das *Modellieren* zentral, ihre Ergebnisse anhand der gegebenen Situation überprüfen und überlegen, ob sie ggf. Maße der Verpackung ändern müssen, ob an die Verpackung formulierte Bedingungen, z. B. die Stapelbarkeit eingehalten werden usw. Während dieser gruppeninternen Reflexion der Lösung(en) erhalten die Schüler Gelegenheit zum *Argumentieren*, da sie ihre Lösungswege beschreiben und begründen. Die Kompetenz *Kommunizieren* wird gleichermaßen gefördert, da die Schüler einer Gruppe einander ihre Überlegungen, Lösungswege und Ansätze verständlich präsentieren müssen. Prinzipiell sind in dieser Phase verschiedene Vorgehensweisen denkbar. Entweder erarbeitet eine Kleingruppe mehrere alternative Verpackungsformen oder sie entscheidet sich für eine davon, deren Erstellung arbeitsteilig durchgeführt wird. Denkbar ist aber auch, dass die Gruppe eine aus mehreren Teilkörpern zusammengesetzte Verpackungsform entwirft. Besonders im letzten Fall ist die Kooperation der

Gruppenmitglieder unabdingbar und einzelne Arbeitsschritte sind miteinander zu koordinieren. Der Bau eines Verpackungsmodells ist das Ziel dieser Projektphase.

▓ Vierte Projektphase: Evaluation

Diese abschließende Projektphase beginnt i. A. mit der Präsentation der Gruppenergebnisse. Reflexionen, die in der Phase der Durchführung des Projekts zunächst gruppenintern stattgefunden haben, können nun vertieft im Plenum erfolgen. Da, wie oben erwähnt, in mehreren Gruppen gearbeitet wurde, können die Lösungsansätze der einzelnen Gruppen im Plenum einander gegenübergestellt, bewertet und reflektiert werden. Dabei wenden die Schüler erneut die Kompetenzen *Kommunizieren, Argumentieren* und *Darstellungen verwenden* an. Denkbar ist, dass die Klasse sich in dieser Phase begründet für eines der vorgestellten Verpackungsmodelle entscheidet und ggf. ergänzend Verbesserungen benennt. Abschließend kann eine Bewertung des gesamten Projektes erfolgen. Dabei können auf einer Metaebene Fragen erörtert werden, wie „Wie sind wir bei der Bearbeitung des Projektes vorgegangen?", „Welche mathematischen Inhalte haben wir dabei verwendet?" usw., um so einen Beitrag zum langfristigen Kompetenzaufbau zu leisten (vgl. Kap. 5).

4.5 Was ändert sich durch Projektorientierung?

Mit einer projektorientierten Umsetzung der veränderten Aufgabe „Trinkpäckchen" können andere unterrichtliche Ziele als mit der ursprünglichen Aufgabe (vgl. Abschnitt 4.3) verfolgt werden.

So kann zum einen zur *Schüleraktivierung* beigetragen werden, da die projektorientierte Aufgabe „Trinkpäckchen" ein größeres Maß an Problemorientierung bietet. Die Schüler können freier experimentieren, da das Lernergebnis vorher nicht unmittelbar zugänglich ist, sondern entwickelt und gewonnen werden muss. Sie bearbeiten anders als bei einer Übungsaufgabe nicht nur die vorgegebenen Fragestellungen, sondern entwickeln eigene und bearbeiten diese. Fragen, die Schüler sich selbst bei der Bearbeitung eines Projektes stellen müssen, sind bei der geschlossenen Variante der Aufgabe bereits vorgegeben. Während die Schüler einen aktiveren Part übernehmen, ändert sich gleichzeitig auch die Rolle des Lehrers. Er nimmt stärker die Position des Beraters ein, der bei Bedarf unterstützen oder Rückmeldung geben kann und gewinnt so mehr Zeit für die individuelle Unterstützung von Schülern.

Darüber hinaus bieten sich Chancen zur *Vernetzung*, aber auch Möglichkeiten, das Denken in funktionalen Zusammenhängen zu fördern. Schüler können Fragen stellen, wie „Was wäre, wenn ...?", und überlegen, unter welchen Bedingungen ihre Überlegungen realisierbar sind. So kann ein Beitrag zu entdeckendem Lernen und geistiger Flexibilität geleistet sowie Kreativität, Vernetzung und Argumentationsfähigkeit gefördert werden. Auch die Konzentration und Motivation können sich verbessern, was mit der Hoffnung verbunden ist, dass der Lernstoff besser durchdrungen wird und geeignetere Möglichkeiten zum nachhaltigeren Aufbau kognitiver Strukturen geschaffen werden.

Projektorientierung kann auch einen Beitrag zur *Binnendifferenzierung* leisten, da Schüler sich selbst Aufgaben stellen und Lösungsroutinen selbstständig auswählen können. Dies stellt gleichzeitig eine höhere Anforderung dar als die Aufforderung „Berechne das Volumen des Trinkpäckchens." Diese offenere Herangehensweise kann auch die Voraussetzungen für die Erzeugung vielfältiger Lösungen schaffen (vgl. Kap.2, s. S. 162). Denkbar ist, dass Schüler verschiedene Verpackungen entwerfen, die alle das vorgegebene Volumen fassen, aber unterschiedliche Formen haben. Eine Einschränkung auf eine quaderförmige Verpackung ist nicht erforderlich, verschiedene Verpackungsformen sind jedoch hinsichtlich ihrer Praktikabilität zu überprüfen. Die Gelegenheit und der Bedarf zu solchen vergleichenden Reflexionen ergibt sich nahezu automatisch, wenn verschiedene Gruppen zu verschiedenen Ergebnissen gelangen. Die Kommunikation und Kooperation zwischen den Schülern wird so gefördert, wodurch im Sinne eines Beitrages zur Binnendifferenzierung leistungsschwächere Schüler in den Gruppenarbeitsphasen durch Mitschüler unterstützt werden können. Gleichzeitig erhalten leistungsstärkere die Gelegenheit, vertiefende und komplexere Fragestellungen zu bearbeiten, etwa mit der Entwicklung komplexerer Verpackungsformen.

Nicht unerwähnt bleiben darf, dass die bei einer veränderten Behandlung der Aufgabe entstehenden, divergierenden Ideen der Schüler im Unterricht zusammenzuführen sind. Dies benötigt Zeit, nicht zuletzt, weil auch das Arbeitstempo der Gruppen häufig variiert.

In leistungsschwächeren Lerngruppen besteht (zu Recht?) eine gewisse Zurückhaltung gegenüber dem Einsatz von textlastigen Aufgaben. Die Textlastigkeit der Aufgabe „Trinkpäckchen" entsteht durch ihre hohe Anzahl an Teilaufgaben. Hingegen bedeutet die projektartige Formulierung der Aufgabe eine deutlich erkennbare Reduzierung des Textanteils, da das Projektziel selbst (das Produkt) zur zielführenden Aufgabenstellung wird. Bei ihrer Bearbeitung wenden die Schüler die Kompetenz *Kommunizieren* so an, dass sie ihre Überlegungen, Lösungswege und Ergebnisse dokumentieren, sie ihren Mitschülern gegenüber verständlich darstellen und sie bei Wahl eines geeigneten Mediums, z. B. eines Overheadprojektors oder eines Plakats, präsentieren.

Die vorgestellte gezielte Veränderung der ursprünglichen Aufgabe durch Weglassen und Zusammenfassen von Teilaufgaben bedeutet eine größere Betonung von Prozesszielen. Die Schüler nutzen bei der Bearbeitung des Projekts verstärkt die Kompetenz *Probleme lösen*, da sie die Frage nach der Entwicklung eines geeigneten Verpackungsmodells in mehrere Teilprobleme zerlegen müssen.

Projektorientierung impliziert neben der beschriebenen Prozess- auch eine Produktorientierung. Damit kommt gegenüber der herkömmlichen Bearbeitung einer Aufgabe die Bedeutung und Form des Ergebnisses als wesentliche Komponente hinzu. Bei einer klassischen eingekleideten Aufgabe hat das Ergebnis nur eine Bedeutung, nämlich richtig (angemessen) zu sein oder nicht. Bei einer projektartigen Aufgabe hat die Lösung eine reale Bedeutung. So können bei der *Bewertung* von Schülerleistungen andere Aspekte als bei der Bewertung sonstiger Aufgaben berücksichtigt werden. Dabei können u. a. auch die Originalität einer Idee, ihre Ausführung und die Präsentation des Produktes eine Rolle spielen.

Mit all diesen Ausführungen soll keineswegs gesagt werden, dass nur die projektorientierte Umsetzung einer Aufgabe oder die Öffnung einer Aufgabe als „gut" zu bewerten ist. Die Frage, ob eine – wie dargestellt – veränderte unterrichtliche Realisierung der Aufgabe „Trinkpäckchen" gut ist, lässt sich im Sinne HELMKES (vgl. HELMKE, 2004, S. 46 f.) nur in Abhängigkeit davon beantworten, ‚wofür' (Welche Bildungsziele? – Welche Lehrmethoden?), ‚für wen' (Förderung möglichst aller Schüler – Welche Methoden?), ‚gemessen an welchen Startbedingungen' (Klassenzusammensetzung), ‚aus wessen Perspektive' (Beurteilung der Qualität von Unterricht in Abhängigkeit von der Perspektive des Beurteilenden) der Unterricht gut ist. Die Beantwortung dieser Fragen liegt in der Verantwortung des unterrichtenden Lehrers.

Beide Varianten der Aufgabe haben ihre Berechtigung im Unterricht, aber jeder dieser Aufgabentypen verfolgt eigene Ziele und weist eigene Stärken auf. Um gezielt für eine konkrete Unterrichtssituation gezielt einen geeigneten Aufgabentyp auswählen zu können, ist es erforderlich, das gesamte Spektrum der Aufgabentypen zu bedenken.

Literatur

BRAUNECK, P; URBANEK, R; ZIMMERMANN, F. (1995): Methodensammlung – Anregungen und Beispiele für die Moderation. Landesinstitut für Schule und Weiterbildung.

FRÖHLICH, I. (2001): Mathematik gut verpackt. In: mathematik lehren, Heft 108, S.61–65.

GUDJONS, H. (1997): Handlungsorientiert lehren und lernen. Klinkhardt, Bad Heilbrunn.

HELMKE, A. (2004): Unterrichtsqualität – erfassen, bewerten, verbessern. Kallmeyersche Verlagsbuchhandlung GmbH, Seelze, 2. Auflage.

HERGET, W. (2000): Rechnen können reicht ... eben nicht! In: mathematik lehren, Heft 100, S.4–10.

LUDWIG, M, (1998): Projekte im Mathematikunterricht des Gymnasiums. Hildesheim: Franzbecker.

5. Langfristiger Kompetenzaufbau

Regina Bruder

Gegenstand dieses Kapitels sind Konzepte und methodische Anregungen zur langfristigen Entwicklung von Kompetenzen im Laufe eines Schuljahres und darüber hinaus. Es wird an Beispielen erläutert, wie ein Lernzuwachs aus der Bearbeitung von Aufgaben herausgearbeitet und den Lernenden bewusst gemacht werden kann. Ferner wird auf Binnendifferenzierung eingegangen und es werden förderliche Lernbedingungen für die individuelle Kompetenzentwicklung benannt.

5.1 Zielstellung

Ziel dieses Kapitels ist es, methodische Anregungen für einen langfristigen Aufbau der in den Bildungsstandards ausgewiesenen Kompetenzen zu geben. Dazu wird die Entwicklung der individuellen Schülerpersönlichkeit im Klassenverband in den Blick genommen vor dem Hintergrund der Erwartungen der Bildungsstandards und im Kontext des Entwicklungspotenzials der jeweiligen Lerngruppe. Langfristiger Kompetenzaufbau im Sinne der Bildungsstandards meint dann Folgendes:

Ausgehend vom aktuellen individuellen Kompetenzprofil[1] der Schüler in den verschiedenen mathematischen Themenfeldern in einer Lerngruppe einer bestimmten Klassenstufe sind in einem über die aktuelle Lerneinheit hinaus geplanten Unterricht solche *entwicklungsgemäßen* und *entwicklungsfördernden Aufgaben* zu stellen, die allen Lernenden eine aufsteigende Kompetenzentwicklung im Laufe eines Schuljahres und darüber hinaus ermöglichen.

Damit ist ein hoher Anspruch an die diagnostische Kompetenz der Lehrkräfte verbunden, (vgl. Kap.2, s. S. 96). Und es wird erwartet, in heterogenen Lerngruppen individuell fordernde und fördernde, also in diesem Sinne binnendifferenzierende Lernumgebungen über geeignete Aufgaben auch langfristig planend bereitzustellen (BRUDER 2000), entsprechende Lernprozesse anzuregen und diese angemessen zu begleiten.

---

[1] Das Kompetenzprofil eines Schülers entsprechend den Bildungsstandards umfasst den aktuellen Entwicklungsstand im mathematischen *Argumentieren, Probleme lösen, Modellieren, Darstellungen verwenden, symbolisch/technisch/ formalen Arbeiten* und im *Kommunizieren* in den jeweiligen Anforderungsbereichen und bezogen auf die einzelnen Leitideen.

Wie Aufgaben im Mathematikunterricht aussehen können, anhand derer in inner- und außermathematischen Kontexten Kompetenzen diagnostiziert, aber auch entwickelt werden können, wurde anhand vieler Beispiele bereits in den vorigen Kapiteln erläutert. Im Folgenden wird der Blick gerichtet auf einen spiralförmig angelegten (BRUDER 1998) langfristigen und untereinander vernetzten Kompetenzaufbau

■ innerhalb eines Schuljahres über verschiedene Unterrichtsthemen bzw. Leitideen hinweg in horizontaler Verknüpfung,

■ innerhalb einer Leitidee, aber vertikal mit fachlicher Anreicherung angelegt über mehrere Klassenstufen.

Abschließend wird auf ein förderliches unterrichtliches Umfeld für einen langfristigen Kompetenzaufbau der Schüler eingegangen.

Über unterrichtliche Möglichkeiten einer schrittweisen und vernetzten nachhaltigen Entwicklung von Kompetenzen gibt es bislang nur wenige praxisorientierte Untersuchungen. Wir konzentrieren uns hier auf solche Erkenntnisse, die insbesondere aus den Ergebnissen zur langfristigen Förderung des mathematischen *Probleme Lösens* in Verbindung mit *selbstreguliertem Lernen* gewonnen wurden (KOMOREK/BRUDER/SCHMITZ 2004) und auf die Breite der zu fördernden mathematischen Kompetenzen grundsätzlich übertragbar sind.

5.2 Langfristiger Kompetenzaufbau innerhalb eines Schuljahres

Entscheidend für einen auch von den Lernenden bewusst wahrgenommenen individuellen Kompetenzaufbau ist, dass anhand der Bearbeitung einer jeden Aufgabe oder Aufgabensequenz „möglichst viel gelernt wird". Das bedeutet, dass die Lernenden Gelegenheit erhalten, entsprechend ihren Möglichkeiten optimal von der Lernsituation zu profitieren. Das ist in mehreren Richtungen gemeint: Einerseits erwerben die Schüler schrittweise neues Wissen über mathematische Begriffe, Zusammenhänge und Verfahren, das ihnen helfen soll, inner- und außermathematische Sachverhalte geeignet zu bearbeiten und die Ergebnisse zu interpretieren und darzustellen. Andererseits geht es aber auch um ein nachhaltiges Erlernen von *geeigneten Vorgehensstrategien* zur Unterstützung der prozessbezogenen Kompetenzen. Beide Aspekte sollen im Folgenden näher erläutert werden. Hierfür werden binnendifferenzierende, individuelle Lernfortschritte und deren Reflexion unterstützende *Lernumgebungen* benötigt, die wiederum über geeignete Aufgabenformate angelegt werden können. Individueller Lernfortschritt wird sich jedoch nicht auf die in den Bildungsstandards geforderten Kompetenzen beschränken dürfen.

5.2.1 Den Lernzuwachs bei einer Aufgabenbearbeitung explizit herausarbeiten

Nachdem versucht wurde eine Aufgabe zu lösen – beispielsweise zunächst allein, dann im Austausch mit dem Lernpartner und anschließendem Vergleich in einer Gruppe oder im Klassenverband – und Resultate sowie (unterschiedliche) Lösungswege vorliegen, geht es darum explizit herauszuarbeiten, worin der Lernzuwachs aus dieser Aufgabe besteht. Damit soll verdeutlicht werden, dass das in einer Aufgabe angelegte Lernpotenzial im Unterricht nicht automatisch zum Tragen kommt, sondern stets einer methodischen Explizierung bedarf. Allein mit einem „Abarbeiten" von Aufgabenplantagen oder reinem Lösetraining von Testaufgaben wird der potenziell mögliche Erkenntniszuwachs bei den Lernenden sowie eine gewisse Nachhaltigkeit der Aufgabenlöseerfahrung nicht erreicht werden können. Insbesondere bei komplexen Aufgaben genügt es auch nicht, nur die Ergebnisse aus individueller oder Gruppenarbeit zu vergleichen. Es kommt vielmehr darauf an, die eingesetzten mathematischen Begriffe, Zusammenhänge und Verfahren im jeweiligen Anwendungskontext als *Mathematisierungsmuster*[2] zu erkennen und explizit herauszuarbeiten.

Eine entsprechende Reflexion der Verwendung mathematischer Wissenselemente u. a. durch Verallgemeinerung der Fragestellung (vgl. auch das Aufgabenbeispiel „Pralinen", Teilaufgabe a)) bietet die Chance, diese Wissenselemente eigenständig auf analoge Anwendungssituationen zu übertragen.

Zum zweiten Aspekt: Für einen langfristigen Kompetenzaufbau ist es unverzichtbar, bestimmte heuristische Strategien wie das Zerlegen eines komplexen Sachverhaltes in bewältigbare, bekannte Teile, z. B. bei der Flächenberechnung von n-Ecken oder Volumenberechnung zusammengesetzter Körper (z. B. Aufgabe „Filmverpackung", vgl. Kap. 1, s. S. 27) explizit herauszuarbeiten und in ihrer Tragweite und ihrer Übertragbarkeit auf andere Anwendungskontexte bewusst zu machen. Erst dieses Wissen um geeignete Vorgehensstrategien, die zwar noch keine Lösungsgarantie bieten, wohl aber Denkrichtungen aufzeigen und Orientierung in anspruchsvolleren Anforderungssituationen geben, hilft Lösungswege zu flexibilisieren sowie das Verständnis mathematischer Zusammenhänge zu fördern und Anwendungsfähigkeiten zu unterstützen.

Angeleitete Vorgehensreflexionen im Unterricht nach der Bearbeitung einer Problemstellung sind eine notwendige Voraussetzung dafür, dass möglichst viele Lernende schrittweise ein höheres Anforderungslevel in ihrem

---

[2] Ein Wissenselement wie ein mathematischer Begriff, Satz oder ein Verfahren wird zu einem Mathematisierungsmuster für die Lernenden, wenn sie dieses Wissenselement in einem Anwendungszusammenhang auf dessen erfolgreiche Verwendbarkeit geprüft, die konkrete Anwendung reflektiert und bezüglich der Mathematisierungsanforderungen verallgemeinert haben.

Kompetenzprofil erreichen. Wie das konkret aussehen kann, soll an einem Beispiel gezeigt werden.

Pralinen

a) Schätze das Volumen dieser Schachtel und beschreibe, wie du dabei vorgehst.

b) Wenn das Volumen des Inhalts 70% (oder weniger) des Volumens der Verpackung beträgt, spricht man von einer Mogelpackung. Handelt es sich hier um eine Mogelpackung? Begründe deine Meinung rechnerisch.

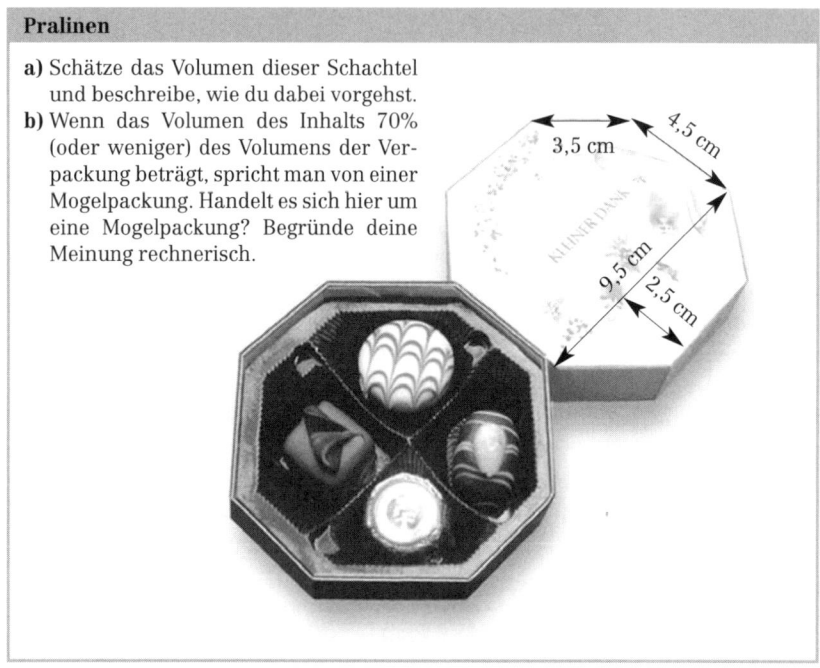

Teilaufgabe a) Bei solchen Aufgaben, in denen es um ein flexibles Handhaben von Figurkenntnissen und Größenvorstellungen geht, werden zunächst geeignete Annahmen und Größenvergleiche benötigt. Wenn man eine Vorstellung hat, wie groß etwa eine Praline ist, kann man sich die Schachtel vollständig mit Pralinen ausgefüllt denken und so den Inhalt grob abschätzen. Oder die Schachtel wird durch einen Quader angenähert. Es gibt also verschiedene sinnvolle Möglichkeiten, zu einer Volumenschätzung zu gelangen. (Leitidee *Messen*, Kompetenzen *Modellieren* und *Kommunizieren*, Anforderungsbereich II)

Teilaufgabe b) Für diesen Aufgabenteil werden konkrete Maße benötigt, die entweder dem im Unterricht vorliegenden realen Objekt entnommen werden oder bereits auf einem Arbeitsblatt vorgegeben sind. Werden die Pralinenmaße wie in der zweiten Zeichnung auf S. 139 bereits vorgegeben, wird ein Mathematisierungsmuster (Quaderform oder Kreiszylinder für die Pralinen und eine Zerlegung der Schachtelgrundfläche) bereits nahegelegt, während im anderen Fall erst überlegt werden muss, wie mathematisiert werden könnte, um daraus abzuleiten, welche Maße denn überhaupt benötigt werden. Das Lernpotenzial beider Aufgabenvarianten unterscheidet sich dadurch erheblich.

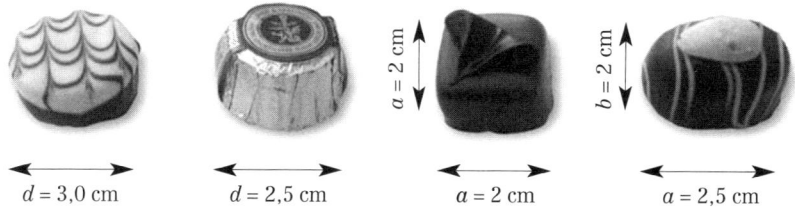

$a = 2$ cm

$b = 2$ cm

$d = 3,0$ cm $d = 2,5$ cm $a = 2$ cm $a = 2,5$ cm

Einstufung mit den gegebenen Pralinenmaßen: Leitidee *Messen*, Kompetenzen vor allem *Modellieren, Darstellungen verwenden* und *symbolisch/technisch/formales Arbeiten*, Anforderungsbereich II.

Einstufung ohne diese Maßangaben: Leitidee *Messen*, Kompetenzen *Probleme lösen, Modellieren, Darstellungen verwenden* und *symbolisch/technisch/formales Arbeiten*, Anforderungsbereich III.

Unabhängig davon, welche Organisationsform für das Vorstellen bzw. Vergleichen von Lösungswegen und Resultaten gewählt wird, sollte am Ende einer solchen komplexen Aufgabenbearbeitung folgende Frage stehen:

Was hat uns geholfen, das Problem zu lösen?

Antworten auf diese Frage werden in zwei Richtungen erwartet – einmal bezüglich der verwendeten mathematischen Werkzeuge oder Wissenselemente (Begriffe, Zusammenhänge, Verfahren) und zum anderen bezüglich der genutzten heuristischen Hilfsmittel (informative Figur, Tabelle, Gleichung) und Strategien oder Prinzipien wie Vorwärts- und Rückwärtsarbeiten, Analogie- oder Rückführungsprinzip, Zerlegungsprinzip usw.(vgl. BRUDER 2000b).

In einer Reflexion zur Aufgabe „Pralinen", Teilaufgabe a), gilt es das herauszuarbeiten, was auf ähnliche Situationen übertragen werden könnte: Wenn das Volumen eines Körpers abgeschätzt werden soll, dessen genaue Maße nicht zugänglich sind, ist folgendes Vorgehen hilfreich:

Suchen nach bekannten Vergleichsgrößen (Idee des Messens) und Näherung durch solche Körperformen, die leicht berechenbar sind (Rückführung auf Bekanntes).

Auch für die Bearbeitung von Teilaufgabe b) ist das Rückführungsprinzip hilfreich: Für eine genaue Volumenberechnung kann man die Schachtel als Prisma mit achteckiger Grundfläche auffassen und ein regelmäßiges Achteck annehmen oder man arbeitet noch genauer mit dem Zerlegungsprinzip und teilt die Grundfläche z. B. in ein Rechteck und zwei gleich große Trapeze auf.

Der individuelle Lernzuwachs durch die Bearbeitung einer solchen Aufgabe kann sehr unterschiedlich sein. Um jedoch das Potenzial der Aufgabe für möglichst viele Schüler bewusst erfahrbar zu machen, ist es hilfreich, wenn zum Abschluss einer Aufgabenbearbeitung die folgenden beiden Fragen diskutiert werden:

Welche Strategien waren nützlich?

Welche mathematischen Werkzeuge haben uns geholfen, die Aufgabe zu lösen?

Solche kurzen Reflexionsphasen bedürfen einer klaren Orientierung und Unterstützung durch die Lehrkraft und können in der Regel ohne langfristige Gewöhnung und Erfahrung noch nicht den Lernenden selbst überlassen werden. Ziel ist es jedoch, dass die Schüler lernen, diese Fragen selbstständig zu beantworten und schließlich auch selbst zu stellen.

Eine weitere Möglichkeit, das Lernpotenzial gestellter Aufgaben auch den Lernenden individuell bewusst werden zu lassen, bietet folgende Fragestellung bereits am Ende einer ersten Übungsphase zu einem neuen Thema:

Was ist das Gemeinsame aller Beispielaufgaben, die wir zuletzt bearbeitet haben?

Beispiele für Schülerantworten:

- Bei allen Aufgaben konnte man mit den Strahlensätzen rechnen, weil immer nach Abschnitten auf geschnittenen Parallelen gefragt war.
- Es ging immer um Pyramiden oder Teile davon.
- Es ging immer darum, irgendeinen Abstand auszurechnen, aber das ist ganz unterschiedlich möglich.

Worin unterscheiden sich die bearbeiteten Aufgaben voneinander?

Beispiele für Schülerantworten:

- Man musste bei einigen Aufgaben rückwärts vorgehen, weil das gefragt war, was sonst immer gegeben war.
- Die Zahlenrechnungen wurden immer schwieriger. Obwohl der Text jedes Mal ein anderer war, blieb der Rechenweg derselbe.

Solche Vergleichsaufforderungen sind geeignete Teilaufgaben auch in einer Hausaufgabe oder im Rahmen eines Lerntagebuchs. Sie kosten wenig Zeit in der Bearbeitung und im Vergleich der Ergebnisse, fördern aber den Blick auf das Wesentliche, das im Unterricht gelernt werden soll, und unterstützen Vernetzungen.

Es hat sich auch bewährt, wenn die Lernenden schrittweise daran gewöhnt werden, bei einem Problem zunächst gedanklich ein wenig zurückzutreten und folgende Fragen für sich zu beantworten:

Worum geht es in dieser Aufgabe?

Was weiß ich schon im Zusammenhang mit diesem Problem?

Welche Methoden und Techniken stehen mir zur Verfügung?

Hier schließt sich der Kreis zur Reflexion des Vorgehens am Ende einer Aufgabenbearbeitung (BRUDER 2002). Gelingt es, im Anschluss an eine komplexe Aufgabenbearbeitung herauszufiltern, welche mathematischen Werkzeuge und welche Strategien hilfreich waren, lassen sich diese so bewusst gemachten Erfahrungen wieder bei einer neuen Aufgabensituation heranziehen. Auf diese Weise bauen sich aus der bisherigen Aufgabenlöseerfahrung langfristig ein flexibel einsetzbarer Wissensspeicher und ein individuelles Kompetenz-profil auf, aus dem Elemente zur Verfügung stehen zur Lösung der neuen Auf-gabe. Dabei tritt ein nicht zu unterschätzender psychologischer Nebeneffekt auf: Die Lernenden fühlen sich nicht mehr so hilflos einem neuen Problem aus-geliefert – auch wenn die heuristischen Strategien noch keine Lösungsgaran-tie liefern. Aber sie weisen mögliche Wege, die man erst einmal ausprobieren kann.

5.2.2 Individuelle Lernfortschritte unterstützen

Im Unterricht und in den Hausaufgaben ergibt sich oft das Problem, dass bei geschlossenen Aufgaben, die mehrere Teilschritte erfordern, die Einstiegs-hürde von den gestellten Anforderungen her für leistungsschwächere Schüler zu hoch ist und nicht selten werden mit derselben Aufgabe leistungsstärkere sogar noch unterfordert. Um allen Lernenden den von ihnen aktuell erreich-baren Lernfortschritt in den verschiedenen Kompetenzbereichen zu ermög-lichen, bedarf es flexibel gestalteter Lernumgebungen mit geeigneten Wahl-und Aufbaumöglichkeiten für die Schüler.

Interessant sind hierfür komplexe Aufgaben mit schwierigkeitsgestuften Teilaufgaben. Offene Aufgaben, insbesondere mehrschrittige, bei denen wie eine Blüte aus einer elementaren geschlossenen Teilaufgabe weitere Teilauf-gaben „mit offenem Ende" herauswachsen, sind durch ihre Selbstdifferenzie-rung für Übungsprozesse sehr gut geeignet und bieten sich ebenso – nur mit einer gewissen Einschränkung der Ergebnisoffenheit – für (standardisierte) Tests an. Selbstdifferenzierung meint hier Folgendes: Die Einstiegshürde ist so niedrig, dass es den meisten Lernenden gelingen sollte, die erste Teilaufgabe selbstständig zu lösen. Damit ist von der Motivationsseite her eine wichtige Voraussetzung geschaffen, um noch weitere Teilaufgaben anzugehen. Die Schüler werden in einer vorgegebenen Arbeitszeit unterschiedlich weit kom-men und in der Regel nicht alle auch alle Teilaufgaben erfolgreich bearbeiten können. Das ist aber auch gar nicht das Ziel. Dennoch haben mit diesem nach oben offenen Aufgabenformat, das sich besonders gut für Übungsphasen eig-net (vgl. dazu auch Kap.3, s. S. 113), alle Lernenden die Gelegenheit zur Ent-wicklungsförderung an ihrer aktuellen Leistungsgrenze erhalten.

Für einen langfristigen Kompetenzaufbau muss jedoch darauf geachtet werden, dass sich in den ersten und besonders einfachen Teilaufgaben einer „Blütenaufgabe" auch die geforderten Kompetenzen abwechseln, weil sonst eine einseitige Entwicklung möglicherweise wieder nur im Bereich der Kom-petenz *symbolisch/technisch/formales Arbeiten* angelegt wird. Die folgende Aufgabe hat mit ihren anforderungsgestuften Teilaufgaben einen solchen binnendifferenzierenden Charakter.

Gittervielecke

Im Geometrieunterricht verwendet man manchmal Papier mit vorgezeichneten regelmäßig angeordneten Punkten, um das Skizzieren zu erleichtern. Dabei legen zwei horizontal und zwei vertikal benachbarte Gitterpunkte eine Strecke von 1 Längeneinheit (1 LE) fest. Für den Flächeninhalt wird eine Einheit (1 FE) durch ein Gitterquadrat der Länge 1 festgelegt.

Man kann hierauf auch so genannte Gittervielecke zeichnen. Alle Eckpunkte eines Gittervielecks liegen auf den Punkten dieses regelmäßigen Gitters. Die Seiten dürfen sich nicht überschneiden. Die Gitterpunkte auf den Seiten sollen Randgitterpunkte und die eingeschlossenen Gitterpunkte innere Gitterpunkte heißen.

Beispiel für ein Gittervieleck   **kein Gittervieleck**

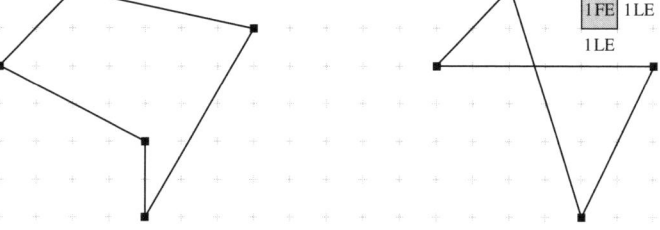

a) Bestimme die Anzahl i der inneren Gitterpunkte und die Anzahl r der Randgitterpunkte des im Beispiel gezeichneten Gitterfünfecks.

b) Untersuche, ob Gittervielecke mit dem gleichen Umfang auch den gleichen Flächeninhalt haben.

c) Zeichne fünf möglichst verschiedene Gittervielecke, die alle nur einen einzigen inneren Gitterpunkt haben. Bestimme jeweils den Flächeninhalt dieser Figuren. Wie hängen bei diesen Gittervielecken der Flächeninhalt A und die Anzahl r der Randgitterpunkte zusammen?

d) Bestimme bei den folgenden fünf Figuren den Flächeninhalt A, die Anzahl r der Randgitterpunkte und die Anzahl i der inneren Gitterpunkte. Finde eine Formel, mit der man den Flächeninhalt A durch r und i berechnen kann. Bestätige deine Vermutung an fünf weiteren Gittervielecken.

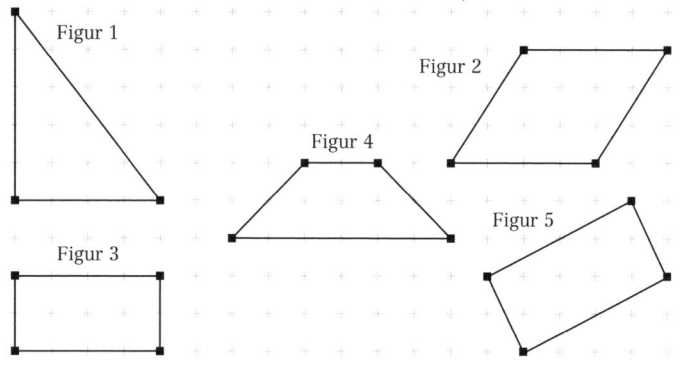

Mit der **Teilaufgabe a)** gelingt ein leichter Einstieg, der Gelegenheit gibt, mit dem ungewohnten Sachverhalt vertraut zu werden. In **Teilaufgabe b)** geht es dann bereits um eine freie Erkundung in der Welt der Gittervielecke, ohne dass eine Vorgehensstrategie mitgeliefert wird.

In Abhängigkeit von der Klassensituation und der Gewöhnung der Lerngruppe an offene Aufgaben wäre auch denkbar, dass die Lernenden in Teilaufgabe b) aufgefordert werden, nach Gesetzmäßigkeiten für Umfang und Flächeninhalt von Gittervielecken zu suchen und selbst geeignete Fragen zu formulieren, die man an Gittervielecken untersuchen könnte. Die Aufgabe in der oben gestellten Form ordnet sich in die Leitidee *Messen* ein und ermöglicht eine Kompetenzförderung bzgl. der Kompetenzen *Probleme lösen* und *symbolisch/technisch/formales Arbeiten* im Anforderungsbereich III.

Diese Aufgabe hat darüber hinaus auch das Potenzial, die Kompetenz *Argumentieren* zu fördern, wenn z. B. verschiedene Herangehensweisen an Teilaufgabe b) thematisiert werden, u. a. die bewusste Suche nach einem Gegenbeispiel als eine mögliche Vorgehensstrategie.

Dieses Kompetenzförderangebot, das als Potenzial in der Aufgabe steckt, wird jedoch erst dann zur Weiterentwicklung der individuellen Kompetenzprofile der Lernenden beitragen, wenn der jeweilige Lernzuwachs auch mit Unterstützung der Lehrkraft thematisiert und reflektiert wird. Dabei bietet die vorliegende Aufgabe mit ihrer Stufung viele Anknüpfungs- und Steigerungsmöglichkeiten für Lernende in allen Leistungsgruppen.

Ergebnisoffene, kreative und mit kommunikativen Elementen versehene Fragestellungen, die so nicht in einem Test vorkommen werden, sind gerade ein wesentliches Element, mit dem die Schüler lernen können, sich so flexibel in einem Themenfeld zu bewegen, dass sie dann in etwas enger fixierten Testsituationen entsprechend unblockiert agieren werden.

So wird wesentlich zu einem langfristigen individuellen Kompetenzaufbau beigetragen.

5.3 Langfristiger Kompetenzaufbau über mehrere Klassenstufen

Die beiden Aufgaben „Pralinen" und „Gittervielecke" haben unterschiedliche Aspekte innerhalb der Leitidee *Messen* beleuchtet, bleiben in ihrem Kompetenzprofil jedoch horizontal angesiedelt, weil keine neuen mathematischen Wissenselemente, sondern eher allgemeinere Vorgehensstrategien gelernt und geübt werden.

Die folgende Aufgabe, die ebenfalls der Leitidee *Messen* zugeordnet werden kann, zeigt, wie i.w. der gleiche Kontext in unterschiedlichen Klassenstufen aufgegriffen werden kann, um einen Wissens- und Kompetenzzuwachs bzgl.

Probleme lösen und *Modellieren* vertikal zu ermöglichen und auch bewusst zu machen.

Durch das Erlernen neuer mathematischer Begriffe, Zusammenhänge und Verfahren erweitert sich das Repertoire der Lernenden an Mathematisierungsmustern über mehrere Schuljahre.

5.3.1 Kompetenzentwicklung in Verbindung mit Wissenszuwachs

Die folgende Aufgabe „Höhen" zur Abschätzung der Höhe einer Laterne steht exemplarisch für Abstandsbestimmungen zwischen teilweise unzugänglichen Punkten. Ähnliche Kontexte sind: Bestimmen der Breite eines Flusses an einer vorgegebenen Stelle, der Höhe eines Baumes oder Gebäudes u. Ä. Für solche Fragestellungen sind folgende Mathematisierungsmuster geeignet, die im Laufe mehrerer Schuljahre schrittweise erlernt werden:

Besondere Eigenschaften von Dreiecken wie die Gleichschenkligkeit können helfen, die Breite eines Flusses zu bestimmen. Man muss nur am Ufer so weit laufen, bis man einen vorher bestimmten, genau gegenüberliegenden Peilpunkt auf der anderen Flussseite unter dem Winkel von 45° sehen kann, dann sind Flussbreite und zurückgelegter Weg am Ufer jeweils Katheten eines gleichschenkligen rechtwinkligen Dreiecks. Dieser Lösungsweg ist bereits für die Klasse 5 bzw. 6 realisierbar, wenn Winkelgrößen und deren Messung bekannt sind.

Weitere Mathematisierungsmuster zum Abstandsproblem in den höheren Klassenstufen sind Berechnungsmöglichkeiten in rechtwinkligen Dreiecken (Satzgruppe des Pythagoras, Winkelfunktionen) und schließlich in allgemeinen Dreiecken (Strahlensätze, Sinussatz).

Auf diese Weise wird das Repertoire an mathematischen Werkzeugen zur Modellierung und Problemlösung des allgemeinen Abstandsproblems über die Schuljahre hinweg angereichert. Aber auch hier gilt es, diesen Lernzuwachs transparent zu machen, indem das verallgemeinerte Anwendungsproblem der Abstandsbestimmung zwischen teilweise unzugänglichen Punkten in das Zentrum von Vernetzungsüberlegungen gestellt wird. Solche kompetenzstärkenden Vernetzungen ergeben sich, wenn verschiedene mathematische Werkzeuge oder Wissenselemente zusammengestellt werden, die sich zur Bearbeitung eines verallgemeinerten Anwendungsproblems eignen. Auch mögliche Folgen des Einsatzes unterschiedlicher Hilfsmittel wären mit zu bedenken.

Besonders wertvoll für das bewusste Erfahren eines Lernzuwachses an Mathematisierungsmustern sind solche Aufgaben, mit denen sich die Schüler ein weiteres Lösungsverfahren selbstständig aneignen können. Dadurch werden die Art des Lernzuwachses und die Verknüpfung mit bisherigem Wissen über das verallgemeinerte Anwendungsproblem besonders deutlich.

Höhen

a) Schätze zunächst die Höhe der Laterne. Entwickle dann eine rechnerische Methode, um ihre Höhe zu bestimmen. Ein auf Dezimeter genaues Ergebnis genügt.

b) Eine weitere mathematische Vorgehensweise zur Höhenbestimmung, die so genannte „Holzfällermethode", ist hier beschrieben (zitiert nach http: //www. wdrmaus.de/sachgeschichten/baumhoehe_messen/).

Bei der „Holzfällermethode" stellt man sich genau so weit vom Baum entfernt hin, dass die Daumenspitze am Baumwipfel ist und der kleine Finger gleichzeitig an der Wurzel des Baumes ist, wenn man den Arm ausstreckt und den Baum dann mit einem Auge anpeilt. Diese Stelle wird markiert.

Dann **dreht** man die Hand nach links, bis die Daumenspitze auf die Wiese zeigt. Diese zweite Stelle auf dem Boden, auf die die Daumenspitze zeigt, merkt man sich genau, geht hin und markiert sie ebenfalls.

Christoph markiert die Stelle, die er sich gemerkt hat, mit einem Stock. Dann läuft er zurück zum Ausgangspunkt.

Dort misst Christoph noch einmal nach: Ja! Der Stock steht genau an der richtigen Stelle – nämlich da, wo die Daumenspitze auf die Wiese trifft.

Vom Stock aus läuft Christoph dann mit großen Schritten bis zum Baumstamm. Dabei zählt er seine Schritte. Jeder Schritt ist ungefähr einen Meter lang.

20 Schritte hat Christoph gezählt, also 20 Meter. Nach dieser Messung ist der Baum ca. 20 m hoch.

Erläutere, wie diese Methode mathematisch zu begründen ist, und führe die „Holzfällermethode" mit deinen Mitschülern an Objekten auf dem Schulhof durch.

Ähnlich wie bei der in Abschnitt 5.2.1 besprochenen Aufgabe „Pralinen" erfolgt der Einstieg in die Aufgabe mit einer Schätzung. Die z. B. bei der Pralinenschachtel bewusst gewordenen Vorgehensstrategien sollten inzwischen verinnerlicht und an einzelnen analogen Aufgaben in jedem Schuljahr erfolgreich erprobt worden sein, sodass sie jetzt bewusst oder bereits unterbewusst bei der aktuellen Aufgabe eingesetzt werden können.

Die Aufgabe „Höhen" erfordert in der **Teilaufgabe a)** die Kompetenz *Modellieren* im Anforderungsbereich II.

Die Abschätzung der Höhe der Laterne kann bereits von Schülern der Klassenstufe 5 durchgeführt werden. Sie erkennen, dass der Messstab in der Hand der Person vermutlich 2 m lang sein wird und etwa dreimal in die Laternenlänge auf dem Foto passt. Daraus ergibt sich eine geschätzte Laternenhöhe von 6 m.

Um eine rechnerische Methode zur Höhenermittlung zu entwickeln, sollten die Schüler aber bereits über Kenntnisse zu den Strahlensätzen verfügen (Klassenstufe 9). **Teilaufgabe b)** erfordert die Fähigkeit, das beschriebene Verfahren auf seine Richtigkeit und mathematische Korrektheit zu überprüfen und zu beschreiben. Hier liegt der Schwerpunkt auf der Kompetenz *Argumentieren* im Anforderungsbereich III, es ist aber auch die Kompetenz *Kommunizieren* im Anforderungsbereich II erforderlich, da ein aus mehreren Schritten bestehendes Vorgehen verstanden, verarbeitet und mit eigener Erprobung präsentiert werden soll.

Schülerlösungen zu dieser Aufgabe zeigen, dass Erklärungen für die Holzfällermethode oft umgangssprachlich und ohne Mathematisierung notiert werden. Das ist nicht verwunderlich, wenn die Schüler bis dahin noch keine Gelegenheit hatten, an geeigneten Beispielen zu lernen und zu üben, wie mathematisch argumentiert werden kann und welche Erwartungen an die Verwendung der Fachsprache und logisch korrektes Formulieren damit verbunden werden.

Genau das ist aber auch mit langfristigem Kompetenzaufbau gemeint: Bevor begonnen wird, Kompetenzen zu prüfen, muss es bewertungsfreie Lerngelegenheiten geben, diese Kompetenzen in verschiedenen Sachzusammenhängen auszubilden, bewusst zu machen und zu reflektieren.

Die Aufgabe „Höhen" ist wenig geeignet, in das mathematische *Argumentieren* einzuführen, das sollte schon viel früher und in weniger komplexen Situationen erfolgen. Die Aufgabe „Gittervielecke" dagegen enthält dafür geeignete Möglichkeiten.

Eine abschließende Reflexion zu dieser Aufgabe bietet großes Potenzial, die Kompetenzen *Modellieren* und *Argumentieren* weiterzuentwickeln durch das Bewusstwerden und Systematisieren von mathematischen Begriffen und Zusammenhängen als Mathematisierungsmuster. Folgende Fragestellungen können diese Überlegungen bis zu einem Anwendungstransfer unterstützen:

▣ Überlege dir zwei verschiedene reale Situationen, in denen es notwendig oder interessant sein kann, die Entfernung zwischen zwei Punkten zu bestimmen, von denen mindestens einer nicht zugänglich ist.

▣ Versuche, möglichst viele verschiedene mathematische Vorgehensweisen zu finden, die bei einem solchen Problem helfen können. Ordne verschiedenen Situationen geeignete Verfahren zu.

▣ Begründe, warum die früheren Segelschiffe einen Ausguck auf dem Hauptmast hatten. Wie weit konnten sie auf einem 20 m hohen Ausguck im Vergleich zu einer 3 m hohen Bordwand sehen?

Damit wird ein *Orientierungsrahmen zur langfristigen Kompetenzentwicklung* deutlich: Zunächst werden Lernangebote benötigt, in denen wissensbasiert eine Art Fundament für die weitere Kompetenzentwicklung gelegt wird. Die Schüler erhalten in einem mathematischen Themenfeld Gelegenheit, solche Tätigkeiten auszuführen, die in den Anforderungsbereichen zu den einzelnen Kompetenzen ausgewiesen sind. Dabei werden nicht in jeder Unterrichtseinheit alle Kompetenzen gleichermaßen gefordert und gefördert. Dann wird der Kontext erweitert: Die im Aufbau befindlichen Kompetenzen werden auch im Rahmen einer anderen Leitidee gefordert und gefördert. Schließlich erfolgt eine binnendifferenzierende Anforderungssteigerung auch innerhalb einer Leitidee durch Anreicherung mit neuen mathematischen Wissenselementen und durch eine schrittweise Berücksichtigung aller drei Anforderungsbereiche.

5.3.2 Kompetenzentwicklung durch Systematisierungen

Ein wichtiges didaktisches Element zur Förderung von Zieltransparenz und fachlich angereicherter Kompetenzentwicklung sind *Systematisierungen* mit Bezug zu den einzelnen Leitideen. Das Entwickeln einer Mind-Map kann Systematisierungen auch wesentlich unterstützen.

Am Ende von Klasse 10 bietet sich z. B. eine Systematisierung an mit dem Ziel, das heuristische Visualisierungshilfsmittel „Dreieck" in verschiedenen Kontexten bewusst zu machen, um das Transferpotenzial dieses Hilfsmittels für *Modellieren* und *Probleme lösen* zu erhöhen. Als Aufhänger für eine solche Systematisierung, die hier nur exemplarisch angedeutet werden kann, eignen sich zusammenfassende Betrachtungen auf einer Metaebene zu Entfernungsberechnungen mit trigonometrischen Hilfsmitteln in Klasse 10.

Dreieckssystematisierung

a) Wie kann man Dreiecke nach verschiedenen Eigenschaften sortieren und welche mathematischen Fragestellungen können dabei interessant sein?

b) Wo kommen Dreiecke in der Umwelt vor?

Beispiele für Schülerantworten zu Teilaufgabe b):

Schülerlösung

Dreiecke kommen vor :

- bei der Berechnung von Entfernungen oder Höhen
- als Stützdreieck in Körpern (z.B. Pyramide)
- beim Zerlegen komplizierter Figuren (Flächen)
- als Steigungsdreieck bei linearen Funktionen
    (lokale Änderungsrate)

Hier wird noch einmal deutlich, wie eine Vernetzung von mathematischen Wissensbausteinen unter einem Anwendungsaspekt aussehen kann. Rechtwinklige Dreiecke sind ein zentrales Mathematisierungselement im Sinne eines heuristischen Hilfsmittels und die Mathematisierungsmuster sind dann z. B. die Satzgruppe des Pythagoras, die Strahlensätze, maßstabsgerechte Konstruktionen oder trigonometrische Funktionen, wenn Streckenlängen zu bestimmen sind. Jedes im Unterricht neu erarbeitete mathematische Verfahren sollte im Lernprozess von den Schülern mit einer Art Erkennungsmarke ausgestattet werden, um seine flexible Anwendungsfähigkeit zu unterstützen. Gelingt dieser Blickwinkelwechsel von einer reinen Stoffsystematik hin auch zu einer Anwendungssystematik, dann ist das wiederum Ausdruck einer fortschreitenden Kompetenzentwicklung.

Zusammenfassend kann festgestellt werden, dass langfristiger Kompetenzaufbau innerhalb eines Schuljahres und über die Klassenstufen hinweg spezifische kognitiv aktivierende Aufgabenstellungen erfordert, die offene Elemente bzw. Differenzierungspotenzial enthalten, die gezielt zu Reflexionen über mathematische Inhalte und Vorgehensstrategien anregen und das Erlernen neuer mathematischer Wissenselemente unterstützen sowie Möglichkeiten zur Systematisierung und Vernetzung bieten.

5.4 Lernbedingungen für einen langfristigen Kompetenzaufbau

Erfahrungen erfolgreicher Lehrkräfte und ihrer Schüler und die Ergebnisse verschiedener Studien (HELMKE/HOSENFELD 2004a, HELMKE 2004b, LEUDERS 2001, GUDJONS 2004) stützen folgende Merkmale eines effektiven Unterrichts über die bereits benannten Anforderungen hinaus, die insbesondere auch einem langfristigen Kompetenzaufbau dienlich sind und hier nur stark verkürzt aufgeführt werden können (vgl. dazu auch Kap. 1, s. S. 29):

▪ Zieltransparenz des Mathematikunterrichts für die Lernenden und deren Eltern mit klaren Informationen über Leistungserwartungen,

▪ klare Strukturierung des Unterrichts im Hinblick auf die zu lernenden Inhalte mit Reflexionselementen zur Beschreibung des Lernstandes,

▪ Schaffen von Lerngelegenheiten für Selbsteinschätzungen der Schüler und für das individuelle und zunehmend eigenverantwortliche Schließen von Lücken im Basiswissen (selbstreguliertes Lernen und Sicherung des Ausgangsniveaus), vgl. auch BRUDER/BARZEL/HILGERS 2006,

▪ effektiver Umgang mit der Lernzeit mit einem professionellen Klassenraum-Management, vgl. SCHRADER/HELMKE 2004,

▪ kognitive Aktivierung im Unterricht mit einem funktionalen Wechsel der Sozial- und Arbeitsformen,

▪ ein positives Unterrichtsklima mit einer lernförderlichen Arbeitsatmosphäre sowohl für Lernschwache als auch für Leistungsstarke und einer entsprechenden Gesprächs- und Feedback-Kultur.

Mit diesen Anforderungen an die Unterrichtsgestaltung, die auf einen flexiblen Umgang mit einer großen Aufgabenvielfalt fokussiert sind, verstehen erfolgreiche Lehrkräfte ihre Rolle im Unterricht explizit als kreative Gestalter von Lernumgebungen und Moderatoren unterschiedlichster Lernprozesse. Dieses Rollenverständnis zu entwickeln und zu fördern, ist Aufgabe der Fachschaften an den Schulen.

Neben den bereits diskutierten Aspekten eines nachhaltigen Kompetenzaufbaus gibt es weitere, die hier nur angedeutet werden können (vgl. BRUDER 2001a und Kap. 1, s. S. 81):

▪ Lernumgebungen, die helfen sollen, ein neues Thema zu erschließen, sollten eine langfristige Arbeitsplanung unterstützen, die den roten Faden durch das neue Gebiet sichert.

▪ Hausaufgaben bieten ein großes Potenzial für individualisiertes Lernen und die Übernahme von mehr Verantwortung für das eigene Lernen, wenn entsprechende Aufgabenformate und Auswahlmöglichkeiten bereitgestellt werden.

▪ Lernumgebungen für produktives Üben und komplexes Anwenden benötigen auch Elemente zur permanenten Sicherung der Verfügbarkeit von Basiswissen (vgl. auch Kap. 3, s. S. 113).

Abschließend soll hier ein Beispiel für eine Kopfübung mit großer Themenbreite und schnellen Themenwechseln für 10 Minuten Bearbeitungszeit einschließlich Selbstkontrolle vorgestellt werden. Es handelt sich hierbei um eine sehr zeitökonomische und nachhaltige Unterrichtsmethode. Die Lernenden werden aufgefordert, nur die Ergebnisse zu notieren, und lösen die Aufgaben im Wesentlichen im Kopf:

Kopfübung

a) Berechne das Quadrat von 16.

b) Löse die Klammer auf! $2(a - 3b)^2 =$

c) Löse die Gleichung: $3x - 5 = 1$

d) Gib einen Überschlag an für den Umfang eines Kreises mit 15 cm Durchmesser.

e) Schreibe einen Term: Das Dreifache einer um 5 verminderten Zahl.

f) Notiere die Koordinaten eines selbst gewählten Punktes im dritten Quadranten des Koordinatensystems.

g) Welcher Zusammenhang besteht zwischen einem Umfangswinkel und dem zugehörigen Mittelpunktswinkel im Kreis? Zeichne ein Piktogramm.

h) Auf einer Karte im Maßstab 1 : 200 000 werden 4 cm zwischen zwei Orten gemessen. Wie groß ist die reale Entfernung?

i) Wie lang können die Seiten eines Rechtecks mit 30 cm^2 Flächeninhalt sein? Gib drei verschiedene Möglichkeiten an.

j) Eine Bank bietet zurzeit eine Geldanlagemöglichkeit ab 5000 € zu 4 % Zinsen an. Wie hoch wären die Zinsen am Jahresende, wenn ich zum 1. des nächsten Monats 6000 € bei der Bank einzahlen würde?

In der Auswertung der Ergebnisse kann festgestellt werden, wie viele Schüler weniger Fehler gemacht haben als z. B. noch in der Woche zuvor bei ähnlichen Aufgaben, und es werden Lernangebote zum individuellen freiwilligen Nachlernen und Schließen von Lücken, z. B. in Form von thematischen Arbeitsblättern zur Verfügung gestellt. Die Übernahme von Verantwortung für das eigene Lernen kann so gestärkt werden. Damit kann es auch gelingen, die Unterrichtszeit im Klassenverband von unproduktiven, undifferenzierten Pauschalwiederholungen zu entlasten.

Regelmäßige Lernangebote zur Wiederholung und Ausgangsniveausicherung, das Arbeiten mit Wissensspeichern und Rechenhilfsmitteln, gelegentliche Lernprotokolle zur Verständnisreflexion oder auch ein Lerntagebuch für die Schüler sind didaktische Elemente einer modernen kompetenzorientierten Unterrichtsgestaltung (BRUDER 2001b). Diese lernprozessbezogenen Methoden lassen sich mit den bereit gestellten vielfältigen Aufgaben zur Interpretation der Bildungsstandards effektiv verbinden und unterstützen so wirkungsvoll einen langfristigen Kompetenzaufbau (BRUDER 2000c).

Literatur

BRUDER, R. (1998): Modellierung eines mathematischen Curriculums. In: Mathematische Bildung und neue Technologien. Klagenfurter Beiträge zur Didaktik der Mathematik. Vorträge beim 8. Internationalen Symposium zur Didaktik der Mathematik, Universität Klagenfurt, 28.9.–2.10.1998, S. 53–60:

BRUDER, R. (2000a): Mit Aufgaben arbeiten.– In: mathematik lehren 101, S. 12–17.

BRUDER, R. (2000b): Akzentuierte Aufgaben und heuristische Erfahrungen – Wege zu einem anspruchsvollen Mathematikunterricht für alle. In: Herget/Flade: Mathematik lehren und lernen nach TIMSS: Anregungen für die Sekundarstufen. Berlin: Volk und Wissen, S. 69–78

BRUDER, R. (2000c): Konzepte für ein ganzheitliches Unterrichten.– In: mathematik lehren 101, S. 4-11.

BRUDER, R. (2001a): Verständnis für Zahlen, Figuren und Strukturen. In: Heymann, H.-W. (Hrsg.): Basiskompetenzen vermitteln. Pädagogik 53, Heft 4, S. 18–22.

BRUDER, R. (2001b): Mathematik lernen und behalten. In: Heymann, H.-W. (Hrsg.): Lernergebnisse sichern. Pädagogik 53, Heft 10, S. 15–18.

BRUDER, R. (2002): Lernen, geeignete Fragen zu stellen. Heuristik im Mathematikunterricht. In: mathematik lehren 115, S. 4–8.

BRUDER, R./BARZEL, B./HILGERS, A.(Hrsg.) (2006): Lernbox Mathematik. Seelze: Friedrich Verlag (im Druck).

GUDJONS, H. (2004): Sieben Merkmale effektiven Unterrichts. In: Praxis Schule 5-10, Heft 3/2004, S. 9.

HELMKE, A./HOSENFELD, I. (2004a): Bildungsstandards und Unterrichtsqualität. Pädagogische Führung, Heft 4/2004, S.173–176.

HELMKE, A. (2004b): Unterrichtsqualität: Erfassen, Bewerten, Verbessern (3. Aufl.). Seelze: Kallmeyersche Verlagsbuchhandlung.

KOMOREK, E./BRUDER, R./SCHMITZ, B. (2004): Integration evaluierter Trainingskonzepte für Problemlösen und Selbstregulation in den Mathematikunterricht. In Doll, J./Prenzel, M. (Hrsg.): Schulische und außerschulische Ansätze zur Verbesserung der Bildungsqualität. Münster: Waxmann, S. 54–76.

LEUDERS, T. (2001): Qualität im Mathematikunterricht. Berlin: Cornelsen Verlag Scriptor.

SCHRADER, F.-W./HELMKE, A. (2004): MARKUS und die Folgen: Zentrale Ergebnisse der Rezeptionsstudie WALZER und ihre Bedeutung für die Evaluationsforschung und das Qualitätsmanagement. In: Jäger, R. S./Frey, A./Wosnitza, M. (Hrsg.): Lernprozesse, Lernumgebung und Lerndiagnostik. Wissenschaftliche Beiträge zum Lernen im 21. Jahrhundert (S. 413–427). Landau: Verlag Empirische Pädagogik.

Teil 3:
Kompetenzorientierte Mathematikaufgaben

1. Variation von Aufgaben

Hans Schupp

Unbestritten bringt das Bearbeiten zu vieler gleichartiger Aufgaben, das „Abernten von Aufgabenplantagen", nur einen kurzlebigen und vordergründigen Lernerfolg. Wer es schon kann, langweilt sich; wer es nicht kann, lernt allenfalls eine isolierte Technik ohne Einsicht in deren Hintergrund und Sinn. Vor allem aber fehlt dann die Zeit, um an ausgewählten einzelnen Aufgaben intensiv zu arbeiten und dadurch wichtige Kompetenzen aufzubauen. Hierfür gibt es bewährte Möglichkeiten, und zwar

- *das Aufspüren und Vergleichen unterschiedlicher Lösungswege (s. Kap. 2, S. 162)*
- *das Herausarbeiten und Verallgemeinern implizit benutzter Methoden und Strategien (s. Kap. 5, S. 135)*
- *das Aufspüren, Analysieren und Beheben typischer Schülerfehler (s. Kap. 2, S. 96)*
- *das Nachdenken über den Sinn der jeweiligen Aufgabe bzw. über den erreichten Lernfortschritt (s. Kap 5).*

In diesem Kapitel soll ein weiterer, noch wenig bekannter Ansatz vorgestellt werden: das gemeinsame Variieren einer Aufgabe nach deren Lösung und die Beschäftigung mit den gefundenen Varianten. Er wird an zwei bewusst recht unterschiedlichen Beispielen erläutert. Das erste Beispiel ist innermathematischer Art, das zweite eine eher traditionelle Sachaufgabe.

1.1 Eine innermathematische Aufgabe

Die Einstiegsaufgabe mag auf den ersten Blick ungewöhnlich erscheinen, obwohl nur Begriffe vorkommen, die schon aus der Primarstufe bekannt sind. Es wird sich jedoch zeigen, dass sie mitsamt ihren Varianten wichtigen Kriterien der Bildungsstandards genügt und mit kanonischen Inhalten bisheriger Lehrpläne in engem Zusammenhang steht. Zudem ist das Beispiel unterrichtlich gut erprobt (in drei Gymnasial- und zwei Realschulklassen), nämlich innerhalb eines mehrjährigen praxisnahen Forschungsprojektes „Thema mit Variationen" (SCHUPP 2002).

1.1.1 Die Aufgabe „Quadratedifferenz"

> **Quadratedifferenz**
>
> 21 ist die Differenz zweier Quadratzahlen: $21 = 5^2 - 2^2$.
> **a)** Finde möglichst viele natürliche Zahlen, die sich ebenfalls als Differenz zweier Quadratzahlen schreiben lassen. Gib die Differenz immer auch an.
> **b)** Welche natürlichen Zahlen lassen sich nicht so schreiben? Begründe.

1.1.2 Lösung

1. Die Schüler haben viele Quadratzahldifferenzen gebildet und sind dabei auf unterschiedliche natürliche Zahlen gestoßen. Aber damit löst man weder a) noch b).

2. Recht schnell wurde diese Suche systematisiert, etwa dadurch, dass man die Quadratzahlen der Größe nach durchgeht und jeweils alle kleineren Quadratzahlen davon subtrahiert. Oder aber (z. T. nach Empfehlung von Lehrerseite), indem man eine (Verknüpfungs-)Tafel erstellt, die als Eingänge die Quadratzahlen und innen die Differenzen (soweit sie nichtnegativ sind) ausweist. Aber auch diese Prozeduren müssen irgendwo abbrechen, selbst wenn man sie einer Tabellenkalkulation überträgt, was zweimal geschah und in einem Falle eine erste Anwendung der gerade erlernten Technik war. Immerhin erbrachten sie zwei Vermutungen:

   Zu a) Alle ungeraden Zahlen lassen sich so darstellen und alle Zahlen, die durch 4 teilbar sind.

   Beispiele: $3 = 2^2 - 1^2$, $7 = 4^2 - 3^2$, $12 = 4^2 - 2^2$, $28 = 8^2 - 6^2$.

   Zu b) Alle anderen natürlichen Zahlen, also alle geraden, die nicht durch 4 teilbar sind, lassen sich nicht so darstellen. Beispiele: 2, 10, 22, 98.

3. Es fiel (insbesondere an der Tafel) auf, dass die Differenz zweier benachbarter Quadratzahlen immer ungerade ist. Tatsächlich ergab sich:

   $(n + 1)^2 - n^2 = n^2 + 2n + 1 - n^2 = 2n + 1$.

   Nun lag es nahe, Quadratzahl und übernächste Quadratzahl zu betrachten.

   $(n + 2)^2 - n^2 = n^2 + 4n + 4 - n^2 = 4n + 4 = 4 \cdot (n + 1)$

   Also ist auch jede durch 4 teilbare natürliche Zahl die Differenz zweier Quadratzahlen.

   Aber warum verweigern die anderen geraden Zahlen eine solche Darstellung? Sie könnten doch als Resultate vorkommen bei den noch nicht untersuchten Differenzen $(n + i)^2 - n^2$.

   $(n + i)^2 - n^2 = n^2 + 2ni + i^2 - n^2 = 2ni + i^2$

   Ist i gerade, so sind $2ni$ und i^2 durch 4 teilbar, also auch das Resultat $2ni + i^2$.

Ist i ungerade, so ist $2ni$ gerade und i^2 ungerade, das Resultat also ungerade.

Möglich war auch eine Lösung über $a^2 - b^2 = (a + b) \cdot (a - b)$.

Sind a und b gerade, so auch $a + b$ und $a - b$ und demnach $(a + b) \cdot (a - b)$ durch 4 teilbar.

Sind a und b ungerade, so gilt dasselbe. Ist a gerade und b ungerade (oder umgekehrt), so sind $a + b$ und $a - b$ ungerade und daher auch ihr Produkt.

Nicht durch 4 teilbare gerade Zahlen können also tatsächlich nicht vorkommen.

1.1.3 Analyse

Da die Aufgabe elementare Kenntnisse aus der Algebra (binomische Formeln, Teilbarkeit von Termen) verlangt, wurde sie ab Klasse 9 eingesetzt (insgesamt dreimal in Klasse 9 und zweimal in Klasse 10). Trotz oder vielleicht gerade wegen ihres Novitätscharakters stieß sie auf reges Interesse. Sie war so formuliert, dass zuerst Daten gesammelt werden mussten (Leitidee *Daten und Zufall*), wobei sich jedermann beteiligen konnte. Um weiterzukommen, musste man das Sammeln systematisieren (Kompetenz *Darstellungen verwenden*), Vermutungen äußern und schließlich begründen (Kompetenz *Argumentieren*), wobei gelernte Inhalte der elementaren Algebra eingesetzt werden konnten (Kompetenz *symbolisch/technisch/formales Arbeiten*). Ganz deutlich war dies ein Arbeiten an der Leitidee *Zahl*, wobei Kenntnisse aus früheren Klassen (Quadratzahlen, gerade und ungerade, Teilbarkeit) in unaufdringlicher Weise wiederholt wurden, aber auch an der Leitidee *Funktionaler Zusammenhang*.

Bei der Begründung zu Teilaufgabe b) werden die Anforderungsbereiche I (Sammeln) und II (Systematisieren, Vermuten, einfache Nachweise) überschritten. Die dortigen beiden (alternativen, in zwei Lerngruppen allerdings parallel laufenden) Argumentationsketten erwiesen sich für manche Schüler der Sekundarstufe I als zu lang bzw. wegen der Fallunterscheidungen als zu unübersichtlich. Hier musste differenzierend vorgegangen werden. Bei einer Lerngruppe aus der Hauptschule sollte Teilaufgabe b) oder doch zumindest die Aufforderung zur Begründung entfallen.

1.1.4 Variationen

Die Schüler wurden aufgefordert, aus der gelösten Aufgabe eine neue dadurch herzustellen, dass man irgendetwas (z. B. einen Begriff, ein Zeichen, die Frage, die gegebenen Bedingungen) ändert.

In einer der Neunerklassen war zuvor schon variiert worden. Sie stellte „auf Verdacht" mehrere Varianten her, mit denen man sich dann beschäftigte: $a^2 + b^2$ statt $a^2 - b^2$, ebenso Produkt und Quotient zweier Quadratzahlen, Kubik-

statt Quadratzahlen. ($c = a^1 - b^1 = a - b$ wurde sofort „erledigt": Jede natürliche Zahl ist beliebig oft als Differenz zweier natürlicher Zahlen darstellbar.)

In den anderen Klassen kam es nach leichtem Zögern angesichts der völlig neuen Situation durchweg zum Ersetzen von „Differenz" durch „Summe" und zur Arbeit an dieser selbst erstellten Aufgabe. Hierzu boten sich zwei Vorgehensweisen an: Inspektion der Darstellungsmöglichkeiten durch Umgestalten der vorhandenen Tafel und algebraisches Arbeiten analog zu den Differenztermen. In zwei Klassen geschah dies gleichzeitig (zwei Arbeitsgruppen), in den anderen nacheinander.

Die Inspektion ergab zunächst ein diffuses Bild. Nicht alle ungeraden Zahlen sind darstellbar, z. B. 3 nicht und auch 7 nicht, ebenso nicht alle durch 4 teilbaren Zahlen, z. B. 12 nicht und auch 24 nicht. Andererseits gibt es gerade Zahlen, die nur durch 2 teilbar und trotzdem Quadratesummen sind, z. B. $18 = 3^2 + 3^2$ und $20 = 4^2 + 2^2$. Gibt es gar keine Regelmäßigkeit?

Doch. In einer Klasse bemerkte es ein Schüler, in den anderen bedurfte es einer Lehrerhilfe: Nicht nur 3 und 7 sind keine Quadratesummen, sondern auch 11, 15, 19 usw.; also offensichtlich alle natürlichen Zahlen, die bei Division durch 4 den Rest 3 lassen. Woran liegt das?

Nun musste man doch auf den algebraischen Weg einbiegen. Dort hatten die Schüler zunächst $(n + 1)^2 + n^2$ untersucht und $2 \cdot n \cdot (n + 1) + 1$ dafür gefunden. Das ist sicher eine ungerade Zahl. Einzelne Schüler schlossen daraus, dass alle ungeraden Zahlen sich als Summe aufeinanderfolgender Quadratzahlen darstellen lassen. Die Analogie zu $2n + 1$ versagt jedoch: Durchläuft n alle natürlichen Zahlen, so zwar $2n + 1$ alle ungeraden Zahlen, nicht aber $2 \cdot n \cdot (n + 1) + 1$, wie man durch Einsetzen erkennt. (Der Term $2n + 1$ als Kennzeichner ungerader Zahlen wurde durch diese Fehleranalyse erstmals wirklich verstanden!). Entsprechende Einsichten ergaben sich für $(n + 2)^2 + n^2 = 2 \cdot (n^2 + 2n + 2)$ und die geraden Zahlen.

Jetzt zur obigen Frage: Sind a und b gerade, so auch $a^2 + b^2$. Sind sie beide ungerade, so ist $a^2 + b^2$ ebenfalls gerade. Wenn a gerade ist und b ungerade (oder umgekehrt), so ist $a^2 + b^2$ ungerade. Warum ist dann ein Vierer-Rest 3 unmöglich? Wegen $(2u)^2 + (2v + 1)^2 = 4 \cdot (u^2 + v^2 + v) + 1$.

Zu dieser letzten Überlegung musste in allen Klassen angeleitet werden. Unsere Schüler sind leider kaum gewohnt, Variablen und Terme für das Formulieren von Bedingungen und Aussagen und insbesondere nicht Termumformungen für das Herstellen von Beziehungen zu nutzen. Hier bekommen diese Techniken einen motivierenden Sinn.

In einer Klasse schloss sich ein interessanter Vergleich an, angestoßen durch eine Schülerin. Sie meinte, es ließen sich mehr natürliche Zahlen als Quadratedifferenz denn als Quadratesumme schreiben. In der Tat: Bei den Differenzen ist jede vierte Zahl ausgeschlossen (die mit Vierer-Rest 2), bei den Summen auch (die mit Vierer-Rest 3), aber zusätzlich noch beliebig viele andere (gerade und ungerade) natürliche Zahlen. (Dass beide Zahlenmengen zur Menge aller natürlichen Zahlen und damit auch untereinander äquivalent sind, ist im gegebenen Kontext unerheblich.) Leider war in dieser Lerngruppe der klassische Wahrscheinlichkeitsbegriff noch nicht bekannt; sonst hätte man auch formulieren können: Die Wahrscheinlichkeit, dass eine zufällig bestimmte natürliche Zahl sich als Differenz (Summe) zweier Quadrate darstellen lässt, ist $\frac{3}{4}$ ($< \frac{3}{4}$). Damit wäre ein Bezug zur Leitidee *Daten und Zufall* hergestellt.

Es lässt sich nicht leugnen, dass diese erste Anschlussaufgabe in Teilen anspruchsvoller ist als ihr Vorgänger. Das gilt nicht für die Darstellungen natürlicher Zahlen als Quadrateprodukt bzw. -quotient. Auch die vier „Anfängerklassen" erarbeiteten (nach erfolgter Aufgabenformulierung, die jetzt aber nahelag) rasch, dass nur Quadratzahlen sich derart schreiben lassen, dort aber alle.

Die im Variieren erfahrene Klasse nahm sich schließlich noch $a^3 - b^3$ vor, kam aber (erwartungsgemäß) über qualitative Aussagen nicht hinaus: Die Lücken in der Tafel werden zahlreicher, weil die Kubikzahlen weniger dicht liegen als die Quadratzahlen.

Wir haben somit ein Beispiel dafür, dass Varianten einer Aufgabe ganz unterschiedlichen Schwierigkeitsgrad haben können, von banal über leicht, machbar, schwierig, momentan zu schwierig bis hin zu (mindestens in der Schule) aussichtslos bzw. ungelöst. Von daher ergibt sich das repräsentative Bild einer lebendigen Mathematik im Unterschied zur gegenwärtig bei Laien vorherrschenden (und durch die traditionelle Schulmathematik nolens volens geförderten) Sicht als Disziplin, die alle ihre Probleme bereits gelöst hat.

Bisher waren alle Varianten voraussehbar. Doch trat erneut ein, was kaum vermeidbar, im Gegenteil erwünscht ist: Dass nicht nur manche der von der Projektgruppe jeweils vermuteten Variationen unerwähnt bleiben, sondern auch Vorschläge (von Lehrern und Schülern) kommen, an die man zuvor nicht gedacht hat.

So war in einer Klasse aufgefallen, dass manche natürliche Zahlen mehrere Darstellungen als Quadratedifferenzen gestatten, etwa $40 = 11^2 - 9^2 = 7^2 - 3^2$. „Wovon hängt die Anzahl der möglichen Darstellungen ab?", wurde gefragt. Die überraschte Lehrerin forderte als Teil der Hausaufgabe auf, darüber nachzudenken. Tatsächlich brachten zwei Schüler (und die Lehrerin selbst) eine Antwort mit. Aus $a^2 - b^2 = (a + b) \cdot (a - b)$ folgt, dass es so viele Differenzdarstellungen wie Produktdarstellungen der jeweiligen Zahl gibt. Das war im Unterricht noch dadurch zu präzisieren, dass nur solche Produkte „zählen", bei denen beide Faktoren gerade oder beide ungerade sind (s. o.).

$40 = 20 \cdot 2 = 10 \cdot 4$. Im ersten Falle ist $a + b = 20$ und $a - b = 2$, also $a = 11$ und $b = 9$, im zweiten Falle $a + b = 10$ und $a - b = 4$, also $a = 7$ und $b = 3$. Diese

Lösungen kamen auch dort zustande, wo Gleichungssysteme noch nicht behandelt worden waren, einfach durch systematisches Probieren (Prinzip des vorausgreifenden Lernens).

In einer anderen Klasse forderte der Lehrer auf, spezielle natürliche Zahlen auf ihre Darstellung als Quadratedifferenz zu untersuchen, so etwa die Quadratzahlen selbst. Nun sind Quadratzahlen entweder ungerade oder durch 4 teilbar. Resultat: Alle Quadratzahlen sind als Differenz zweier Quadratzahlen darstellbar. Die Schüler lösten diese Aufgabe ganz spontan und setzen sie zweifach fort.

Kubikzahlen sind entweder durch 8 teilbar oder ungerade. Also kann man sie als Quadratedifferenz darstellen. Primzahlen sind ungerade (Ausnahme: 2). Für sie gilt dasselbe (wobei wegen des einzig möglichen Produkts $p = p \cdot 1$ stets genau eine Darstellung möglich ist. Aber zu dieser Einsicht hätte es der Anzahluntersuchung aus der anderen Klasse bedurft.).

Wie man insgesamt sieht, können Variationen derselben Aufgabe trotz gemeinsamen Kerns recht unterschiedlich verlaufen. Auch der Zeitbedarf war lerngruppenabhängig. Er schwankte zwischen $1\frac{1}{2}$ und $2\frac{1}{2}$ Unterrichtsstunden. Hat sich dieser Aufwand gelohnt?

1.1.5 Rückblick

Die o. a. Erfahrungen und Kommentare sollten deutlich gemacht haben, dass das der Aufgabe immanente und bei ihrer Lösung sichtbar werdende didaktische Potenzial erst durch die nachfolgenden Variationen voll zur Geltung kommt. Überdies sei auf fünf Tatsachen hingewiesen:

a) *Es wird in unaufdringlicher Weise geübt* (vgl. Kap. 3, s. S. 113): Längst vergessene Bausteine der elementaren Teilbarkeitslehre kommen zur Sprache, ebenso werden Kenntnisse über den Umgang mit Variablen und Termen gebraucht. Aber dieses Üben ist weit mehr als ein bloßes Wiederholen insofern, als sich diese Inhalte aneinander bewähren und mit weiteren und präziseren Formen des Darstellens und Argumentierens vorgebracht werden müssen. Daher ist es auch ein Beitrag zum kumulativen Kompetenzerwerb im Sinne der Bildungsstandards.

b) Die Aufgabe ist fremdgestellt und ihre Lösung daher eine (durchaus wichtige und notwendige) Reaktion. *Ihre Varianten aber sind Eigenproduktionen der Schüler*. Von ihnen geht eine hohe Motivation aus, die der nachfolgenden Selbsttätigkeit beim vertieften und wertenden Umgang mit diesen Folgeaufgaben zugute kommt. Das betrifft nicht nur die Resultate, sondern auch die Kooperations- und Kommunikationsformen bei ihrer Gewinnung (Kompetenz *Kommunizieren*).

Mittelfristig ist anzustreben, dass die Variationen von der Lerngruppe selbst gesammelt, nach ihrem Sinn und im Schwierigkeitsgrad vorbewertet, strukturiert und nach Auswahl unter sich aufgeteilt werden, bevor ihre

Untersuchung beginnt (Anforderungsbereich III). Hierbei sind Rat und Hilfe der Lehrperson selbstverständlich unverzichtbar; sie wird insbesondere auf die Wahl günstiger Unterrichts-, Sozial- und Differenzierungsformen Einfluss nehmen. Die o. a. Klasse 9 war bereits auf gutem Wege.

c) In einer der Klassen ging der Lehrer zum Abschluss noch einmal auf Teilaufgabe b) der Ausgangsaufgabe ein. Es zeigte sich, dass ihre Lösungen nun durchweg verstanden wurden. Man sieht: *Variieren hat reflexive Wirkung*. So manche Aufgabe und ihre Lösung wird erst durch Variation wirklich verstanden. Aber es gibt durchaus auch den gegenteiligen Effekt: Eine einfache, vielleicht langweilige Aufgabe gewinnt durch attraktive Änderungen (so etwa, wenn aus $\frac{2}{x} - 3 = 5$ die Varianten $\frac{2}{x} - 3 = 5$ oder $2\,x^2 - 3 = 5$ entstehen).

d) Das *Variieren* darf im Unterricht weder übertrieben noch allzu isoliert betrieben werden. *Einerseits ist es auf traditionellen Unterricht als Regelfall angewiesen und andererseits kommt es diesem zugute.* Das gilt insbesondere für die Variationsstrategien, die zunächst implizit benutzt (oder vorgegeben) werden, allmählich aber explizit zu machen sind, damit sie bewusst eingesetzt werden können. Im obigen Beispiel sind das die Strategien

- „wackeln" (geringfügig ändern: Exponent 3 statt 2),
- „ersetzen" (analogisieren: +, · , : für –),
- „hinzufügen" (von Bedingungen, d. h. spezialisieren: Darstellung von Quadrat-, Kubik- und Primzahlen),
- „vergleichen" (in Beziehung setzen: Summen- und Differenzendarstellungen),
- „Blick wechseln" (umzentrieren: von der Darstellung zur Anzahl von Darstellungen).

Weitere solche Strategien finden sich in Schupp (2002, S. 31 ff). Ersichtlich handelt es sich hierbei um heuristische Elementarstrategien, über welche die Schüler auch und gerade bei schwierigen fremdgestellten Aufgaben verfügen sollten (und wegen mangelnder Flexibilität allzu häufig daran scheitern).

e) Variieren ist eine geradezu selbstverständliche und höchst nützliche Methode des forschenden Mathematikers, wie zahlreiche Expertenäußerungen (und die Mathematikgeschichte) belegen. Mit ihrer Berücksichtigung auch beim schulischen Lehren und Lernen von Mathematik leisten wir einen *Beitrag zum* so oft schon geforderten, aber selten realisierten *„forschenden" Unterricht*.

Selbstverständlich schließt diese Einsicht nicht aus, sondern fordert nachgerade dazu auf, dass auch die Lehrkraft selbst hin und wieder im Unterricht variiert und die Variationsstrategie bewusst macht. Eventuell kann sich dann die Frage anschließen: „Was könnte man denn noch abändern?"

Nun zum zweiten, ganz anderen Beispiel:

1.2 Eine Sachaufgabe

Das vorgestellte Beispiel geht aus von einer nach Art und Fragestellung eher traditionellen Sachaufgabe. Sie ist dem KMK-Aufgabenpool entnommen und bezieht sich vorwiegend auf die Klassenstufe 7/8. Erfahrungen liegen dazu allerdings noch nicht vor.

1.2.1 Die Aufgabe „Fassadenanstrich"

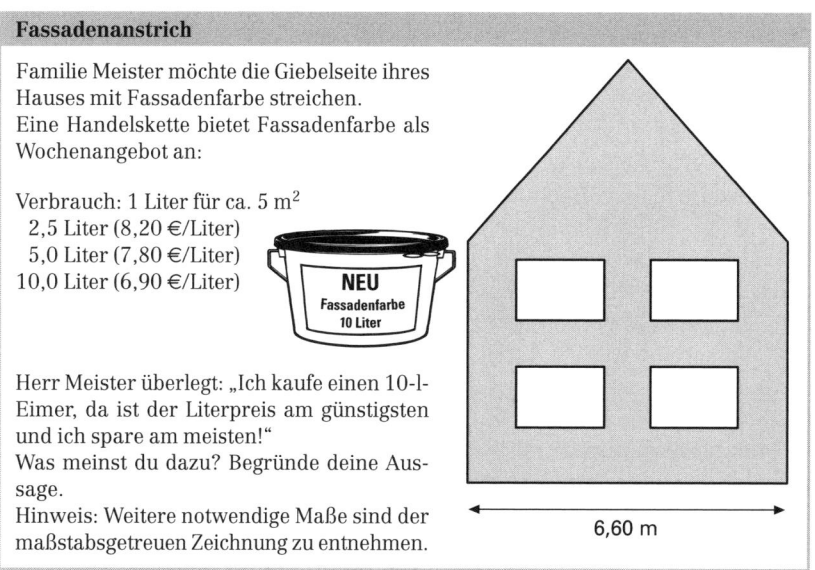

Fassadenanstrich

Familie Meister möchte die Giebelseite ihres Hauses mit Fassadenfarbe streichen.
Eine Handelskette bietet Fassadenfarbe als Wochenangebot an:

Verbrauch: 1 Liter für ca. 5 m^2
  2,5 Liter (8,20 €/Liter)
  5,0 Liter (7,80 €/Liter)
 10,0 Liter (6,90 €/Liter)

NEU
Fassadenfarbe
10 Liter

Herr Meister überlegt: „Ich kaufe einen 10-l-Eimer, da ist der Literpreis am günstigsten und ich spare am meisten!"
Was meinst du dazu? Begründe deine Aussage.
Hinweis: Weitere notwendige Maße sind der maßstabsgetreuen Zeichnung zu entnehmen.

6,60 m

1.2.2 Lösung
Mit dem angegebenem Maß und weiteren, gemäß Hinweis zu bestimmenden Maßen kann man die zu streichende Giebelfläche berechnen: Es sind etwa 35 m^2. Mit einem 5-l- und einem 2,5-l-Eimer reicht die Farbe für 37,5 m^2. Wenn Herr Meister zwei solche Eimer kauft, bezahlt er 20,50 € + 39,00 € = 59,50 € und damit deutlich weniger als 69,00 € für einen 10-l-Eimer. Seine Überlegung war nicht richtig.

1.2.3 Analyse
Es werden Tätigkeiten im Rahmen der Leitideen *Zahl*, *Messen* und *Raum und Form* benötigt. Sie erfordern die Kompetenzen *Argumentieren*, *Modellieren*, *Darstellungen verwenden* und *symbolisch/technisch/formales Arbeiten*. Zwar sind die einzelnen Schritte keineswegs schwierig, doch sind sie zahlreich und müssen gegliedert sowie argumentativ zusammengefasst und dargestellt werden. Die Aufgabe ist durchweg dem Anforderungsbereich II zuzuordnen.

1.2.4 Variationen

Selbstverständlich kann man an den gegebenen Größen „wackeln". Doch ist das nur interessant, wenn es Herrn Meisters Entscheidung beeinflusst. Wir „fragen nach": Unter welchen Bedingungen hätte er sich anders entschieden? Möglichkeiten:

- Der 10-l-Eimer ist billiger (z. B. 5,80 €/Liter).
- Die kleinen Eimer sind teurer (z. B. 9,99 €/Liter und 8,99 €/Liter).
- Der Verbrauch ist größer als angegeben (z. B. reicht 1 l nur für 4 m²).

Insbesondere die letzte Größe ist kritisch (wie man auch der ca.-Angabe im Angebot entnimmt). Herr Meister muss sich seine Giebelseite genau anschauen. Ist sie glatt oder strukturiert (was die Oberfläche erheblich vergrößert)? Ist sie schon einmal gestrichen worden? Wie stark wird der Putz saugen? Ist es die stark verschmutzte Wetterseite, sodass eventuell zwei Anstriche (mit verdünntem Voranstrich) erforderlich sind? Kommt man mit einem Anstrich durch, wenn man im Baumarkt eine teurere Fassadenfarbe auswählt?

Es empfiehlt sich, die einzelnen Möglichkeiten in Aufgabenteilung (Arbeitsgruppen) durchzurechnen und die zugehörigen Entscheidungen im Plenum zu diskutieren. Ein solches konstruktives „Kritisieren" der Ausgangsaufgabe macht sie interessanter und jedenfalls authentischer. Dieses Bemühen kann unterstützt werden durch „Aktualisieren" der Situation: Welche Fassadenfarben gibt es im nächsten Baumarkt? In welchen Gebinden und zu welchen Preisen? Wie stellt sich die Aufgabe jetzt?

Exemplarisch wird deutlich, dass in Entscheidungen bei außermathematischen Fragestellungen nicht nur innermathematische, sondern auch Sachüberlegungen eingehen, dass der mathematische Kalkül nicht entscheidet, sondern nur entscheiden hilft. So manche notwendigerweise vormathematisierte Anwendungsaufgabe unserer Schulbücher könnte durch anschließendes kritisches Variieren erheblich gewinnen.

Wie kommt Herr Meister eigentlich in die Spitze des Giebeldreiecks, die immerhin mehr als 8 m hoch ist? Gibt es bei diesem Haus keinen Sockel? Wie wirkt sich dieser aus? Warum streicht Herr Meister nur eine Seite seines Hauses? Warum nicht auch die andere Giebelseite und die beiden Längsseiten? Wie könnten die Längsseiten aussehen? Gib dazu mehrere Möglichkeiten an, entscheide dich für eine, zeichne sie, berechne die zu streichenden Flächen jeder Seite, addiere diese Inhalte und komme so zu einem Gesamtbedarf an Farbe sowie zu entsprechenden Gebinden. Dies sind Anschlussfragen und -anregungen, die der noch recht geschlossenen Ausgangsaufgabe fast schon Projektcharakter geben (vgl. Kap. 4, s. S. 126).

Ein weiteres Beispiel für anwendungsvertiefendes Variieren stellt BLUM (2005) vor; er geht dabei von einer Beispielaufgabe aus den Bildungsstandards (s. KMK 2003, S. 16) aus.

1.3 Schlussbemerkungen

Offensichtlich hängen nicht nur die Variationen selbst, sondern auch die Variationsformen (Variationsstrategien) vom „Thema" ab; aber natürlich auch von den Kenntnissen und heuristischen Vorerfahrungen der jeweiligen Lerngruppe sowie von den Intentionen der zugehörigen Lehrperson. Insbesondere kann und sollte sie vorentscheiden, wann und wo und gegebenenfalls wie extensiv und intensiv variiert werden soll, etwa durch Freigabe nur bestimmter Begriffe und Komponenten der Ausgangsaufgabe. Da man jede, wirklich jede Aufgabe variieren kann, muss insbesondere betont werden: Nicht die Vielzahl der durchgeführten Variationen oder dann die Vielzahl der jeweiligen Varianten ist entscheidend, sondern die *Vielfalt* und die *Qualität* des Variierens. Auch kleinere Variationen, vielleicht nur eines einzigen Aufgabenmerkmals, können den Unterricht beleben, zumal wenn sie von Schülern vorgeschlagen werden (was recht bald einsetzt). Sie empfehlen sich auch für Variationsbestandteile in Leistungsüberprüfungen, etwa als letzter Teil einer dortigen Aufgabe. Dazu ein Beispiel:

Teilquadrate

a) Zeichne ein Quadrat und zerlege es dann in 4 Teilquadrate.
b) Zeige, dass man das Quadrat auch in 9, 16, 25, ... Teilquadrate zerlegen kann, also immer so, dass die Anzahl der Teilquadrate eine Quadratzahl ist. Skizze genügt!
c) Sind noch ganz andere Zerlegungen des Quadrats in Teilquadrate möglich?

Variieren ist kein Selbstzweck. Dosiert eingesetzt, macht es den Unterricht – ganz im Sinne der Bildungsstandards – offener, herausfordernder, produktiver und wesentlicher.

Literatur

BLUM, W. (2005): Kann man eine Abkürzung ausweiten? – In: mathematica didactica 28, H.1, S. 7–14.
KMK (2003): Bildungsstandards im Fach Mathematik für den Mittleren Schulabschluss – Beschluss der KMK vom 4.12.2003.
SCHUPP, H. (2002): Thema mit Variationen. Aufgabenvariation im Mathematikunterricht – Hildesheim und Berlin: Franzbecker.

2. Multiple Lösungswege für Aufgaben: Bedeutung für Fach, Lernen, Unterricht und Leistungserfassung

Michael Neubrand

Beispiele dafür, dass Aufgaben von Schülern auf unterschiedlichen Wegen gelöst werden, treten in diesem Buch vielfach auf. Multiple Lösungswege sind aber nicht an feste didaktische Zwecke gebunden. Die Weiterentwicklung des Mathematikunterrichts profitiert grundsätzlich davon, multiple Lösungswege für die Schüler präsent zu halten. Von Bedeutung ist dies einmal, weil multiple Lösungswege der Mathematik selbst angemessen sind, aber auch weil individuelles Lernen unterstützt wird und der Unterricht auf diese Weise kognitiv reichhaltiger werden kann.

2.1 Multiple Lösungswege sind vom Fach aus erforderlich

Gibt es *den* Lösungsweg oder etwa gar *die beste* Lösung einer Aufgabe? Manchmal hört man darauf die Antwort: „Mathematisch wohl, allenfalls bei der ersten Begegnung mit dem Stoff mag es anders sein!". Diese Antwort geht – bewusst oder unbewusst – von einer statisch-schematischen Vorstellung von Mathematik aus. Soll Mathematik in der Schule aber wirklich als Sammlung optimaler Verfahren und Begriffe auftreten? Dies anzunehmen ist verständlich; denn die altbekannte Schul-Mathematik erscheint so „zu Ende gedacht", dass man die Lebendigkeit dieser Gegenstände, ihr genetisches Potenzial nicht mehr zu sehen glaubt. Man kann sogar von einer charakteristischen „Grundproblematik des Lehrens und Lernens von Mathematik in der Schule" sprechen (BLK 1997; Kap. 5.1): „Diejenigen Stoffbereiche und Probleme, die im Schulunterricht behandelt werden, sind durch erprobte, abgesicherte und leistungsfähige Begriffe und Verfahren abgedeckt. Dies fördert aber Tendenzen, im Mathematikunterricht eben die fertigen Verfahren selbst direkt und möglichst effektiv anzustreben. Die mathematische Darstellung selbst erscheint dann als optimale Lehrstruktur." Ein solches Bild versperrt aber den Zugang zu einem verständnisorientierten Mathematikunterricht.

Die Mathematik selbst, die ja entscheidend durch ihren „Prozesscharakter" (NEUBRAND 1986) geprägt ist, weist einen anderen Weg: „Mathematik entsteht in der Auseinandersetzung mit mathematischen und außermathematischen Aufgaben und Problemen. Die Lösungswege sind dabei grundsätzlich offen. Angestrebt wird sogar eine Vielfalt von Lösungswegen, weil jeder neue Weg die Einsicht in die Struktur vertieft." (WITTMANN 1995, S. 16) Daraus ergeben sich – zunächst allein „vom Fach aus" (WITTMANN) – zwei zentrale Bedeutungen; die dem Offenhalten, ja sogar dem Suchen, von multiplen Lösungswegen zukommen:

- Jeder weitere Lösungsweg ergibt neue Einsicht in den behandelten Gegenstand, sodass „strukturelle Einsicht" zustande kommt; das ist mehr, als nur ein Endergebnis zu produzieren.
- Jeder weitere Lösungsweg zeigt, dass Problemlösen und Modellieren grundsätzlich auf Offenheit hin angelegt sind. Multiple Lösungswege aufzuzeigen hilft verstehen, dass Problemlösungen stets der Variation und Verbesserung zugänglich sind, und dass mathematisch begründete Aussagen über reale Probleme nur so gut sein können wie die zu Grunde gelegten Modelle.

Die erstgenannte Funktion verweist auf die Notwendigkeit vertikalen Transfers und systematischen Aufbaus, die zweitgenannte auf horizontale Vernetzung. So drückt WEINERT (2000, und viele weitere Stellen) aus, dass unterschiedliche Arten der Vernetzung gleichermaßen Elemente produktiven Unterrichts sind. Die folgende Beispielaufgabe (drei Teilaufgaben) zeigt diese fachlichen Bedeutungen multipler Lösungswege auf.

Achteckteilung (Teilaufgabe a))

In das hier gegebene regelmäßige Achteck ist das Dreieck *ABC* eingezeichnet, wobei die Grundseite des Dreiecks mit einer Seite des Achtecks übereinstimmt und der Eckpunkt *C* Mittelpunkt der gegenüberliegenden Achteckseite ist.

a) Welchen Anteil an der gesamten Achtecksfläche stellt die Dreiecksfläche *ABC* dar? Begründe dein Ergebnis.

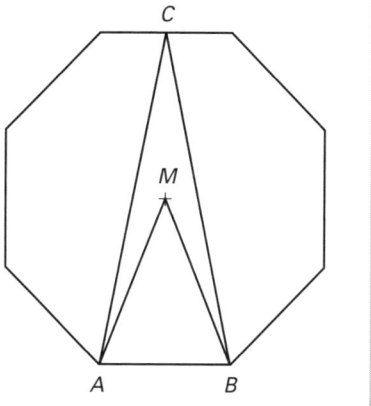

Diese erste Teilaufgabe verbindet verschiedene Inhalte des Geometrieunterrichts. In der Aufgabe sind geeignet zu verknüpfen: Dreiecksflächen und Operationen damit, reguläre Vielecke und deren innerer Aufbau sowie Berechnungsverfahren für Streckenlängen und Flächeninhalte. Die Aufgabe gehört vorwiegend zur Leitidee *Messen,* wobei auch die Leitidee *Raum und Form* berührt wird. An allgemeinen Kompetenzen wird man, ganz unabhängig vom später eingeschlagenen Lösungsweg, beim Lösen der Aufgaben in erster Linie die Kompetenz *Probleme mathematisch lösen* aktivieren müssen. Denn ohne

sich eine Vorgehensweise zurechtzulegen, also „geeignete heuristische Hilfsmittel, Strategien und Prinzipien zum Problemlösen auszuwählen und anzuwenden" (Bildungsstandards), kann man wohl kaum zu einer Lösung kommen. Entscheidend ist das zielführende Einzeichnen von Hilfslinien. Man wird
die Aufgabe, ebenfalls unabhängig vom eingeschlagenen Lösungsweg, dem
Anforderungsbereich II der Bildungsstandards zuordnen, denn es geht darum, dass „Kenntnisse, Fertigkeiten und Fähigkeiten verknüpft werden, die in
der Auseinandersetzung mit Mathematik auf verschiedenen Gebieten erworben wurden". Ein erster Lösungsweg wird durch Hinweise in der Aufgabenstellung nahegelegt. Mit dem Dreieck ABC wird auch das Mittelpunktsdreieck
ABM in der begleitenden Zeichnung mitgeliefert. Das kann so gedeutet werden, dass an diesen Lösungsweg gedacht wurde:

Lösungsweg 1: Bezug zum Mittelpunktsdreieck

Dreieck ABC hat wegen doppelter Höhe und gleicher Grundlinie den doppelten
Flächeninhalt von $\triangle\,ABM$. Das gesamte Achteck besteht aber aus 8 zu $\triangle\,ABM$ kon-
gruenten Dreiecken. Somit nimmt $\triangle\,ABC$ ein Viertel der Achteckfläche ein.

Nicht alle Schüler werden diesen Hinweis in der Aufgabenstellung aufnehmen. Vielmehr werden viele Schüler zunächst die „Rechenmaschine" anwer-
fen: Warum nicht die Fläche von $\triangle\,ABC$ so berechnen, wie man eben den Inhalt einer Dreiecksfläche bestimmt: $\frac{1}{2}\cdot$ Grundlinie $\cdot$ Höhe. Dann ergeben sich
solche Überlegungen: Die Grundlinie von $\triangle\,ABC$ ist jedenfalls die Achteckseite. Doch wie groß ist die Höhe?

Lösungsweg 2: Höhe ABC

1. Versuch: Mit Pythagoras: Aber außer
der Achteckseite fehlt noch die dritte
Dreiecksseite. Dieser Ansatz führt nicht
sofort weiter.

2. Versuch: Orientierung an der Außen-
seite des Achtecks: Die Höhe von $\triangle\,ABC$
setzt sich zusammen aus der Achteckseite a und zwei Teilstrecken, die mit der
Achteckseite als Hypotenuse ein gleich-
schenklig-rechtwinkliges Dreieck bilden. Eines dieser Dreiecke ist eingezeichnet. Zweimal ist die Hilfsstrecke
hs_1 zur Achteckseite zu addieren. Das
ergibt für die gesuchte Höhe die Länge
$(1 + \sqrt{2})a$, also für die Dreiecksfläche
$\frac{1}{2}(1 + \sqrt{2})a^2$. Doch wie ist nun die Beziehung zur gesamten Achteckfläche?
Auch hier stockt der Ansatz.

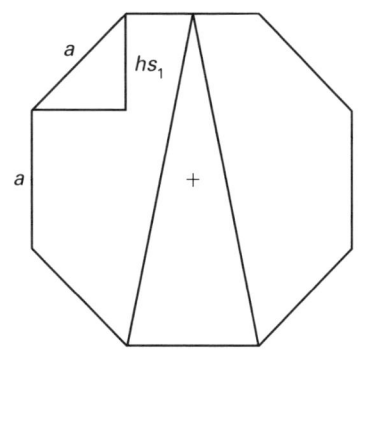

Obwohl diese Lösungswege hier zunächst abgebrochen sind und nicht unmittelbar zum Ziel führen, sind sie, wie man sehen wird, für den gesamten Problemlöseprozess wichtig. Ein weiterer Lösungsweg führt die bisherigen Ideen weiter.

Lösungsweg 3: andere Strukturierung

Man kann den Flächeninhalt von $\triangle ABC$ auch anders darstellen. Die Hilfsstrecke hs_2 lässt erkennen, dass die Dreiecke ABC und ABD flächengleich sind (Scherung oder: gleiche Grundlinie und gleiche Höhe). Diese Fläche ist doppelt so groß wie die des Mittelpunktdreiecks ABM; denn von AB aus gesehen treten gleiche Grundlinie und doppelte Höhe auf, von BD aus sieht man gleiche Höhe und halbe Grundlinie (mehrere Lösungswege innerhalb mehrerer Lösungswege). Nun erkennt man wie bei Lösungsweg 1, dass $\triangle ABC$ ein Viertel der gesamten Achtecksfläche einnimmt.

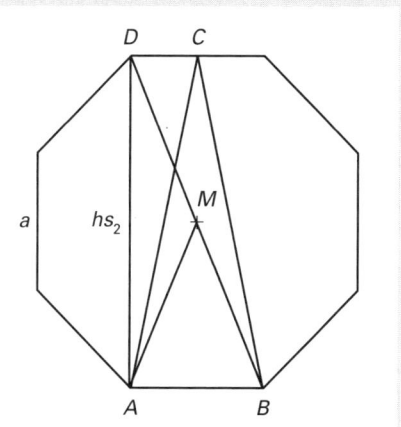

Multiple Lösungswege zu einer Aufgabe fördern das Durchdringen der Sache auch schon dann, wenn sie sich nur leicht unterscheiden. Auch damit kann bereits Wissen vernetzt werden. Bei dieser Aufgabe unterstützen sich die skizzierten Zugänge gegenseitig, selbst dann, wenn sie gar nicht zu Ende geführt werden. Eben dadurch öffnet sich der Blick in die innere Struktur des Achtecks. Ein Lösungsweg allein wäre dazu nicht in der Lage.

So verweist etwa der abgebrochene 1. Versuch implizit auf Grundaufgaben bei der Behandlung der regulären Vielecke, nämlich die Zusammenhänge zwischen der Seite des Vielecks und den Radien von Um- und Inkreis herzustellen. Der zunächst ebenfalls abgebrochene 2. Versuch zeigt auf, dass man das Achteck in zwei sich überkreuzende Rechtecke und die vier gleichschenklig-rechtwinkligen Dreiecke an den Ecken zerlegen kann, ein Hinweis auf eine Möglichkeit der Flächenberechnung des Achtecks (wenngleich nicht die eleganteste). Der 3. Lösungsweg schließlich zeigt, wie elementare geometrische Kenntnisse (gleicher Flächeninhalt) flexibel, d. h. mit wechselnden Bezugsstrecken, eingesetzt werden können. Zusammen mit der beim 2. Versuch im Lösungsweg 2 gewonnenen Einsicht, dass $\triangle ABC$ den Flächeninhalt $\frac{1}{2}(1+\sqrt{2})a^2$ hat, ergibt sich nun aus dem 3. Lösungsweg der Flächeninhalt des regulären Achtecks unmittelbar zu $2(1+\sqrt{2})a^2$.

Ein Aufbau dieser Art ist ein gutes Beispiel für kumulativen, systematisch-vertikal vernetzten, hier allerdings „lokalen" Wissensaufbau. Verschiedene einzelne Erkenntnisse werden in einen Gesamtzusammenhang gebracht und führen dann weiter. Solche „lokale" Arbeitsprozesse sind im Unterricht bewusst zu machen (NEUBRAND 1986) und das Beschreiten multipler Lösungswege unterstützt dies. Die verschiedenen Lösungswege liefern zudem Ergebnisse unterschiedlicher Qualität. Es kann lediglich das Resultat, dass $\triangle ABC$ ein Viertel der Achtecksfläche darstellt, verifiziert werden; man kann aber auch, wenngleich nicht wirklich gefragt, ein numerisches Ergebnis für den Flächeninhalt von $\triangle ABC$ produzieren. Letzteres führte auf die Bestimmung des Inhalts des gesamten Achtecks. Auch diese unterschiedlichen Qualitäten sollten explizit gemacht werden, um vernetztes Lernen vom Fach aus anzuregen.

Diese Interpretationen illustrieren die fachliche Bedeutung des Offenhaltens unterschiedlicher Lösungswege. Hinzu kommt folgender, ebenfalls für das Fach charakteristisch, für eigenverantwortliches Lernen aber geradezu unabdingbarer Aspekt:

■ Das Bearbeiten einer Aufgabe enthält immer auch die Aufforderung zum Weiterdenken, Verknüpfen und Herstellen von Beziehungen. Diese können multiple Lösungswege unterstützen, selbst dann, wenn die Aufgabe selbst „geschlossen" ist.

In diesem Beispiel wird das evident; denn diese Aufgabe wird fortgesetzt in weiteren, nun tatsächlich „offenen" Teilaufgaben:

Achteckteilung (Teilaufgaben b) und c))

b) Zeichne in das gegebene Achteck ein Rechteck ein, dessen Fläche halb so groß ist wie die Achtecksfläche. Begründe dein Vorgehen.

c) Es gibt viele Möglichkeiten, die Hälfte des Achtecks zu schraffieren. Zeichne hier drei Möglichkeiten ein (vollständige Aufgabenstellung mit Skizzen s. CD-ROM).

Offenbar enthalten die oben genannten Lösungswege zur Teilaufgabe a) in sich bereits mehrere Ansätze, die Teilaufgaben b) und c) zu beantworten. Diese fordern direkt auf, das reguläre Achteck als Figur mit inneren Strukturen durchzuarbeiten. Die Fragestellung ist nun „offen", indem unterschiedliche Lösungen möglich sind. Doch wenn die „geschlossene" Teilaufgabe a) bereits durch multiple Lösungswege als Strukturerkennungsaufgabe behandelt wurde, sind die Zugänge zu b) und c) gut vorbereitet, ja geradezu ein kumulativer und systematisierender Rückblick auf schon Durchdachtes.

2.2 Multiple Lösungswege unterstützen das verstehende Lernen

Was heißt „verstehendes Lernen"? WEINERT (2000) spricht von intelligentem Wissen: „Intelligentes Wissen besitzen heißt also, ein Wissen besitzen, das bedeutungshaltig und sinnhaft ist. Gut verstandenes Wissen ist ein Wissen, das nicht ‚eingekapselt' ist, nicht tot im Gedächtnis liegt, nicht ‚verlötet' ist mit der Situation, in der es erworben wurde, sondern das lebendig, flexibel nutzbar, eben intelligent ist." Und er betont, dass die Vermittlung von intelligentem Wissen „erstes und wichtigstes Bildungsziel" sei. Wie ist das zu erreichen?

▪ Multiple Lösungswege unterstützen das verstehende Lernen. Denn durch vielfältige Lösungswege wird Wissen aus den ursprünglichen Erwerbssitu- ationen gelöst, die Einmaligkeit dieser Situation aufgebrochen und das Wissen in jeweils anderen Zusammenhängen wieder eingesetzt.

Auch dies konnte man schon an der oben genannten Aufgabe „Dreieck im Achteck" erkennen: Wie auch immer Vorkenntnisse über reguläre Vielecke er- worben wurden, die Aufgabe verlangt ein Umordnen dieser Kenntnisse und löst sie damit aus dem ursprünglichen Zusammenhang. Eine zweite Beispiel- aufgabe zeigt diese Funktion multipler Lösungswege weiter auf. Nun verwei- sen die Schülerlösungen zu dieser Aufgabe darauf, dass man verstehendes Lernen durch passende Interventionen anstoßen und organisieren muss.

Sicherer Sieg

Gegeben sind diese vier durch ihre Netze beschriebenen Würfel.

A			B			C			D		
	2			5			0			3	
2	2	2	1	1	1	4	0	4	3	3	3
	6			5			4			3	
	6			5			4			3	

Würfel nach Bradley Efron (chinesische Würfel)

Zwei Spieler wählen nacheinander einen Würfel. Danach würfelt jeder einmal. Wer die höhere Punktzahl hat, gewinnt.
Äußere dich zu den Gewinnchancen.

Offenbar gehört die Aufgabe „Sicherer Sieg" nach den Einteilungen der Bil- dungsstandards zur Leitidee *Daten und Zufall*. Mehrere allgemeine Kompe- tenzen sind zu aktivieren, wobei die Mathematisierung der Situation im Vordergrund steht.

Der naheliegende Lösungsweg ist hier, vor allem wenn der „Erwerb" (s. o.) die- ser Technik im Unterricht unmittelbar vorangegangen war, die Anwendung von Baumdiagrammen. Damit werden die einzelnen Ausfälle des mehrstufi- gen Zufallsexperiments mehr oder weniger systematisch durchgespielt.

Es liegen Lösungen aus einer siebten Gymnasialklasse vor. *Alle* Schüler folgen diesem Weg und kommen zum überwiegenden Teil zu brauchbaren Lösungen.

Lösungsweg 1: ein Baumdiagramm

Unter den von einem Schüler systematisch durchgespielten sechs Baumdiagrammen befinden sich auch zwei Diagramme des nebenstehenden Aufbaus.
Der Schüler erkennt daraus, dass Würfel **D** mit der Wahrscheinlichkeit $\frac{2}{3}$ gegen Würfel **A** gewinnen wird.

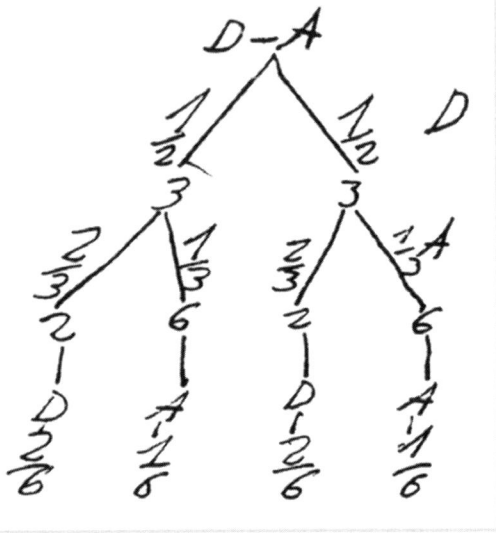

Diese zunächst verblüffende Variante des Baumdiagramms verwendet der Schüler beim Vergleich der Würfel **D** gegen **A** sowie **D** gegen **B** , nicht jedoch beim Vergleich von (Reihenfolge!) **C** gegen **D** . Offenbar ist für diesen Schüler das Schema des Baumdiagramms nicht mehr aufrechtzuerhalten, wenn der Baum mit einem einzigen Ast beginnen würde. Dennoch will er nicht von diesem Lösungsweg abweichen und erfindet daher die künstliche Verzweigung im oberen Teil des Baumes. Der Schüler ist also nicht in der Lage, sein Wissen über die Gewinnwahrscheinlichkeiten bei mehrstufigen Zufallsexperimenten aus dem „Erwerbszusammenhang" (WEINERT), und das ist hier das Schema „Baumdiagramm", zu lösen. Wie kann man darauf reagieren, wenn es um den Aufbau verstehenden Wissens geht?

Die Reaktion im Unterricht auf das vorgelegte Diagramm kann bei geringfügigen Korrekturen stehen bleiben: „Wäre es für dich nicht einfacher gewesen ...?" Damit bewegte man sich aber auf der gleichen Ebene wie der Schüler. Es bleibt beim „verlöteten Wissen". Man kann aber auch – ggf. mittels Anregungen zum eigenen Weiterdenken, ggf. mittels einer Erweiterung der Aufgabenstellung, jedenfalls, indem die Lehrkraft gezielt eingreift – auf alternative Lösungsmöglichkeiten verweisen. Ziel ist es, von der Fixierung auf die Standardlösung im Interesse des verstehenden Lernens wegzukommen. Bei dieser Aufgabe könnte das etwa so aussehen: Sind wirklich sechs vollständige Baumdiagramme aufzustellen oder gibt es Fälle, die man einfacher auch anders entscheiden könnte? Die Antwort auf die zweite Frage ist „ja":

Lösungsweg 2: vorab einfache Fälle aussondern

Alle Vergleiche mit Würfel **D** können allein an den Zahlen des jeweiligen Vergleichswürfels erfolgen. Damit ergibt sich auch ohne vollständiges Baumdiagramm, dass **C** gegen **D** und **D** gegen **A** gewinnt, sowie dass **B** gegen **D** den Chancen nach unentschieden endet.

Eine analoge Reaktion auf die (unvermeidlichen) Rechenfehler – d. h., wieder der Versuch, sich vom reinen Schema des Baumdiagramms zu lösen – wäre der Hinweis darauf, dass sich die Gewinnwahrscheinlichkeiten zu 1 summieren müssen. Dies ist eine inhaltliche Kontrollmöglichkeit, die zudem konzeptuelles Verständnis fördern kann.

Der Verweis auf Lösungsvarianten kann somit verstehendes Lernen so entfalten, dass übergeordnete, metakognitive Strategien ins Spiel kommen:

▪ Multiple Lösungswege zu gehen beinhaltet auch, dass Kontrollmöglichkeiten eröffnet, einfache Fälle ausgesondert, kurz eine Bewertung des bisherigen Lösungsweges erfolgen kann. Dies sind Elemente verstehenden, „intelligenten" Wissens.

Auch das auf S. 166 erwähnte, jeder Aufgabe immanente Weiterdenken, kann bei dieser Beispielaufgabe zum Zuge kommen. Man sollte sich daher nicht mit der Lösung allein zufriedengeben, sondern weiterfragen: Gibt es typische Fehlvorstellungen, die bei dieser Aufgabe zu falschen Schlüssen führen? Tatsächlich argumentiert eine der Schülerinnen so: „Wenn man die Würfelaugen addiert, kommt Folgendes raus: **A** 20, **B** 18, **C** 16 und **D** 18. Man sieht wieder, dass A am höchsten ist." Sie hatte nämlich zuvor ebenfalls mit Baumdiagrammen gearbeitet. Wegen mangelnder Kontrollen – die Summe der Wahrscheinlichkeiten war nicht immer 1 – hatte sie aber falsche Ergebnisse produziert. Nun wollte sie ein zusätzliches Argument für ihre (falschen) Resultate, das aber eben in dieser Situation nicht schlüssig ist.

Auch das Sprechen über die Lösungen und die Fehl-Lösungen gehört zum verstehenden Lernen. Das Wissen wird verknüpft mit Modellen, die anwendbar sind, und abgegrenzt von solchen Wissenselementen, die dieser Aufgabe nicht entsprechen (hier: Augensumme, aber auch Erwartungswert). Es gilt also weiter:

▪ Multiple Lösungswege, auch wenn sie sich als nicht gangbar erweisen sollten, können auf weiterreichende mathematische Inhalte im Voraus verweisen und auch damit verstehendes Lernen unterstützen.

2.3   Multiple Lösbarkeit ist im Unterricht realisierbar

Im Unterricht geht es nicht allein darum, multiple Lösungswege zuzulassen; das wird sich gar nicht ausschließen lassen. Zentral ist vielmehr, die multiplen Lösungswege in ihrer Vielfalt den Schülern offen zugänglich zu machen. Das ist eine didaktische Aufgabe, die einen Unterricht voraussetzt, der Raum, ja sogar Ermutigung, für alternative Zugänge schafft und einen entsprechenden Rahmen definiert. Gibt es dafür didaktische Modelle?

Eine erste Variante, die didaktische und methodische Gesichtspunkte gleichermaßen ins Spiel bringt, zeigen einige japanische Mathematikstunden aus der TIMSS-Video-Studie auf (BAUMERT et al. 1997; NEUBRAND 2002). Charakteristisch für diese Stunden ist, dass die Kreativität der Schüler, die zum Ausdruck kommt durch ein Suchen nach eigenen Lösungswegen, eingebettet wird in eine klar definierte Unterrichtsstruktur (NEUBRAND/NEUBRAND 1999). Diese Unterrichtsstruktur sichert, dass die multiplen Lösungswege allen Schülern zugänglich werden. Offenheit und didaktisch konstruierter Zusammenhalt der Stunde sind also komplementär und nicht als Gegensätze zu denken.

Eine weitere Variante ist der didaktische Ansatz von GALLIN/RUF (1993). Auch hier wird die Spannung zwischen den „singulären" Lösungswegen einzelner Schüler und der bewussten Einbettung in „reguläre" Lösungswege, die durch Reflexion entsteht, didaktisch ausgestaltet. Gemeinsam ist beiden Ansätzen dies:

▪ Multiple Lösungswege können den Unterricht strukturieren, wenn sie für die Schüler offen stehen bleiben und damit eine Bewertung der Lösungswege eingeleitet wird.

Offenhalten und Gegenüberstellen verschiedener Lösungswege im Unterricht eröffnet Optionen, ist aber auch an Bedingungen gebunden: Es kann dadurch „intelligentes Üben" eingeleitet und begleitet werden (vgl. Kap. 3, s. S. 113). Die Schüler erarbeiten unterschiedliche Lösungen, auch zur gleichen Aufgabe, und können danach ihre Lösungswege mitteilen. Eine zweite Option betrifft die innere Differenzierung, dies allerdings anders als üblich. Es werden nicht unterschiedliche Aufgaben gestellt, sondern ein und dieselbe Aufgabe wirkt in natürlicher Weise differenzierend, indem sie unterschiedliche Lösungswege zulässt, die Schüler je nach ihren Fähigkeiten beschreiten können. Die wesentliche Bedingung dafür, dass multiple Lösungswege im Unterricht Wissens-vernetzende Wirkung entfalten können, ist der innere Zusammenhang der angesprochenen Themen. Denn im Sinne der beiden vorangehend beschriebenen Funktionen multipler Lösungswege kommt es darauf an, ein und denselben Inhalt zu vertiefen und so reflektierte Einsicht zu gewinnen.

▪ Voraussetzung für den produktiven Einsatz multipler Lösungswege im Unterricht ist ein kohärenter Unterrichtsaufbau, d. h., die kumulative und systematische Vertiefung des einen gewählten Themas. Multiple Lösungswege können dann zum intelligenten Üben und zur natürlichen inneren Differenzierung eingesetzt werden.

Die folgende Aufgabe „Pyramidenbau" illustriert diese Funktionen multipler Lösungswege im Unterricht.

Pyramidenbau

Mit einem Magnetspiel sollen Pyramiden gebaut werden. Die Grundfläche und die Seitenflächen sind gleichseitige Dreiecke.
Die farbigen Stücke sind Magnete; zwischen zwei Magneten befindet sich immer eine Kugel. Ein Magnet ist 27 mm lang, eine Kugel hat einen Durchmesser von 13 mm.
Gebaut wird zuerst die „Spitze" aus vier Kugeln und sechs Magneten. Von da aus wird die erste Etage nach unten angebaut. Damit der Bau stabiler wird, wird an jede Kugel, die sich innerhalb einer Kante befindet, ein Magnet als Querstrebe angesetzt. Das Bild zeigt eine Pyramide mit zwei Etagen.

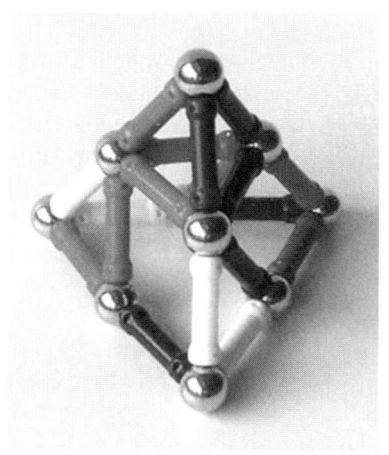

a) Untersuche, wie viele Magnete und wie viele Kugeln benötigt werden, um die abgebildete Pyramide zu bauen.

b) Monika sagt: „Die Kantenlänge dieser abgebildeten Pyramide ist 8 cm." Wie kommt sie zu dieser Antwort?

c) Berechne mit Monikas Wert das Volumen der Pyramide.

d) Wie viele kleine Dreiecke und wie viele Parallelogramme sind außen auf der abgebildeten Pyramide zu finden?

e) Wie viele Magnete werden benötigt, um dieser Pyramide eine weitere Etage anzubauen?

f) Monika hat in ihrem Magnetspiel 80 Magnete und 50 Kugeln. Welche Kantenlänge hat die größte solche Pyramide, die sie damit bauen kann?

g) Erkennst du ein System für die Anzahl der Magnete und die Anzahl der Kugeln in der n-ten Etage?
Notiere auch einen Term, mit dem sich die Anzahl der Magnete und die Anzahl der Kugeln bestimmen lassen.

Die Aufgabe „Pyramidenbau" gehört zur Leitidee *Raum und Form*, allerdings mit anderen Schwerpunkten als die Aufgabe „Achteckteilung" aus Abschnitt 2.1. Lediglich die Teilaufgaben b) und c) sind der „messenden" Geometrie, die anderen Teilaufgaben der „zählenden" Geometrie zuzuordnen; Teilaufgabe g) spricht einen funktionalen Zusammenhang an und liefert eine Verbindung zur Algebra. Immer steht die vorgegebene räumliche Gestalt der Pyramide im Zentrum.

Schon allein auf Grund der vielen Querbezüge zwischen den Teilaufgaben ergeben sich genügend (selbst-)differenzierende Auswahlmöglichkeiten für den Unterricht. Vorab ist allerdings eine Themenwahl zu treffen. Es bietet sich an, die Aufgabe zu einer aktiv-entdeckenden Auseinandersetzung mit dem Thema „Strukturiertes Zählen und Darstellen mit Variablen" zu machen. Dazu kann man etwa die Teilaufgaben a), e) und g), dazu ggf. noch d), kombinieren, sodass dieses eine Thema durch Aufgaben auf unterschiedlichen Niveaus durchgearbeitet, wie schon gesagt „intelligent geübt", werden kann. Die beiden Teilaufgaben zur Volumenberechnung schneiden eine andere Thematik an. Im Interesse der kumulativen und systematischen Vertiefung wird man sie daher lieber zurückstellen. Kohärente Unterrichtsgestaltung verlangt aufeinander abgestimmte Aufgaben, eine Maxime sowohl für den erarbeitenden Unterricht als auch für Wiederholungs- und Übungsphasen.

Alle Teilaufgaben lassen je für sich vielfältige Lösungswege zu, selbst die Teilaufgabe c), die immer noch den Weg frei lässt, wie die charakteristischen Größen des Tetraeders bestimmt werden. Die Teilaufgabe g) schließt das gestellte Thema sozusagen ab. Schüler einer 9. Klasse eines Gymnasiums taten sich durchaus schwer damit. Es gibt zahlreiche Fehl-Lösungen, und oft wird ein Ergebnis ohne erkennbare Zählstrategie einfach mitgeteilt, ein Hinweis auf die oft vernachlässigte Kompetenz, eigene Überlegungen anderen verständlich mitteilen zu können (Kommunikationskompetenz). Für den Unterricht fruchtbar werden solche Lösungen, die eine Zählstrategie beschreiben und diese Strategie durch die Form des Terms auch zum Ausdruck bringen. Dies ist ein solcher Lösungsweg:

Lösungsweg 1: im Ring herum abgezählt

Kugeln: 2. Etage = $3 + 2 + 1 = 6$
         3. Etage = $4 + 3 + 2 = 9$ Pro Etage immer 3 Kugeln mehr!
         4. Etage = $5 + 4 + 3 = 12$ (die Differenz)
         5. Etage = $6 + 5 + 4 = 15$

   f(Kugeln in einer Etage, n) = $(n + 1) + n + (n - 1)$

Magnete: 2. Etage = $5 + 4 + 3 = 12$
          3. Etage = $7 + 6 + 5 = 18$ Pro Etage immer 6 Magnete mehr!
          4. Etage = $9 + 8 + 7 = 24$ (die Differenz)
          5. Etage = $11 + 10 + 9 = 30$

   f(Magnete in einer Etage, n) = $(2n + 1) + 2n + (2n - 1)$

Die Form des Terms, der eben nicht zu $3n$ oder $6n$ vereinfacht wird, und die Tatsache, dass zuerst die Kugeln, dann die Magnete gezählt werden, lässt die Strategie erkennen: Offenbar werden jeweils ringförmig um die drei Seitenflächen der Pyramide herum in jeder der Etagen Kugeln und Magnete nacheinander erfasst.

Die Schüler profitieren davon, wenn sie bereits bei Teilaufgabe a) nicht einfach abgezählt haben, sondern eine Abzählstrategie bewusst verwendet haben. Oft findet man aber nur unkommentiert eine Tabelle wie diese:

1 Kugel   0 Magnete

3 Kugeln   6 Magnete

6 Kugeln   12 Magnete

insgesamt   1 + 3 + 6 Kugeln,   6 + 12 Magnete

Die Schlüsse, die nun aus den Anfangswerten gezogen werden, fallen daher unterschiedlich aus, wie die beiden folgenden Beispiele zeigen. Die an sich brauchbare Idee, die Veränderungen von Etage zu Etage zu betrachten, führt dann zu falschen Resultaten, wenn einfach eine numerische Gesetzmäßigkeit zwischen der zweiten und der dritten Zeile schematisch fortgesetzt wird, ohne auf den geometrisch-strukturellen Zusammenhang zu achten.

Lösungsweg 2: Übergang von einer zur nächsten Etage

Kohärenter Unterrichtsaufbau bedeutet hier, die Abhängigkeit der beiden Teilaufgaben a) und g) zu thematisieren. Dann sollte der Weg erkennbar werden, der vom strukturierten Zählen zum Gebrauch von Variablen führt.

2.4 Multiple Lösungswege geben Hinweise auf den Leistungsstand

Werden multiple Lösungswege im Unterricht offengehalten, können die Lehrkräfte erkennen, welche gedankliche Substanz von einzelnen Lernenden aufgebracht wird. Dieser Gedanke wurde bereits in Kap. 2, s. S. 96 entfaltet. Solches Vorgehen setzt professionelles Wissen der Art voraus, dass die Lehrkraft selbst über die unterschiedlichen Lösungsmöglichkeiten einer Aufgabe und – allgemeiner – über die unterschiedlichen Darstellungsmöglichkeiten eines Begriffs oder Verfahrens Bescheid wissen muss. Auf dieser Basis hat dann die Bewertung der Lösungswege und auch die Offenlegung der Bewertungskriterien im Unterricht zu erfolgen.

Für das Problem der Bewertung individueller Lösungswege gibt es in der didaktischen Literatur praktikable Ansätze. GALLIN/RUF (1993) schlagen ein Gewichtungssystem vor, um zu berücksichtigen, ob Schüler sich lieber sprachlich-reflektierend oder in Form mathematischer Darstellungen äußern wollen. BECKER/SHIMADA (1997) nehmen eine a-priori-Bewertung unterschiedlicher Lösungswege vor, je nachdem, welche kognitive Tiefe die Lehrkraft einzelnen Lösungswegen geben will. Illustrativ sind hierfür zwei Schülerlösungen zur folgenden Beispielaufgabe, die offenbar die Kompetenz *Probleme lösen* anspricht:

Raute

Von einer Raute (= Rhombus) ist ihr Flächeninhalt bekannt: 120 cm2. Die Seitenlängen und die Längen der beiden Diagonalen sind ganzzahlig (gemessen in cm). Kannst du eine Raute mit diesen Angaben eindeutig konstruieren? Wenn nein, warum nicht?

Aufgaben dieser Art kann man „Umkehraufgaben" nennen (NEUBRAND 2002), denn die Aufgabenstellung verläuft gegen die üblicherweise eingenommene Denkrichtung, von einer vorgegebenen Figur den Flächeninhalt zu bestimmen. Hier ist es „umgekehrt". Solche Aufgaben sind prinzipiell für das Beschreiten multipler Lösungswege gut geeignet. Insbesondere provozieren sie Probier-Strategien und damit individuelle Lösungsansätze.

Zwei Schüler einer 9. Klasse beschreiten unterschiedliche Wege. Schüler 1 kommt nicht zur korrekten Lösung. Beide Schüler sind aber in der Lage, sich einer offenen Problemsituation zu stellen; sie zeigen ein durchaus problembezogenes Verständnis mathematischen Arbeitens.

Beide Schüler zeigen im ersten Zugriff gleichermaßen flexibles Denken und setzen, wie offenbar durch die Aufgabenstellung erwartet, die Strategie des Probierens ein. Sie geben also nicht auf, sobald sie erkennen, dass mit einer einschlägigen Standardmethode dem Problem nicht beizukommen ist.

Lösungsweg 1: zwei Dreiecke, probieren

Flächeninhalt der Raute = 120 cm²

Da eine Raute, in der Mitte geteilt, zwei Dreiecke ergibt, habe ich versucht anhand eines Dreieckes das Ergebnis zu bekommen.

1 Dreieck = 60 cm²

Jetzt habe ich durch Probieren die Höhe und Breite des Dreieckes herausgefunden

Formel: $\frac{h \cdot b}{2}$ = Dreiecksfläche

$$\frac{10 \cdot 12}{2} = 60 \text{ cm}^2$$

Jetzt weiß ich die Längen der beiden Diagonalen! Ich muss die Höhe doppelt nehmen, da ich 2 Dreiecke habe

Da ich die beiden Diagonalen weiß, kann ich die Raute konstruieren.

Seitenlänge: 12 cm
Diagonalen: 20 cm und 12 cm

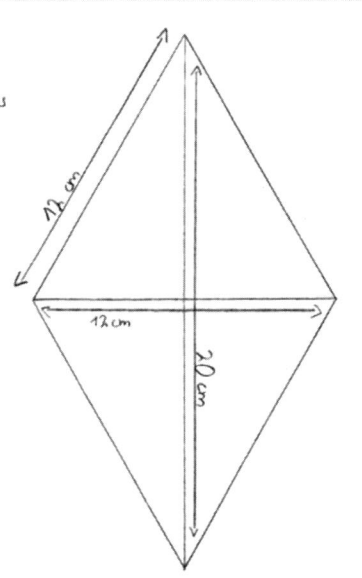

Lösungsweg 2: Raute im Rechteck, probieren

Um eine Raute mit dem Flächeninhalt 120 Quadratzentimeter auszurechnen, wo aber die beiden Diagonalen wie die Seitenlängen ganzzahlig sein müssen, habe ich mir gedacht, dass ein Rechteck mit einem Flächeninhalt von 240 Quadratzentimetern Platz für eine Raute mit dem Flächeninhalt von 120 Quadratzentimetern hätte, also fing ich an zu probieren.

Zuerst nahm ich ein Rechteck mit den Maßen 20 mal 12 cm, dieses ergab aber keine ganzzahligen Linien. Anschließend versuchte ich es mit den Maßen 24 mal 10, und so stieß ich auf mein Endergebnis.

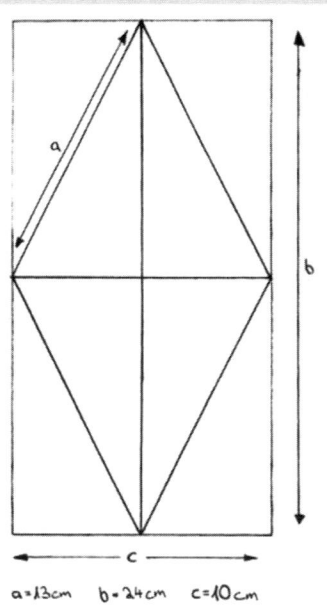

a = 13 cm   b = 24 cm   c = 10 cm

Der erste Schüler bricht sein probierendes Vorgehen jedoch ab, sobald er ein Teilergebnis gefunden hat. Er misst dann offenbar in der Zeichnung ab; bei ungenauem Ablesen kann man durchaus auf den ganzzahligen Wert 12 cm für die Seite der Raute kommen.

Für den zweiten Schüler hingegen scheint es klar, dass man mehr als einmal probieren muss, um alle Bedingungen zu erfüllen. Die erstgenannte Lösung zeigt somit weniger tiefes Eindringen in die Struktur des Problems.

Um den Wert alternativer Lösungswege zu beurteilen, kann man sicher keine allgemeinen Regeln aufstellen. Dies hängt zu sehr von der Einzelaufgabe ab und auch von den für die Schüler jeweils vorhandenen gedanklichen „Werkzeugen" (vgl. erneut Kap. 2, s. S. 96). Aber als Orientierung können dienen: Eine allgemeine Strategie kann höher als Rechnungen für den Einzelfall bewertet werden; mehrere Aspekte zu berücksichtigen ist anspruchsvoller als eindimensionales Vorgehen; die Bedeutung des Gegenstands erfasst zu haben, ist wertvoller, als nur syntaktische Aspekte zu berücksichtigen; mehrere Darstellungsmethoden zu verwenden ist wertvoller als das Verbleiben in einem Modus; usw. Damit gilt diese Funktion multipler Lösungswege für die Feststellung des Leistungsstandes:

- Multiple Lösungswege können je nach ihrem kognitiven Anspruch bewertet werden. So lassen sie eine Einschätzung des jeweiligen Leistungsstandes von Schülern zu.

Solche Bewertungen der verschiedenen Lösungswege sind von den Lehrkräften vorab vorzunehmen. Die Grundlage dafür ist eine Analyse des prinzipiell möglichen Lösungsspektrums der Aufgabe und der jeweils aktivierten allgemeinen mathematischen Kompetenzen. Das setzt Fachwissen, vor allem aber Kenntnisse über die bei den Schülern zu beobachtenden Denkweisen voraus.

Die Bewertung der Lösungswege, die in der ganzen Klasse gezeigt werden, kann zudem zeigen, welche kognitiven Leistungen bereits vorhanden sind bzw. woran ggf. weiter im Unterricht didaktisch zu arbeiten ist. Solche Einschätzung des Leistungsspektrums einer ganzen Klasse kann sich etwa daran orientieren, ob die beobachteten Lösungswege auf gleichem oder unterschiedlichen kognitiven Niveaus liegen, ob sie von den mathematischen Ansätzen her gleich oder verschieden sind, ob Lösungsstrategien verständlich dargestellt werden können oder ob nur blanke Ergebnisse berichtet werden, usw. Die in den Bildungsstandards definierten Anforderungsbereiche der allgemeinen mathematischen Kompetenzen können einen Anhaltspunkt bieten, wie beim Auftreten einzelner Kompetenzen der kognitive Anspruch eingeschätzt werden kann. Eine Aufgabenanalyse, die sich auf den Einzelfall beziehen muss, ersetzen sie jedoch nicht.

Literatur

BAUMERT, J./LEHMANN, R./LEHRKE, M./SCHMITZ, B./CLAUSEN, M./HOSENFELD, I./KÖLLER, O./ NEUBRAND, J. (1997): TIMSS - Mathematisch-naturwissenschaftlicher Unterricht im internationalen Vergleich: Deskriptive Befunde. Opladen: Leske & Budrich.

BECKER, J. P./SHIMADA, SH. (Eds.) (1997): The open-ended approach – A new proposal for teaching mathematics. Reston (VA): NCTM .

BLK – Bund-Länder-Kommission für Bildungsplanung und Forschungsförderung (Hrsg.) (1997): Gutachten zur Vorbereitung des Programms „Steigerung der Effizienz des mathematisch-naturwissenschaftlichen Unterrichts" (= BLK – Materialien zur Bildungsplanung und Forschungsförderung, Heft 60). Bonn: BLK.

GALLIN, P./RUF, U. (1993): Sprache und Mathematik in der Schule: Ein Bericht aus der Praxis. Journal für Mathematik-Didaktik 14, S. 3–33.

NEUBRAND, M. (1986): Aspekte und Beispiele zum Prozesscharakter der Mathematik. Beiträge zum Mathematikunterricht, S. 25–32.

NEUBRAND, J. (2002): Eine Klassifikation mathematischer Aufgaben zur Analyse von Unterrichtssituationen - Selbsttätiges Arbeiten in Schülerarbeitsphasen in den Stunden der TIMSS-Video-Studie. Hildesheim: Franzbecker.

NEUBRAND, J./NEUBRAND, M. (1999): Effekte multipler Lösungsmöglichkeiten: Beispiele aus einer japanischen Mathematikstunde. In: Selter, C./Walther, G. (Hrsg.): Mathematikdidaktik als design science – Festschrift für Erich Christian Wittmann (S. 148–158). Leipzig, Stuttgart, Düsseldorf: Ernst Klett Grundschulverlag.

WITTMANN, E. CH. (1995): Aktiv-entdeckendes und soziales Lernen im Rechenunterricht – vom Kind und vom Fach aus. In: Müller, G. N./Wittmann, E. Ch. (Hrsg.): Mit Kindern rechnen (= Beiträge zur Reform der Grundschule, Bd. 96), Frankfurt am Main: Arbeitskreis Grundschule, S. 10–41.

WEINERT, F. E. (2000): Lehren und Lernen für die Zukunft - Ansprüche an das Lernen in der Schule. Vortrag 29. März 2000, Pädagogisches Zentrum Bad Kreuznach. Quelle: http://pz.bildung-rp.de/pn/pn2_00/weinert.htm#Bildungsziele (download Januar 2006).

3.   Typen von Aufgaben

Wilfried Herget

Geschlossene oder offene Aufgaben, rechnerisch-symbolisch oder textorientiert, mit freier Antwort oder Multiple-Choice, vertraute Reproduktion oder anspruchsreiches Problemlösen – die Vielfalt an Aufgabenformaten und -typen erweist sich bei genauerem Hinsehen als ausgesprochen reichhaltig. In diesem Beitrag soll ein Überblick gegeben werden, strukturiert vor allem nach der äußeren Gestaltung der Aufgaben und nach den verschiedenen Schülertätigkeiten.

3.1 Überblick

Lern- und Leistungsaufgaben im Schulbuch und im Unterricht sind häufig Aufgaben mit einer präzisen und eindeutigen Aufgabenstellung, bei denen eine ebenso eindeutige Lösung erwartet wird, so genannte geschlossene Aufgaben. Vielfach sind sie vom Typ „Berechne ..." oder „Löse ...". Die Antwort besteht dabei regelmäßig in einer Zahl oder einer Größe, und dieses Ergebnis zählt, für alle Beteiligten. Derartige Aufgaben ermöglichen es den Schülerinnen und Schülern, in vertrauten Bahnen Fähigkeiten und Fertigkeiten zu trainieren und so auf dieser Basis auch mathematische Kompetenzen zu erwerben. Wenn solche Aufgaben sich allein mit *dem* Rechenverfahren aus den letzten Unterrichtsstunden bearbeiten lassen – dann werden damit vor allem, wenn nicht sogar ausschließlich, reine Rechen- und Verfahrensfertigkeiten angesprochen. Der Vorteil solcher Aufgaben ist, dass sie meist einfach zu variieren sind, sie sich leidlich gut einüben lassen und die Schülerlösungen durchweg recht schnell zu korrigieren sind. Dies ermöglicht eine hohe Übungsdichte – allerdings ist die Nachhaltigkeit des Erübten keineswegs gewährleistet, wenn das Erlernte allein mechanisch-rezepthaft angewendet wird.

Wohlgemerkt: Es gibt durchaus auch unter den geschlossenen Aufgaben solche, die nachhaltiges Lernen eines breiten Kompetenzspektrums ermöglichen können. Auch viele der Aufgaben, bei denen das anspruchsvolle *Problemlösen* deutlich im Vordergrund steht, sind eigentlich eher „geschlossen".

Geschlossene Aufgabenformate allein reichen jedoch nicht aus, wenn es nicht allein um Fertigkeiten gehen soll, sondern auch um nachhaltiges Verstehen, Begreifen, Argumentieren usw. Geöffnete Aufgaben bieten hier gute Möglichkeiten, Kompetenzen in diesen Bereichen zu erweitern.

Eine Reihe solcher Aufgabentypen sind im Folgenden zusammengestellt:

▦ Einzeichnen, Ergänzen, Einsetzen
▦ Umkehraufgaben
▦ Aus Fehlern lernen
▦ Darstellungen verstehen
▦ Informationen verknüpfen, verarbeiten und interpretieren
▦ Ergebnisse darstellen
▦ Selbst Aufgaben stellen
▦ Foto-Fragen – Situationen mathematisch modellieren

Dieser Überblick orientiert sich vor allem an der äußeren Gestaltung der Aufgaben und an den verschiedenen Schülertätigkeiten. Eine andere Sicht würde bei den Aufgabentypen anders strukturieren, etwa nach „Einstiegsaufgaben", „Entdecken mathematischer Zusammenhänge", „Finden von Vorgehensstrategien", „Interpretieren von Ergebnissen" usw.

Die folgenden Beispiele und Wege zeigen, wie man – durch manchmal nur leicht veränderte Aufgabenstellungen – variantenreich üben kann (vgl. Kap. 2, S. 97) und darüber hinaus die Entwicklung der angesprochenen Fähigkeiten und Kompetenzen sowohl entwickeln und fördern als auch überprüfen kann.

3.2 Einzeichnen, Ergänzen, Einsetzen – und Umkehraufgaben

Ein vom Format her (nicht notwendig vom Anspruch her) recht einfacher Aufgabentyp, der etwas mehr Kreativität fordert und etwas weniger auf Reproduktion baut, ist die Aufforderung, etwas in einer Zeichnung einzutragen – ein Beispiel dafür ist etwa die Aufgabe „Einheit auf der Zahlengeraden" (vgl. Kap. 1, s. S. 81) – oder in einer Rechnung zu ergänzen.

▦ In den Kästchen fehlen die Rechenzeichen. Ergänze sie so, dass die Aussage stimmt: 3 □ 5 □ 7 = 38.

Das Ergänzen von Rechenzeichen oder Zahlen unter vorgegebenen Bedingungen ist meist ungewohnt und führt so zu einer Form intelligenten Übens (vgl. Kap. 3, s. S. 113).

▦ Gib eine quadratische Gleichung an, die 0 und 3 als Lösung hat!

Wer dies erfolgreich bearbeiten kann, hat mehr gelernt – zumindest auch anderes – als beim alleinigen Lösen einer quadratischen Gleichung: Hier geht es nicht allein um das Abarbeiten eines gelernten Verfahrens, sondern um das *Verstehen* des Zusammenhangs zwischen Nullstellen einer quadratischen Gleichung und einer möglichen Darstellung des quadratischen Terms.

Bei diesen Aufgaben handelt es sich um typische *Umkehraufgaben:* Nicht das Ergebnis ist auszurechnen, sondern zu einem vorgegebenen Ergebnis ist – unter festen Randbedingungen – die (bzw. eine) zugehörige Aufgabe zu finden. Hier kommt man durch wiederholtes Probieren oder – je nach Leistungsvermögen – auch durch eine selbst entwickelte Strategie zum Ziel. Diese Differenzierungsmöglichkeit ergibt sich ganz von alleine.

Solche *Umkehraufgaben* haben eine tätigkeitsübergreifende Schlüsselfunktion im Lernprozess, die gar nicht hoch genug geschätzt werden kann. Sie lassen sich zu vielen Standardaufgaben bilden und bereichern sowohl Lern- als auch Leistungssituationen deutlich. Wichtig ist: Die Umkehraufgabe sollte im Allgemeinen möglichst zeitnah mit der Ursprungsaufgabe gestellt werden, weil beide Aufgabentypen sich wechselseitig ergänzen.

Aufgabenformate wie diese sind besonders für Lernsituationen, aber auch für Leistungssituationen gut geeignet (vgl. Kap. 1, s. S. 81) und finden sich zunehmend in Schulbüchern.

3.3 Ankreuz-Aufgaben, Multiple-Choice – und Erweiterungen

In Tests findet man häufig Ankreuz-Aufgaben und – im engeren Sinne – Aufgaben des Formats *Multiple-Choice*. Gut aufbereitet können sie beim Testen detaillierten Aufschluss über Fähigkeiten und Defizite geben und so eine Grundlage für ein individuelles Fördern bieten.

Das Folgende ist der Beginn einer Aufgabe aus der internationalen Schulleistungsstudie TIMSS 2 für Klasse 7/8:

Drei natürliche Zahlen

Christian hat versucht, drei aufeinanderfolgende natürliche Zahlen zu finden, deren Summe 81 ist.
Er hat folgende Gleichung aufgeschrieben: $(n - 1) + n + (n + 1) = 81$.

Wie geht die Aufgabe wohl weiter?
Üblich sind Fragen wie „Wie groß ist n?" oder „Berechne n." oder „Wie heißen die drei Zahlen?". Damit wird direkt ein – im Unterricht vielleicht gerade behandeltes – Lösungsverfahren angesprochen, das möglichst fehlerfrei abzuarbeiten ist.
Tatsächlich geht die TIMSS-Aufgabe jedoch anders weiter:

Drei natürliche Zahlen (Fortsetzung)

Wofür steht das n?
▨ Für die kleinste der drei natürlichen Zahlen.
▨ Für die mittlere der drei natürlichen Zahlen.
▨ Für die größte der drei natürlichen Zahlen.
▨ Für die Differenz zwischen der kleinsten und der größten der drei natürlichen Zahlen.

Diese Aufgabe kann gelöst werden, indem „gesehen" wird, dass sich der Term auf der linken Seite aus den Zahlen $n - 1$ (also kleinste Zahl), n (also mittlere Zahl) und $n + 1$ (also größte Zahl) zusammensetzt. Damit wird also geprüft, inwieweit die Schülerinnen und Schülern die Gleichung, und zwar insbesondere den linken Term, *lesen* und richtig *interpretieren* können. – Übrigens haben nur 21 % der deutschen Siebtklässler und 27 % der Achtklässler diese Aufgabe richtig gelöst, weltweit waren es 31 % bzw. 37 %.

Im Unterricht selbst, wo man ja auf Rückfragen eingehen und eine Frage bei Bedarf weiter erläutern kann, genügt dagegen eine Frage wie:

▨ Was hat Christian sich dabei wohl überlegt?

Einige der bekanntgegebenen TIMSS- und PISA-Aufgaben zeigen, wie man mit solchen Ankreuz-Aufgaben sinnvoll prüfen kann.

Halbes a

Wie kann man „die Hälfte der Zahl a" schreiben?
Kreuze jeweils an, ob die Antwort zutrifft.

$\frac{a}{2}$	ja	☐	nein	☐
$a - \frac{1}{2}$	ja	☐	nein	☐
$\frac{1}{2} \cdot a$	ja	☐	nein	☐
$a - \frac{a}{2}$	ja	☐	nein	☐
$0,5 \cdot a$	ja	☐	nein	☐
$a : \frac{1}{2}$	ja	☐	nein	☐
$\frac{1}{2} a$	ja	☐	nein	☐

Zu erkennen ist, wie die Alternativen gezielt die zu erwartenden Fehlstrategien widerspiegeln. So ist es durchaus möglich, auf wahrscheinlich zu Grunde liegende Fehler rückzuschließen. Bei $a - \frac{1}{2}$ etwa könnte man vielleicht meinen, vom Wert einer Variablen die Hälfte wegnehmen zu müssen – aber selbst beim halblauten Lesen sollte man bemerken, dass „a minus ein Halb" nicht das Gleiche meint wie „a minus die Hälfte der Zahl a". Bei $a - \frac{1}{2} \cdot a$ hingegen sind gewisse Denkschritte erforderlich; eine Kontrolle des eigenen Termverständnisses ist nötig. Übrigens wird $\frac{1}{2} a$ häufiger richtig gedeutet als $\frac{1}{2} \cdot a$, offenbar hat das Multiplikationszeichen eine leicht verunsichernde Wirkung. Eine ausführliche unterrichtsbezogene Analyse dieser – und weiterer – Aufgaben findet sich bei Cohors-Fresenborg/Sommer/Sjuts (2004).

In der deutschen PISA-Erhebung 2000 haben übrigens nur 13 % der 15-Jährigen alle sieben Antworten richtig angekreuzt.

Die folgende Aufgabe zeigt ebenfalls, wie mit einem solchen Ja-Nein-Ankreuz-Format gängige Fehlvorstellungen aufgegriffen werden können:

---

13 mal 24

Es soll $13 \cdot 24$ berechnet werden. Welche der Rechenwege sind richtig?
a) Kreuze jeweils an, ob die Antwort zutrifft.

a1)	$13 \cdot 20 + 13 \cdot 4$	ja	☐	nein	☐
a2)	$10 \cdot 20 + 10 \cdot 4 + 3 \cdot 4$	ja	☐	nein	☐
a3)	$20 \cdot 10 + 3 \cdot 4$	ja	☐	nein	☐
a4)	$20 \cdot 10 + 4 \cdot 10 + 20 \cdot 3 + 4 \cdot 3$	ja	☐	nein	☐
a5)	$20 \cdot 13 + 4$	ja	☐	nein	☐

Die Aufgabe kann dazu anregen, Fehlvorstellungen im Zusammenhang mit Termen im Unterricht zu thematisieren und zu klären (Vertiefende Wiederholung im Umgang mit Termen). Dazu muss dieses zunächst enge Falsch-Richtig-Format anschließend geöffnet werden:

---

13 mal 24 (Fortsetzung)

b) Wie sind diese Rechnungen wohl zu Stande gekommen?
Welche Fehler wurden bei den falschen Lösungswegen gemacht?

Schließlich kann die Klasse sogar selbst derartige Aufgaben entwerfen:

---

13 mal 24 (Fortsetzung)

c) Entwickle selbst eine ähnliche Aufgabe mit geeigneten falschen und richtigen Antwort-Alternativen. Überlege dir deren Reihenfolge.

Wer selbst eine Aufgabe entwickelt oder variiert (vgl. Kap. 1), lernt mehr – zumindest auch anderes – als beim alleinigen Bearbeiten einer solchen Aufgabe. Das gilt übrigens auch für uns als Lehrpersonen.

Grundsätzlich sind alle diese öffnenden, zum *Argumentieren* und *Kommunizieren* anregenden Fragen sowohl für Lern- als auch für Leistungssituationen geeignet.

3.4 Aus Fehlern lernen – Falsches begründet richtigstellen

Sehr bewährt hat sich auch, falsche oder überraschende Lösungen in einem fiktiven Gespräch darzulegen und zum Kommentieren aufzufordern:

---

13 mal 24 (Fortsetzung)

d) Klaus: „$13 \cdot 24$? Da rechne ich $10 \cdot 20 + 3 \cdot 4$!"
Was meinst du dazu? Nimm Stellung und begründe deine Meinung.

Kritisch-konstruktiv mit Fehlern umzugehen, ist ein wichtiges Ziel für den Mathematikunterricht – und oft fällt es leichter und/oder macht mehr Spaß, einen

Fehler aufzudecken und begründet richtigzustellen als „nur" immer richtig rechnen zu müssen. Grundsätzlich geht es dabei immer (auch) um die Kompetenzen *Argumentieren* und *Kommunizieren*.

Gleichung

a) Die Gleichung $3x + 5 = 27$ wurde folgendermaßen gelöst:

$$3x + 5 = 27 \quad | : 3$$
$$x + 5 = 9 \quad | -5$$
$$x \quad\;\; = 4$$

Untersuche die Lösungsschritte und entscheide, ob das Ergebnis richtig oder falsch ist. Korrigiere gegebenenfalls.

Wer als Schüler allerdings nicht gewohnt ist, vorgelegte Lösungen auf Richtigkeit zu prüfen, wird hier dazu neigen, einfach „wie üblich" selbst zu rechnen und die eigene (hoffentlich richtige) Lösung mehr oder weniger isoliert danebenzustellen.

Schülerlösung 1

$$3x + 5 = 27 \quad | -5 \qquad \text{Der Rechenweg ist falsch}$$
$$3x = 22 \quad | : 3$$
$$x = 7{,}33^-$$

Schülerlösung 2

$$3x + 5 = 27 \quad | -5 \qquad \text{Die Lösung auf dem Blatt ist}$$
$$3x = 22 \quad | : 3 \qquad \text{falsch weil die richtige Lösung}$$
$$x = 7{,}3\overline{3} \qquad 7{,}3\overline{3} \; \text{ist}$$

Diese „Selber-Rechnen-Können-reicht"-Sicht verstellt auch den Blick darauf, dass eine Probe mit der vermeintlichen Lösung $x = 4$ bereits beantworten würde, ob das Ergebnis richtig oder falsch ist.

Erklärtes Ziel der Aufgabe ist, eine Analyse und Diskussion der einzelnen Schritte der vorgelegten „Lösung" anzustoßen, etwa im Sinne der folgenden Schülerbearbeitung:

Schülerlösung 3

$$3x + 5 = 27 \quad | : 3$$
$$x + 5 = 9 \quad | - 5$$
$$\underline{x \quad\quad = 4}$$

Wenn er geteilt Rechnet muss er
alle Zahlen teilen.
er hat die fünf nicht geteilt.

Die Erfahrungen zeigen jedoch, dass eine derartig differenzierte Auseinandersetzung mit der vorgelegten Lösung ausgesprochen selten ist, wenn ein solcher Aufgabentyp nicht bekannt ist. Dann gehört diese gezielte Fehlersuche in die anschließende unterrichtliche Aufbereitung, damit es nicht bei einer engen, ausschließlich automatisierten Fixierung auf „das" richtige Rechnen in „der" richtigen Reihenfolge bleibt, sondern der *Sinn* der einzelnen Schritte bewusst bleibt oder (wieder) wird. Nur so werden auch die Kompetenzen *Argumentieren* und *Kommunizieren* mit angesprochen.

Auch in der Zeitung finden sich regelmäßig Fehler (HERGET/SCHOLZ 1998), insbesondere im Bereich „Anteile und Prozente". Der folgende Ausschnitt ist schon so etwas wie ein Klassiker:

Schnellfahrer

Fuhr vor einigen Jahren noch jeder zehnte Autofahrer zu schnell, so ist es mittlerweile heute ‚nur noch' jeder fünfte. Doch auch fünf Prozent sind zu viele, und so wird weiterhin kontrolliert, und die Schnellfahrer haben zu zahlen.

Der Spiegel 41/1991, S. 352

Finde alle Fehler in diesem Zeitungsartikel.
Schreibe einen Leserbrief und stelle dabei jeden Fehler einzeln richtig.

Hier geht es nicht um das *Berechnen* von Prozentwert, Grundwert oder Prozentsatz – sondern um das grundlegende *Verstehen* des Zusammenhangs zwischen Prozentsätzen und Anteilen sowie um das *Erkennen* und *Richtigstellen* des zweiten Journalisten-Fehlers: Stammbrüche wie hier $\frac{1}{5}$ und $\frac{1}{10}$ werden falsch geordnet, wenn man nur die Nenner *als natürliche Zahl* betrachtet.

Schülerlösung

Jeder 5. Autofahrer ist nicht 5 % sondern 20 %.
~~Außerdem wenn jede~~ Außerdem ist jeder 5. Auto fahrer viel mehr als jeder 10. und nicht weniger.

Falsche Argumentationen zu entlarven, Fehler aufzudecken und Sachverhalte richtig zu stellen, Standpunkte mit Mathematik zu begründen – all das bedeutet auch, sich mit Mitteln der Sprache kritisch auseinanderzusetzen. Deshalb empfiehlt es sich, anfangs derartige Aufgaben in Partner- oder Gruppenarbeit im Unterricht bearbeiten zu lassen, die Ergebnisse im Klassengespräch zusammenzutragen und die Ausformulierung dann einmal als Hausaufgabe zu versuchen. Diese sollte ausführlich besprochen werden, verschiedene Wege (vgl. Kap. 2) sollten ihren Platz und ihren Wert erhalten.

Später ist es angebracht, Leserbrief-Formulierungen auch einzeln zu bewerten. Mit der Zeit kann sich so in der Klasse eine konstruktiv-kritische Auseinandersetzung mit fehlerhaften Zeitungsartikeln entwickeln, getragen von behutsam erarbeiteten Erfolgen beim sprachlich-mathematischen Argumentieren – welch erhebendes Gefühl ist es doch, den studierten Journalisten, den allwissenden Erwachsenen einen Fehler nachweisen zu können!

3.5 Darstellungen verstehen, Informationen verknüpfen, Ergebnisse darstellen

Mit vorgelegten Darstellungen verständig umgehen, darin enthaltene Informationen geeignet verknüpfen und das mathematische Ergebnis angemessen interpretieren – das sind wesentliche Fähigkeiten, die entsprechend auch in Aufgaben zu fordern sind, z. B. in folgender:

Rennbericht

Das Schaubild zeigt den Verlauf einer Segelboot-Wettfahrt von Marc und Philipp von Schiffdorf nach Nordholz. In Abhängigkeit von der Zeit wird die zurückgelegte Strecke angegeben:

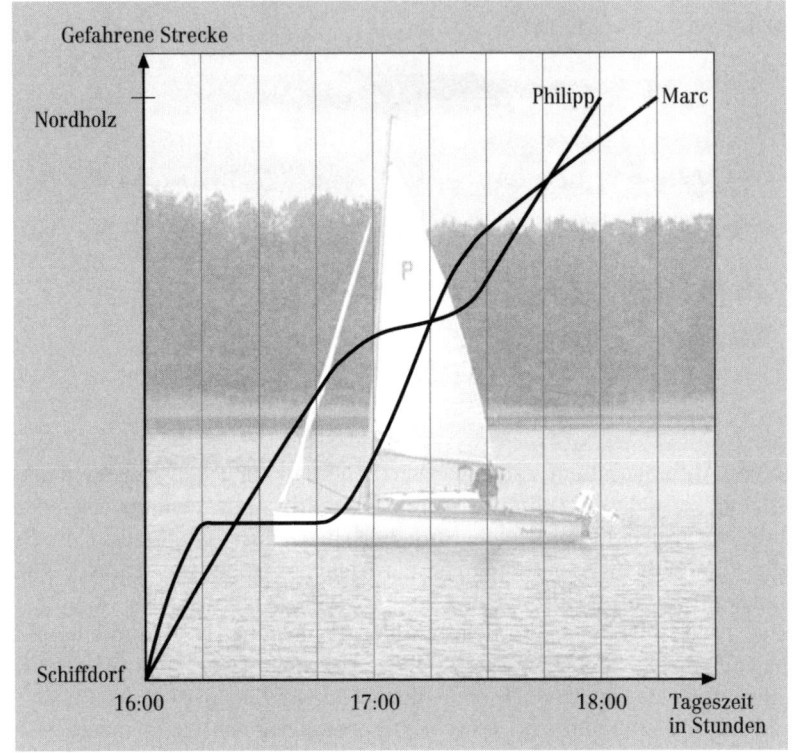

a) Schreibe dazu einen Bericht unter Verwendung folgender Begriffe: Reihenfolge und Abstand zwischen Marc und Philipp; Geschwindigkeit (niedrig, gleichmäßig, hoch); Beschleunigung; Überholvorgänge; Technischer Halt; Zieleinlauf.

Welche Schlagzeile verwendest du für deinen Bericht?

In dieser Aufgabe geht es vor allem um das Lesen, Auswerten und Interpretieren von Graphen (Kompetenz *Darstellungen verwenden*). Die Informationen sollen verbalisiert (Kompetenz *Kommunizieren*) und schließlich so komprimiert werden, dass daraus eine aussagefähige Schlagzeile entsteht. Verzichtet man auf die Aufzählung der zu verwendenden Begriffe, wird die Aufgabe natürlich offener.

Das folgende Beispiel zeigt, wie eine eng gefasste Ankreuz-Variante zu diesem Schaubild aussehen könnte.

Rennbericht (Fortsetzung)

b) Kreuze jeweils an, ob die Antwort zutrifft.

    b1) Philipp überholt Marc zweimal.   ja ☐   nein ☐

    b2) Philipp überholt Marc dreimal.   ja ☐   nein ☐

    b3) Marc überholt Philipp zweimal.   ja ☐   nein ☐

    b4) Über Überholvorgänge kann man keine Aussage machen.   ja ☐   nein ☐

    b5) Marc gewinnt dieses Rennen.   ja ☐   nein ☐

    b6) Über einen Sieger kann man keine Aussage machen.   ja ☐   nein ☐

    b7) Philipp hat einmal gehalten.   ja ☐   nein ☐

    b8) Marc ist ohne Halt durchgefahren.   ja ☐   nein ☐

Bei dieser Variante steht die Kompetenz *Darstellungen verwenden* noch stärker im Blickpunkt, dagegen wird die Kompetenz *Kommunizieren* kaum mehr angesprochen.

Entsprechend gilt es, textliche und/oder grafische Informationen aus Balken- oder Kreisdiagrammen zu verstehen, geeignet mathematisch zu verarbeiten und für die Ergebnisse schließlich eine geeignete Darstellung zu wählen:

Milchdiagramm

Wie viel Gramm Eiweiß sind in einem Glas Milch (200 g) enthalten?

Wie viel Gramm Wasser sind in einem Glas Milch (200 g) enthalten?

Wie viel Liter Wasser sind in einem Glas Milch (200 g) enthalten?

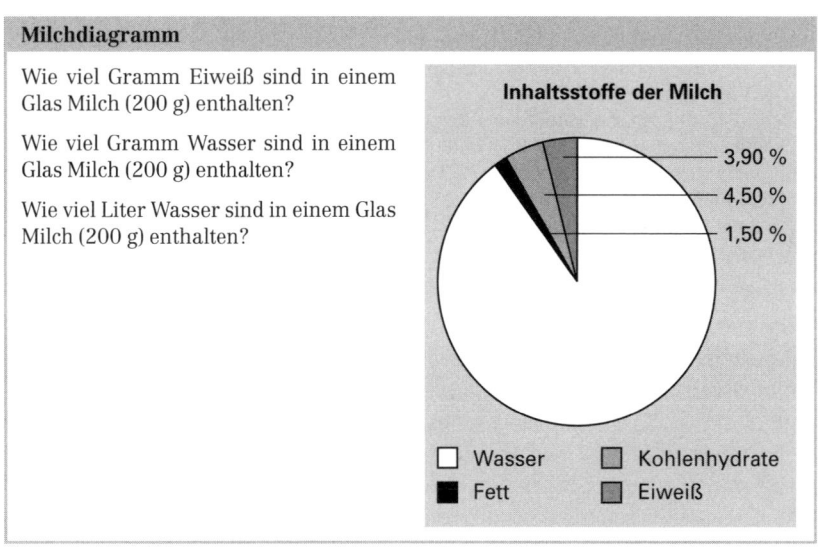

Zunächst muss aus der Abbildung der Prozentsatz für das Eiweiß entnommen und der Prozentsatz für das Wasser ermittelt werden; dies bedeutet, mathematische *Darstellungen verwenden* und ihnen Informationen entnehmen zu können. Anschließend müssen die entsprechenden Prozentwerte für 200 g Milch berechnet und in die jeweilige Größenangabe umgerechnet werden, eher eine Standardaufgabe aus dem Bereich *Probleme lösen*.

Haustiere

Aus einer Zeitungsmeldung vom 29. April 2005:

Immer mehr Haustiere in Deutschland

Die Deutschen halten immer mehr Haustiere. Von 2004 bis 2005 hat
die Zahl der Hunde, Katzen, Vögel und Kleintiere (ohne Zierfische und
Terrarientiere) um 1,3 Prozent auf 23,1 Millionen zugenommen. Die
Hundepopulation stieg um sechs Prozent auf 5,3 Millionen Tiere, die
Zahl der Katzen um 2,7 Prozent auf nunmehr 7,5 Millionen. Ein Minus
wurde dagegen bei Vögeln konstatiert, hier sank die Zahl um 8,7 Prozent auf 4,2 Millionen. Die meisten Haustiere haben der Statistik zufolge die 40- bis 49-Jährigen, sie stellen 25 Prozent der Tierbesitzer.
Immerhin 24 Prozent und damit Fast-Spitzenreiter sind die Senioren
im Alter über 60 Jahren.

AFP

---

a) Wie viele Vögel und wie viele Hunde gab es im Jahr 2004 in Deutschland?

b) Stelle die Anzahl der Hunde, Katzen, Vögel und Kleintiere im Jahr 2005 in einem
Kreisdiagramm dar.

c) Enthält der Artikel genügend Informationen, um die Anzahl der Kleintiere im
Jahr 2004 zu berechnen? Begründe.

d) Michael sagt: „Auf jeden Vierten der etwa 80 Millionen Bundesbürger, d. h., etwa
20 Millionen haben ein Haustier." Christina hält diese Aussage für falsch.
Finde Argumente für Christina. Erläutere das Problem gegebenenfalls an einem
selbst gewählten Beispiel.

Während a) allein auf Textverständnis abzielt und b) eine eher vertraute Aufgabenstellung sein dürfte, fordert c) eine grundlegende Reflexion des Pro-
blemfeldes auf der Basis des gesamten Textes. In d) schließlich taucht wieder
eine fiktive, auffordernde Gesprächssituation auf – ein Aufgabenformat, das
sich (wie oben bereits beschrieben) sehr bewährt hat, um kritisches Argumentieren anzustoßen.

3.6 Selbst Aufgaben stellen lassen

Statt „nur" immer Aufgaben lösen zu lassen, kann es einmal sinnvoll sein, die
Schülerinnen und Schüler selbst eine Aufgabe entwickeln zu lassen. Ähnlich
wie bei den oben beschriebenen *Umkehraufgaben* lässt sich dabei mehr, anders und anderes lernen.

Urlaub im Ausland

Die Grafik zeigt, wie viel die Deutschen bei ihrem Urlaub im Ausland von 1998 bis 2004 jeweils ausgegeben haben (Angaben in Milliarden Euro).

a) Überprüfe den Text unter der Grafik. Was fällt dir auf?

b) Formuliere drei Fragen, die sich mit dieser Grafik beantworten lassen. Gib zu diesen Fragen jeweils eine Antwort an.

Urlauber geben mehr Geld aus

Deutsche Reiseausgaben (im Ausland in Mrd. €)

48,9 52,6 57,4 58,0 55,5 57,2 58,0

1998 1999 2000 2001 2002 2003 2004

Die Bundesbürger lassen sich ihren Urlaub etwas kosten: In den vergangenen sechs Jahren sind ihre Ausgaben im Ausland um fast 10 % gestiegen.

Quelle Deutsche Bundesbank/Dresdner Bank, BAT Freizeit Forschungsinstitut

Ein entsprechendes Vorgehen wäre auch zu der Zeitungsmeldung und zu der Grafik in den beiden vorhergehenden Aufgaben denkbar.

3.7 Foto-Fragen – Situationen mathematisch modellieren

Ausgehend meist von einem Foto, ist eine Situation mathematisch zu bearbeiten. In der Regel sind dabei zusätzliche, vereinfachende Annahmen zu machen und für die weitere Rechnung notwendige Größen zu schätzen (HERGET/JAHNKE/KROLL 2001; HERGET/KLIKA 2003, BÜCHTER/HERGET/LEUDERS/MÜLLER 2006). Dies ist durchaus typisch für Probleme, wie sie sich jenseits der Schule im Alltag oder später im Beruf stellen.

Der Fußball-Globus

Ein begehbarer Fußball-Globus machte bis zur Fußball-Weltmeisterschaft 2006 eine Reise durch alle zwölf Austragungsorte der Weltmeisterschaft. In diesem Riesenfußball fanden Veranstaltungen unter dem Motto „Kulturfestival im WM-Globus" statt. Der überdimensionierte Fußball war nachts erleuchtet und stellte dann eine Weltkugel dar.

a) Wie groß wäre ein entsprechender Fußballspieler, der mit diesem Ball spielen würde?
Beschreibe, wie du vorgegangen bist.

b) Wie lang wäre ein entsprechendes Spielfeld, wenn man mit diesem Fußball spielen würde?
Beschreibe, wie du vorgegangen bist.

Der Fußball-Globus (Fortsetzung)

Der riesige Uwe-Seeler-Bronzefuß
begrüßt die Fans am Eingang der
Hamburger Fußball-Arena.
Dieser Bronzefuß ist 3,50 m hoch,
2,30 m breit, 5,50 m lang und
wiegt 1,5 Tonnen.
Derzeit wird geprüft, ob die Skulp-
tur als größter Fuß der Welt in das
Guinness-Buch der Rekorde aufgenommen werden kann.
c) Passt die Größe dieses Fußes zu
dem Fußballspieler aus Aufgabe a)?

Zunächst ist eine solche Aufgabe sehr ungewohnt. Die Situation ist wenig
strukturiert, das zu verwendende mathematische Werkzeug ist nicht vorgegeben – und es fehlen offenbar notwendige Informationen: Wie groß ist der Fußball-Globus? Wie groß ist ein normaler Fußball? Beides muss geschätzt oder
recherchiert werden. Die Antwort zu a) ergibt sich dann durch schlichten
Dreisatz. So gelangt man recht schnell zu einer guten Näherungslösung.

Bei den folgenden Schülerlösungen war vorab an einem üblichen Fußball
der Umfang mit 70 cm gemessen worden.

Schülerlösung 1

Der Ball ist 10 m groß. Wir haben uns nach der 2 m hohen Tür orientiert.
Ein normaler Fußballer ist ca. 1,70 cm groß. Der Fußball ist 22 cm groß.

Rechnung: U = 70 cm : π = 22 cm

Jetzt haben wir 1,70 cm : 0,22 cm · 10 m
gerechnet.
Das Ergebniss ist 77,26 m.

D.h.: Der Fußballer, der mit dem 10 m hohen Fußball spielen soll muss
ca. 77,26 m groß sein.

Der Fuß kann dem großen Spieler nicht gehören da er zu klein ist.

Rechnung: 1,80 cm : 25 cm = 7,2 cm
77,26 cm : 5,50 cm = 14,04

77,26 : 7,2 = 10,73 cm

D.h.: Der Fuß des großen Spielers muss 10,73 cm groß sein.

Der fehlerhafte Umgang mit den Längeneinheiten in diesem Beispiel sollte spätestens mit dem Abschlusssatz auffallen. Es ist denkbar, diese Lösung aufzugreifen und als Aufgabe im Sinne des Lernens aus Fehlern zu verwenden.

Die Ergebnisse werden zunächst durchweg – wie auch in diesem Beispiel – mit einer viel zu hohen Genauigkeit angegeben. Die Diskussion über die regelmäßig weit auseinander liegenden Ergebnisse innerhalb einer Klasse sollte dann zu einer angemessenen „Bescheidenheit" führen – im Sinne eines Bescheidwissens über die bei derartigen Aufgaben grundsätzlich unvermeidbare Ungenauigkeit der Ergebnisse.

Neben meist einfachen Fertigkeiten werden zentrale Ideen wie die des *Messens*, des Approximierens und immer wieder die Leitidee *Raum und Form* und die Idee der Linearisierung genutzt, siehe auch die „Forschungsaufgabe Seifenblase" in Kap. 1, s. S. 92.

Schülerlösung 2

Schülerlösung (Fortzetzung)

Es passt nicht hin den der Fuß von Uwe musste ca. 12
damit es passt

Ich bin 1,75
mein Fußlänge 28 } das Verhältnis 175 : 28 = 6,25

Dann dividieren wir den riesen mit der verhältnis
78,: 6,25 = 12m

also passt es nicht hin da der
Fuß von Uwe Seeler 5,80 meter ist

Bei der Lösung solcher Aufgaben können die Schülerinnen und Schüler entscheiden (lernen), wie sie die Situation strukturieren, idealisieren und mathematisieren und welches Verfahren sie jeweils wählen. Sie können eigenständig suchen, auswählen, schätzen, interpretieren und bewerten (lernen). Damit spricht eine solche Aufgabe im Verlauf des Lösungsprozesses sehr viele unterschiedliche mathematische Kompetenzen an.

Und bei all dem gibt es *nicht* den *einen* richtigen Weg, *nicht* die *eine* richtige Antwort – die Aufgaben sind vielmehr so, dass sie ganz gezielt mehr als eine Lösung fordern, ja sogar sehr unterschiedliche Lösungsideen zulassen. Interessant ist, dass sich solche Aufgaben oft für einen Einsatz bereits in frühen Jahrgangsstufen eignen, bevor die eigentlich „richtigen" mathematischen Inhalte Gegenstand des Unterrichts sind.

Insbesondere beim Einsatz einer solchen Aufgabe im Unterricht verändert sich die Rolle der Lehrkraft: Sie ist weniger der „Wissenslieferant", sie wird eher zum „Wissensmoderator". Zunehmend wichtig wird, die Lösungsansätze der Schüler sorgfältig zu beobachten, ihre Arbeit gezielt anzuregen und zu begleiten – und schließlich in der Gruppe und im Klassengespräch die verschiedenen Lösungsstrategien zu reflektieren und die darin enthaltenen zentralen Ideen umfassend aufzuzeigen. Dabei gilt es immer wieder, angesichts der bewusst offenen Situationen und vielfältigen Lösungsprozesse dennoch den „Roten Faden" im Unterricht deutlich werden zu lassen.

Gefragt sind, deutlich stärker als bei der Bearbeitung von Standardaufgaben, Argumente statt Algorithmen:

- ein souveränes Umgehen sowohl mit Informationsfülle als auch mit Informationsdefiziten,
- eine saubere, kreative Recherche und eigenständige Idealisierung,
- ein Gefühl für Größenordnungen und Abschätzungen,
- das Unterscheiden in wichtig und unwichtig, in richtig und fragwürdig,

– die Wahl jeweils geeigneter mathematischer Werkzeuge,
– das Einbauen und Vernetzen in einen Bestand von Kenntnissen, die man sich selbst aneignet,
– das Kommunizieren mit anderen, das Argumentieren und Reflektieren an unterschiedlichen Lösungsansätzen entlang und
– das geschickte Zusammenstellen der Informationen und Ergebnisse für andere.

Literatur

BÜCHTER, A./HERGET, W./LEUDERS, T./MÜLLER, J. (2006): Die Fermi-Box. Materialien für den Mathematikunterricht Sek. I. Erscheint bei: Kallmeyer, Seelze.

COHORS-FRESENBORG, E./SJUTS, J./SOMMER, N. (2004): Komplexität von Denkvorgängen und Formalisierung von Wissen. In: Neubrand, Michael (Hrsg.): Mathematische Kompetenzen von Schülerinnen und Schülern in Deutschland. Vertiefende Analysen im Rahmen von PISA 2000. Wiesbaden, S. 109–144.

HERGET, W./JAHNKE, T./KROLL, W. (2001): Produktive Aufgaben für den Mathematikunterricht in der Sekundarstufe I. – Cornelsen, Berlin.

HERGET, W./KLIKA, M. (2003): Fotos und Fragen. Messen, Schätzen, Überlegen – viele Wege, viele Ideen, viele Antworten. – In: mathematik lehren, Heft 119, S. 14–19.

HERGET, W./SCHOLZ, D. (1998): Die etwas andere Aufgabe – aus der Zeitung. Mathematik-Aufgaben Sek. I. – Kallmeyer, Seelze.

4.   Realitätsbezüge

Timo Leuders, Dominik Leiß

Mathematik lebt auch von ihren Bezügen zur Realität. Sie liefert insbesondere vielfältige Modelle zur Beschreibung realer Phänomene in unserer natürlichen und technischen Umwelt.
Im folgenden Beitrag sollen diese Bezüge zwischen Mathematik und Realität anhand eines Spektrums von realitätsbezogenen Aufgaben näher beleuchtet werden. Dabei beschreiben die verwendeten Aufgaben verschiedene Aspekte des Realitätsbezugs ebenso wie die vielfältigen Kompetenzen, die im Rahmen der Anwendung mathematischer Modelle entwickelt werden können.

4.1 Mathematik und Realität

Jeder, der Mathematik betreibt – ob nun Schüler oder Wissenschaftler –, kommt nicht umhin, irgendwann zu bemerken, dass sie ein interessantes Doppelleben führt: Auf der einen Seite dient Mathematik dazu, Situationen der uns umgebenden Umwelt zu erfassen, zu beschreiben und zu klären, Phänomene zu verstehen oder gar vorherzusagen. Andererseits geht man in der Mathematik mit abstrakten Ideen und gedanklichen Strukturen um, z. B. mit Variablen. Die Gegenstände der Mathematik sind also sowohl abstrakte Ideen als auch Modelle zur Beschreibung konkreter Wirklichkeit – und das meist sogar zugleich. Der Mathematikunterricht muss Schülern beide Seiten der Mathematik erfahren lassen. Sie sollen erfahren, wie man abstrakte Muster untersucht und Strukturen aufklärt, wie z. B. Zusammenhänge zwischen Winkeln oder Gesetzmäßigkeiten in Zahlenfolgen. Sie müssen sich aber ebenso immer wieder mit realitätsbezogenen Problemen und Situationen auseinandersetzen, zu deren Erfassen und Verstehen die Mathematik ein mächtiges Werkzeug darstellt. Dies ist der Gehalt der Grunderfahrungen, wie H. WINTER sie für den Mathematikunterricht fordert (vgl. Kap. 1, s. S. 21)

Die Art und Weise, wie im Unterricht Mathematik und Realität aufeinandertreffen, bestimmt gewichtig mit, welches Bild Schüler von der Mathematik entwickeln. Die Anwendung der Mathematik auf Realsituationen ist geprägt von einer Vielzahl von Tätigkeiten: Schüler sollen im Unterricht die Macht, aber auch die Grenzen mathematischer Modelle erfahren, sie sollen bestehende Modelle anwenden und bewerten, aber auch selbstständig Modelle aufstellen und nutzen. Sie sollen die mit einem mathematischen Modell gewonnenen Lösungen interpretieren und schließlich bewerten, ob das gestellte Problem mit diesem Modell wirklich angemessen gelöst wurde. All diese Tätigkeiten gehören zum *mathematischen Modellieren* (vgl. Leuders/Maaß 2005, Blum/Leiß 2005 und die Beschreibung der Kompetenz Modellieren, in Kap. 2, s. S. 33). Natürlich müssen diese Tätigkeiten nicht in jeder Aufgabe in ihrer ganzen Breite angeregt werden – auch Teilprozesse des Modellierens können durch Aufgaben und deren Behandlung gefördert werden.

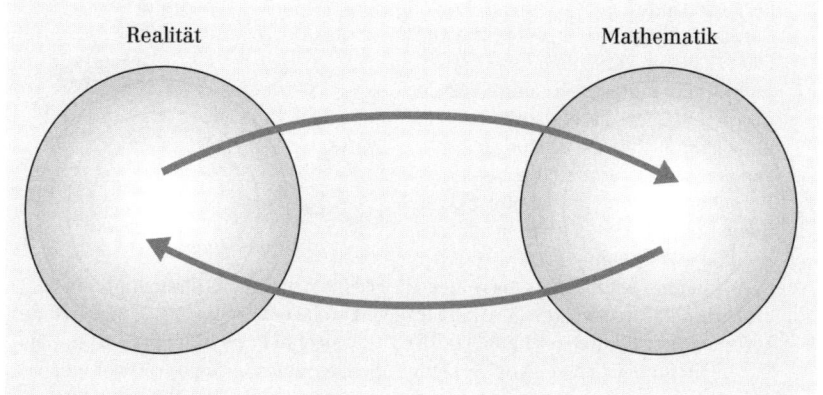

Damit Schüler solche Erfahrungen machen können, braucht es zwei Voraussetzungen: Die Aufgaben, die sie bearbeiten, müssen geeignete Gelegenheiten zum Lernen bieten, und die Lehrkraft muss einen Unterricht gestalten, der sie dabei angemessen und ausreichend unterstützt. Zu den unterrichtlichen Voraussetzungen gehören u. a. Unterrichtsformen, die eine aktive und selbstständige Auseinandersetzung mit reichhaltigen Problemen auf eigenen Wegen ermöglichen, eine Unterstützung durch die Lehrkraft und eine für Kritik offene Kommunikation über Lösungsansätze, Fehler und unterschiedliche Interpretationen (vgl. u. a. Leiß/Möller/Schukajlow 2006).

Aufgaben, die den Realitätsbezug von Mathematik angemessen verkörpern, können ganz unterschiedlichen Charakter haben, z. B. Aufgaben, bei denen Schüler

- mathematische Modelle nutzen, um realitätsbezogene Probleme zu erfassen und zu lösen,
- mathematische Vorschriften entwickeln, um Entscheidungen zu treffen oder Situationen zu bewerten,
- Veranschaulichungen von Größenangaben entwerfen oder hinterfragen,
- Mathematik in der medialen oder realen Umwelt selbst finden,
- bei der Bearbeitung von Sachproblemen mathematische Begriffe oder Verfahren nicht nur anwenden, sondern selbst entwickeln.

4.2   Realitätsbezogene Probleme erfassen und lösen

Marmelade

Carola Lützel kocht besonders leckere Marmeladen und Konfitüren. Sie beschließt, ihre Produkte gewinnbringend zu verkaufen und nicht mehr nur an Freunde und Verwandte zu verschenken.

a) Carolas Marmeladen bestehen aus einem Teil Zucker und zwei Teilen Obst. Berechne, wie viele Gläser zu je 450 g Marmelade Carola aus 100 kg Obst ungefähr herstellen kann.

b) Carola braucht für ihre Marmelade leere Gläser in verschiedenen Größen. Ein Händler bietet Gläser mit Deckel in drei Größen an. Carola weiß, dass in ein Glas mit 350 ml Fassungsvermögen etwa 450 g Marmelade passen. Berechne, wie viel Gramm Marmelade in ein Glas mit 190 ml bzw. in ein Glas mit 280 ml passen.

c) Carola hat berechnet, dass die reinen Materialkosten für die Herstellung von 1 kg ihrer Himbeermarmelade 2,10 € betragen. Das leere Glas für 450 g Marmelade kostet mit Deckel im Großhandel 0,51 €. Zu welchem Preis sollte Carola ein Glas mit 450 g Himbeermarmelade verkaufen? Schlage einen Verkaufspreis vor und begründe ihn.

Die zur Lösung der Teilaufgaben erforderlichen Kompetenzen sind insbesondere *Modellieren* und *Kommunizieren*. So gilt es, neben dem Verstehen der geschilderten Sachverhalte zwischen den zahlreichen verschiedenen Verhältnis- und Zahlenangaben inhaltliche und mathematische Verknüpfungen herzustellen, um zu einem Ergebnis zu gelangen. Dass die Schüler dabei den Kontext nicht einfach außer Acht lassen dürfen, zeigt etwa die folgende Lösung der Teilaufgabe a):

Schülerlösung 1

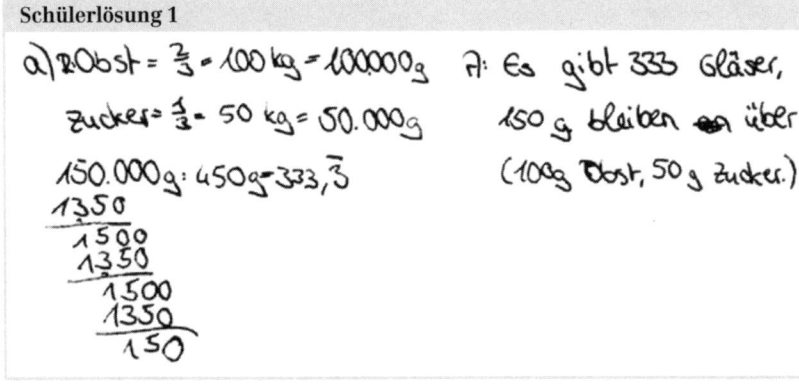

Ein Vorgehen, das die Realsituation ausblenden würde, hätte möglicherweise zu dem Ergebnis 333,33 geführt. Wünschenswert wäre allerdings noch eine weitere Reflexion der Grenzen des Modells. Die Schülerin hätte dann nicht mit einer exakten („333"), sondern gerundeten Anzahl von Gläsern (z. B. „ca. 330") geantwortet und etwa auf den Gewichtsverlust beim Obst durch Kerne, Verschnitt, Abfall o. Ä. hingewiesen.

Auch bei der folgenden Bearbeitung von Teilaufgabe b) ist wieder festzustellen, dass eine solche kritische Reflexion der Genauigkeit mit Blick auf die Realsituation ausbleibt:

Schülerlösung 2

Die Kompetenz *Kommunizieren* bezieht sich zunächst auf das Verstehen des Aufgabentextes, dann aber auch auf eine verständliche Darstellung des Lösungsweges. So ist bei der folgenden Lösung der Teilaufgabe c) nicht direkt ersichtlich, was die Schülerin berechnet hat, und vor allem bleibt unklar, auf welchen Überlegungen der Preis von 2 € pro Glas beruht. Im Sinne des *Kommunizierens* wäre hier eine Darlegung der vorgenommenen Schritte und Überlegungen ein notwendiger Bestandteil einer Lösung dieser Aufgabe.

Schülerlösung 3

Was in dieser Aufgabe als Teilaufgaben a), b) und c) gekennzeichnet ist, sind Fragen, die sich in einer solchen oder ähnlichen Vertriebssituation tatsächlich stellen. Das verständige Umgehen mit den gegebenen Zahlen bildet dabei die Grundlage, um die realitätsbezogene Problemstellung angemessen zu lösen. In einer authentischen Situation wären die Aufgabenschritte nicht schon klar voneinander getrennt und die nötigen Daten nicht bereits so sauber herauspräpariert: Das Volumen der drei Glassorten müsste z. B. im Internet, durch einen Telefonanruf oder durch schlichtes Abmessen ermittelt werden.

Will man, dass Schüler die beschriebenen Modellierungskompetenzen tatsächlich einsetzen, so kann man diese Aufgabe auch in einer entsprechend offeneren Form stellen:

Carola Lützel kocht besonders leckere Marmeladen und Konfitüren. Sie beschließt, ihre Produkte gewinnbringend zu verkaufen und nicht mehr nur an Freunde und Verwandte zu verschenken.

a) Stellt gemeinsam zusammen, was Carola hierzu alles wissen bzw. berechnen muss.

b) Macht dann einen begründeten Vorschlag, wie viel ein Glas Marmelade kosten soll.

Solche offene Aufgabenstellungen geben die Anwendung von Mathematik noch realistischer wieder. Sie sind jedoch aufwändig und im Unterricht nicht immer umsetzbar. Hier müssten die Schüler beispielsweise Internetzugang haben und mit Gläsern, Obst und Wasser experimentieren können. Zwischen den beiden angedeuteten Varianten gibt es natürlich viele Zwischenstufen der Offenheit.

Aber auch ohne eine solche Öffnung kann man den realistischen Charakter solcher Aufgaben stärken. Um zu verhindern, dass Schüler nur die Mathematikaufgabe hinter dieser Situation sehen und in ihren Berechnungen den Realitätsbezug schließlich gänzlich ausblenden, kann man sie auffordern, den Kontext sowie die darin getroffenen Modellannahmen ernstlich zu reflektieren, etwa so:

---

c) Welche Vereinfachungen und Annahmen stecken in der Aufgabe, die man vielleicht weiterverfolgen müsste?
Wie wirken sie sich auf die Kalkulation aus?
Welche weiteren Fragen kann Carola stellen und vielleicht mit Hilfe von Mathematik berechnen?

Alle hier erwarteten Tätigkeiten stehen für *echte* Probleme, die es mit Mathematik zu lösen gilt. Niemand würde hier etwa verlangen, dass das Volumen eines Sechseckprismas berechnet werden muss, wo man es doch in der Situation eher ausmessen wird.

Man mag gegen die Aufgabe „Marmelade" einwenden, dass sie letztlich auch nicht eine wirklich authentische Anwendung von Mathematik darstellt. Diese Einschränkung trifft jedoch prinzipiell alle Probleme, die im Schulkontext gestellt werden, da Schule immer als Freiraum des unverbindlichen Ausprobierens zu sehen ist. Das ändert sich, wenn die Anwendungssituationen nicht mehr hypothetisch sind, etwa wenn der Getränkeeinkauf auf einem Schulfest oder der Materialeinkauf für eine Renovierungsaktion geplant werden muss. Bei solchen Gelegenheiten kann sich das Anwenden von Mathematik in der Praxis bewähren. Ein in Projektform organisierter Unterricht kann derartiges leisten und sollte in Abständen immer wieder durchgeführt werden (vgl. Kap. 4, s. S. 126).

4.3 Mathematische Vorschriften entwickeln, um Entscheidungen zu treffen oder Situationen zu bewerten

Die Modelle, die im vorigen Abschnitt zur Sprache kamen, waren im Wesentlichen solche, die reale Phänomene beschreiben sollten. Es gibt allerdings auch Situationen wie die folgende, bei denen die Realität durch die Wahl des mathematischen Modells erst festgelegt wird (vgl. BÜCHTER/LEUDERS 2005, S.127):

Urlaubskosten

Die Familien Ritterbach und Fleig haben im August 2003 ihren 14-tägigen Urlaub gemeinsam in einer Ferienwohnung an der Ostsee verbracht. Familie Ritterbach besteht aus zwei Erwachsenen und einem Sohn, Familie Fleig wird durch den allein erziehenden Herrn Fleig und seine Tochter vertreten. Beide Kinder sind 10 Jahre alt.
Für Verpflegung und gemeinsame Ausflugsfahrten im PKW der Familie Ritterbach sind 960 € angefallen.
Herr Ritterbach schlägt vor, dass jede Familie die Hälfte der Gesamtkosten bezahlen soll. Herr Fleig ist damit nicht einverstanden. Welche Aufteilung könnte Herr Fleig vorschlagen?
Überlegt euch mindestens einen weiteren Vorschlag. Berechnet für jeden der Vorschläge die Kosten für jede Familie.

Schüler finden hier meist drei Modelle: Jede Person zahlt gleich viel, Kinder zahlen nichts oder Kinder zahlen die Hälfte. Das führt zu Aufteilungen im Verhältnis 3 : 2, 2 : 1 oder 2,5 : 1,5. Welches Aufteilungsmodell ist nun besser? Hier kann man nicht entscheiden, welches näher an der Wirklichkeit liegt, vielmehr muss man unter Verwendung eines so genannten „normativen Modells" eine rationale und konsensfähige Entscheidung treffen und damit festlegen, welche Aufteilung realisiert werden soll.

Tatsächlich ist bereits bei Teilaufgabe c) der Aufgabe „Marmelade" eine solche normative Modellbildung notwendig: Der festzusetzende Preis lässt sich nicht allein aus mathematischen Erwägungen begründen. Wichtig ist, dass auch Schüler dies erkennen und dementsprechend die gegebenen Freiräume bei der Lösung der Aufgabe wahrnehmen.

4.4 Veranschaulichungen von Größenangaben entwerfen oder kritisch hinterfragen

In den bisher dargestellten Aufgabensituationen waren Probleme gegeben, zu deren Lösung eine mathematische Modellierung erarbeitet werden musste. Es gibt aber auch Situationen, in denen ein Problem bereits gelöst ist, etwa eine Menge berechnet oder eine Größe bekannt ist. Nun gilt es, diese Größe „sprechen" zulassen: Wie viel sind eigentlich 50 Milliarden Dollar (das geschätzte Vermögen von Bill Gates)? Wie viel sind eigentlich 1 Million Berechnungen (die Rechenleistung eines Computers mit einem „Megaflop")? Auch hierzu kann man mathematische Modelle verwenden und die (mathematischen) Ergebnisse wieder mit Bedeutung füllen, d. h., sie in eine vorstellbare Situation übersetzen, so wie in der folgenden Aufgabe:

Abraum

Im Jahr 2007 findet in Gera und Ronneburg in Thüringen die Bundesgartenschau statt. Im März 2005 begann das Wegräumen der letzten beiden Abraumhalden des Uranbergbaus in der Nähe von Ronneburg/Thüringen.
Bis 2007 sollen ca. 8,2 Millionen m³ Abraum in einen ehemaligen Tagebau verfrachtet werden.
Dazu erschien eine Pressemitteilung, herausgegeben von der WISMUT-GmbH am 17. März 2005 mit folgendem Bild:

Wählt einen Vergleich aus dem täglichen Leben, wie viel Abraum dies ist.

Schülerlösung 1

8. 200 000 m³

Haus mit Grundfläche : 20 m. 20 m = 400 m²

10 m hoch : 4000 m³

=> 2000 Häuser

Schülerlösung 2

Volumen dieses Raums: 6 m 3 m · 10 m = 180 m²

8. 200.000 : 120 = 46 000.

=> 46 000 Räume voll mit Abraum

Das Umgehen mit Zahlen und Größen ist auch ein wesentlicher Bestandteil mathematischer Allgemeinbildung. Informationen in den heutigen Massenmedien sind reich, manchmal überreich an Zahlen. Wer sich hier nicht völlig ausliefern will, muss in der Lage sein, numerische Angaben kritisch zu hinterfragen und gegebenenfalls auch abschätzend zu überprüfen (vgl. HERGET/SCHOLZ 1998, BRAUNER/LEUDERS 2006). Ein weiteres Beispiel:

Orang-Utan

Dies ist ein Ausschnitt aus einem Zeitungsartikel über die Zerstörung der Regenwälder auf Borneo. Prüfe die Vergleichsangaben aus dem letzten Teil des Artikels nach.

Kein Platz für den Orang-Utan

Auf Borneo verschwindet jede Minute Regenwald in der Größe von zwei Fußballfeldern – mit katastrophalen Folgen, nicht nur für die Affen.

[...] Wir holzen jährlich auf zwei Millionen Hektar ab", sagt Soetino Wibowo, Generaldirektor im indonesischen Forstministerium. Zwei Millionen Hektar. Ja, zwei Millionen. Die Fläche Israels. Jährlich. Pro Minute mehr als zwei Fußballfelder. [...]

Frankfurter Rundschau,
8. Juni 2005

Ein besonderer Charme solcher Aufgaben liegt darin, dass sie viele verschiedene Lösungsmöglichkeiten zulassen, die nicht nach dem Kriterium richtig/falsch, sondern nach ihrer Nützlichkeit und Verständlichkeit bewertet werden.

4.5 Mathematik in der Umwelt selbst finden

Während die meisten Modellierungsaufgaben vom Lehrer bzw. vom Schulbuch „gestellte" Aufgaben sind, kann man immer wieder auch Schüler anregen, in ihrer medialen und realen Umwelt *selbst* nach Gelegenheiten zu suchen, Mathematik anzuwenden. In Zeitungsartikeln wie im vorangehenden Beispiel sind die mathematischen Fragen, die man stellen kann, zumeist mehr oder weniger offenbar. Man kann darüber hinausgehend auch den wesentlich offeneren Auftrag geben, die Welt eine Zeit lang durch die mathematische Brille zu betrachten und alles mathematisch Erfassbare in einer Art „Mathe-Tagebuch" zu notieren.

4.6 Mathematische Begriffe oder Verfahren entwickeln, um Sachprobleme zu lösen

In den vorigen Aufgaben kamen mathematische Begriffe und Verfahren in Realsituationen als Modelle zur Anwendung, die wahrscheinlich zuvor bereits erlernt wurden; z. B. wurde das Dreisatzverfahren und damit das Modell einer proportionalen Zuordnung angewandt, um Größen umzurechnen. Solche Aufgaben – wenn einseitig und unreflektiert eingesetzt – können den falschen Eindruck vermitteln, die Mathematik sei nicht mehr als ein Reservoir an Modellen bzw. Verfahren, die man auf Probleme der Wirklichkeit anwenden kann, indem man ein angemessenes Modell auswählt und dann damit arbeitet.

Diese Sicht unterschlägt, dass mathematische Modelle nicht etwa den Problemen vorangehen, sondern sich nicht selten erst aus konkreten Problemen entwickelt haben. Dies gilt eigentlich für den größten Teil der Mathematik, die in der Schule behandelt wird, und ist mehr als nur eine Feststellung einer historischen Tatsache. In dieser Sicht steckt eine große Chance für die Gestaltung von gelungenen Lernprozessen. Beim so genannten genetischen Lernen werden mathematische Begriffe nicht als fertig mitgeteilt und dann angewendet. Vielmehr können Schüler im Unterricht die Erfahrung machen, wie mathematische Begriffe organisch aus den Lösungen realer Probleme entstehen. HANS FREUDENTHAL drückt diese Form des Realitätsbezuges so aus: „Man wendet Mathematik an, indem man sie jeweils von Neuem erschafft." (FREUDENTHAL 1976, S. 114). Dieses Prinzip kann natürlich nicht jeden Unterrichtsprozess bestimmen, sollte aber auch nicht in Vergessenheit geraten.

Eine Aufgabe, die dieses Prinzip widerspiegelt, ist die folgende:

Führerschein

Mit 12 Jahren hat Karina ein Sparbuch mit 600 € von ihrer Patentante erhalten. Es wurde für eine Dauer von 6 Jahren (feste Laufzeit) zu einem Zinssatz von 3,5 % angelegt. Am Ende jeden Jahres bekommt sie also 3,5 % des Geldes, das bereits auf dem Konto liegt, als Zinsen gutgeschrieben.

„Damit bezahle ich meinen Führerschein!", erzählt Karina ihrer Freundin Sabine.

„Das reicht nie!", erwidert Sabine, „der kostet locker 1000 €!"

a) Wieso glaubt Karina nicht, dass es reicht?

Hat Sabine vielleicht dennoch recht? Wenn ja, wieso? Wenn nein, wieso nicht?

Du kannst zur Begründung deiner Aussagen auch Tabellen oder Grafiken verwenden, ggf. auch mit Hilfe eines Tabellenkalkulationsprogramms arbeiten.

c) Kannst du eine eigene, ähnliche Situation darstellen, in der man sich auf den ersten Blick auch verschätzt?

Entscheidend ist, dass diese Aufgabe eingesetzt wird, *bevor* das prozentuale (exponentielle) Wachstum behandelt wurde. Der realistische und leicht zugängliche Kontext unterstützt die Schüler bei ihrer Erkundung der Situation. Die von ihnen gefundenen Darstellungen und Begriffe sind alle vorläufig und führen auf den angestrebten Begriff des prozentualen Wachstums.

Aufgaben wie diese zeichnen sich dadurch aus, dass sie die Komplexität (hier: die Gegenüberstellung von linearem und prozentualem Wachstum) nicht herausnehmen, sondern den Schülern Gelegenheit und Zeit geben, diese scheinbaren Widersprüche zu durchleben und eigene Erfahrungen zu machen.

Die Schüler werden bei dieser Aufgabe durchaus nicht alle wesentlichen mathematischen Aspekte und Darstellungsweisen herausarbeiten, aber alle haben genügend Erfahrungen gesammelt, um eine nachfolgende mathematische Formalisierung zu verstehen.

Danach erst werden ihre vorläufigen Begriffe und ihre noch unpräzisen Ideen konkretisiert und die normierten mathematischen Darstellungen und Bezeichnungen eingeführt. Die Aufgabe zeigt, wie ein gelungener Realitätsbezug Schüler unterstützen kann, dass sie mathematische Begriffe und Verfahren weitgehend selbst entwickeln können.

4.7 Einkleidungen – gelungene und misslungene Realitätsbezüge

Bei Aufgaben wie den vorstehenden lernen Schüler, dass Mathematik ein geeignetes Instrument ist, um Situationen in der Realität zu beschreiben und zu bewältigen. Es gibt allerdings auch Aufgaben, bei denen dieses Bild „schief hängt". Dies geschieht vor allem dann, wenn die realen Kontexte nur so genannte „Pseudokontexte" sind, also Realsituationen, die erfunden wurden, um mathematische Aktivitäten anzuregen.

Die Leistung von Schülern, die solche Aufgaben lösen, besteht dann auch weniger im *Modellieren* als im „Auskleiden" einer zuvor eingekleideten Aufgabe. Hier ein Beispiel:

Campingplatz

Die Mitglieder des Campingvereins „Rheinaue" möchten den Uferweg entlang des Rheins in Stand setzen.
Der Vereinsvorstand geht davon aus, dass die Arbeiten in einer Woche abgeschlossen sind, wenn an jedem Tag 50 m bewältigt werden.

Was meinst du dazu?
Begründe deine Aussage.

Campingplatz „Rheinaue"
(Skizze nicht
maßstabsgetreu)

Die realistische Hülle dieser Aufgabe ist problematisch, denn man wird mit gesundem Menschenverstand fragen: Wieso kann man die Entfernung zum Fluss so genau kennen, aber die Länge am Fluss nicht? Wieso kann man das Flussufer für einen ungefähren Wert nicht einfach abschreiten? Man zwingt Schüler geradezu, den Kontext nicht ernst zu nehmen, um diese Aufgabe zu lösen. Der implizite Lerneffekt ist dann: „Mathematik ist nur nützlich, um Schulbuchaufgaben zu lösen."

Wie kommen solche Aufgaben zustande? Die Absicht ist erst einmal eine gute: Ein mathematisches Verfahren, hier der Kosinussatz, soll in einer Situation zur Anwendung kommen. Allerdings ist die Anwendung nur vorgespiegelt, es ist vielmehr eine Einkleidung des Kosinussatzes. Wie könnte eine Abhilfe aussehen? Entweder die Einkleidung fallen lassen und ein Dreieck berechnen oder eine Anwendung finden, die den Nutzen des Kosinussatzes glaubwürdig macht, was genauere Kenntnisse der Landvermessung nötig macht. Vielleicht ist der Kosinussatz aber auch gar keine praktische Berechnungsvorschrift, sondern ein Zusammenhang, der eine Standardsituation der Berechnung von Dreiecken aus drei Teilgrößen symbolisch fasst. Als Lösung eines Messproblems würde wohl auch eine schrittweise Berechnung über zwei rechtwinklige Dreiecke ausreichen.

Nun sollte man aber nicht das Kind mit dem Bade ausschütten: Nicht jede Einkleidung ist allein nach ihrer Echtheit zu bewerten. Einkleidungen haben
nämlich durchaus ihre positiven Seiten. Sie offerieren Schülern einen verständlichen und zugänglichen Zusammenhang, in dem sie sich mit ihren
Alltagserfahrungen bewegen können. Es gilt jedoch dabei immer sorgfältig
abzuwägen, ob die Ziele einen Einsatz solch eingekleideter Aufgaben
rechtfertigen, da das dadurch vermittelte Bild von Mathematik problematisch
ist.

Ein Beispiel für eine gelungene Einkleidung dieser Art ist vielleicht die folgende Aufgabe:

Rolltreppe

Hanna fährt im Kaufhaus auf der Rolltreppe aufwärts. Ihre Bewegung lässt sich als
Funktionsgraph darstellen:

a1) Was kann man alles aus diesem Graphen ablesen?

a2) Der Graph gibt die Bewegung nicht ganz richtig wieder. Mache Verbesserungs-
vorschläge.

a3) Stelle auch einen entsprechenden Graphen für die Bewegung eines Fahrstuhls
(eines Skiliftes, eines Paternosters) dar und vergleiche.

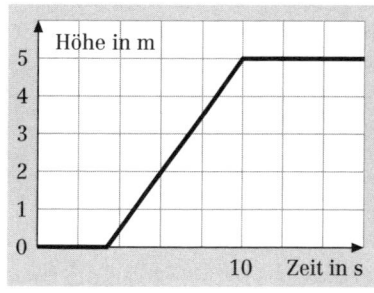

Doch warum handelt es sich hierbei um eine gelungene Einkleidung und bei
der Aufgabe „Campingplatz" um eine problematische? Zur Unterscheidung
zwischen problematischen Pseudokontexten und gerechtfertigten Einkleidungen kann das folgende Prinzip dienen (nach JAHNKE 2005):

■ *Zeigt die Aufgabe, wie Mathematik hilft, die Realität zu verstehen?*
  Dann liegt ein authentischer Realitätsbezug vor.

■ *Zeigt die Aufgabe, wie die Realität hilft, die Mathematik zu verstehen?*
  Dann handelt es sich um eine möglicherweise hilfreiche Einkleidung
Suggeriert die Aufgabe jedoch einen Realitätsbezug im Sinne der ersten Frage,
der aber tatsächlich so nicht vorliegt oder sogar praktisch unsinnig ist, haben
wir es mit einem problematischen Pseudokontext zu tun.

Der Übergang ist jedoch fließend. Wo eine didaktische Vereinfachung aufhört
und wo eine Verfälschung beginnt, ist nicht immer leicht festzustellen. Man

kann, wenn man einen solchen Realitätsbezug beurteilen möchte, vielleicht fragen:

■ Ist die Art der Anwendung von Mathematik hier im Prinzip richtig wiedergegeben?

■ Gäbe es bessere Kontexte?

■ Kann man mit Mathematik so ein wirkliches Problem lösen?

■ Ist der Kontext spielerisch und unernst gemeint – oder suggeriert er zu Unrecht, dass Mathematik tatsächlich so betrieben wird?

4.8 Abschließende Bemerkungen

Der Rückblick auf die hier vorgestellten Aufgabenbeispiele zeigt, dass Realitätsbezüge im Mathematikunterricht eine große Breite einnehmen können. Von echten Anwendungen in Projekten bis hin zu Einkleidungen haben alle Typen ihre spezifische Berechtigung. Erst wenn der Unterricht oder das Schulbuch den Realitätsbezug zu sehr einengt oder aber umgekehrt zum alleinigen Kriterium macht, wird es problematisch.

Das Ziel einer angemessenen Berücksichtigung von Realitätsbezügen ist zum einen die Förderung mathematischer Kompetenzen und zum anderen die Vermittlung eines angemessenen, reichen Mathematikbildes. Beides sind die Voraussetzungen dafür, dass Schüler in ihrem späteren Leben die Mathematik als nützliches Werkzeug kennen, schätzen und nutzen.

Literatur

BLUM, W./LEIß, D. (2005): Modellieren im Unterricht mit der „Tanken"-Aufgabe. In: mathematik lehren, Heft 128, S. 18–21.

BRAUNER, U./LEUDERS, T. (2006): Es ist wahr, denn es steht in der Zeitung ... Mathematik als Mittel der Emanzipation. Pädagogik 5/2006.

BÜCHTER, A./LEUDERS, T. (2005): Mathematikaufgaben selbst entwickeln. Berlin: Cornelsen Scriptor.

FREUDENTHAL, H. (1976): Mathematik als pädagogische Aufgabe. Stuttgart: Klett.

HENN, H.-W. (2000): Realitätsbezüge im Mathematikunterricht. In: Flade, L./Herget, W. (Hrsg.): Mathematik lehren und lernen nach TIMSS, Volk und Wissen, Berlin, S. 13–24.

HERGET, W./SCHOLZ, D. (1998): Die etwas andere Aufgabe – aus der Zeitung. Seelze: Kallmeyer.

JAHNKE, TH. (2005): Zur Authentizität von Mathematikaufgaben. Beiträge zum Mathematikunterricht 2005. Hildesheim: Franzbecker.

LEUDERS, T./ MAAß, K. (2005): Modellieren – Brücken zwischen Welt und Mathematik. Praxis der Mathematik 3/05.

LEIß, D./MÖLLER, V./SCHUKAJLOW, S. (2006): Bier für den Regenwald – Diagnostizieren und Fördern mit Modellierungsaufgaben. In: Friedrich Jahresheft XXIV, S. 89–91.

WINTER, H. (1985): Sachrechnen in der Grundschule. Cornelsen Scriptor.

Teil 4:
Aufgabensammlung

Zusammengestellt von Christina Drüke-Noe/Ralph Hartung/Alexander Roppelt

Dieser Teil enthält eine Zusammenstellung weiterer von den Regionalgruppen (s. Teil 5) entwickelter kompetenzorientierter Aufgaben. Die Zuordnung der Aufgaben bzw. der Aufgabenteile zu den Leitideen, den allgemeinen mathematischen Kompetenzen und den Anforderungsbereichen kann Kapitel 5.2 entnommen werden. Auf der CD-ROM befinden sich die Lösungen zu vielen Aufgaben sowie einzelne didaktische Kommentare.

Differenzen

Gegeben sind die Gerade g mit der Gleichung $y = 2x - 3$ und die Parabel p mit der Gleichung $y = x^2 - 4x + 7$.

a) An welchen Stellen unterscheiden sich die Funktionswerte der beiden Graphen am wenigsten voneinander?

b) Verschiebe die Gerade g in y-Richtung (nach beiden Seiten) und untersuche den Einfluss der Verschiebung auf die Lösung von Teil a).

Die Fehmarnsundbrücke – der größte Kleiderbügel der Welt

Die Fehmarnsundbrücke verbindet die Insel Fehmarn mit dem deutschen Festland.

Technische Angaben:
Brückenlänge insgesamt: 963,4 m
Scheitelhöhe des Bogens über dem Meeresspiegel: 68 m
Durchfahrtshöhe für Schiffe: 23 m
Spannweite des Bogens: 248 m
Höhe des Bogens über der Fahrbahn: 45 m

Der Brückenbogen hat die Form einer Parabel.
Bestimme eine Funktionsgleichung, die den Brückenbogen beschreibt.

Abfall

Im Unterrichtsfach Arbeitslehre soll aus einem gegebenen Holzwürfel (mit Kantenlänge 10 cm) eine größtmögliche Kugel hergestellt werden.

Klaus sagt: „Das gibt ja fast 50 % Abfall!"
Peter erwidert: „Nein, höchstens $\frac{1}{4}$!"

Wer hat recht? Begründe deine Antwort.

Baumkrone

Bäume sind unsere wichtigsten Sauerstofflieferanten. Deswegen muss ein abgeholzter alter Baum durch zahlreiche junge Bäume ersetzt werden.
Laubbäume geben pro Quadratzentimeter Blattfläche ca. 1,8 ml Sauerstoff je Tag ab. Die gesamte Sauerstoffproduktion hängt von der Zahl der Blätter ab. Für eine grobe Abschätzung nimmt man an, dass ein Baum überall in der Baumkrone dieselbe Blattdichte besitzt.

Bei Erschließungsarbeiten für ein Gewerbegebiet muss ein alter Baum (siehe Foto) mit einem Kronendurchmesser von 12 m gefällt werden. Der Bauträger muss hierfür eine Ausgleichspflanzung von 100 jungen Bäumen derselben Sorte mit einem Kronendurchmesser von je 1,5 m vornehmen.
Stelle eine Modellrechnung auf, mit der man bestimmen kann, ob diese Pflanzung ausreicht, um die Sauerstoffproduktion des alten Baumes sofort zu ersetzen. Beschreibe dein Vorgehen.

Rekordnagel

Um ins Guinnessbuch der Rekorde eingetragen zu werden, will Herr Nagel vor seinem Gasthaus einen überdimensional großen Stahlnagel als Sonnenuhr aufstellen. Er hat sich schon mal mit dem Computer ein Bild gemacht, wie das aussehen soll.

Der Nagel ist etwa 7 m lang und hat einen Durchmesser von etwa 22 cm.
Der zum Aufstellen des Nagels zur Verfügung stehende Entladekran des LKW kann maximal eine Masse von 1,5 t heben.
(Hinweis: 1 cm³ Stahl wiegt 7,85 g.)
Kann man den Nagel mit diesem LKW aufstellen?
Schreibe auf, wie du vorgehst.

Rosenbeet

Ein Gärtner hat von einem Gartenbesitzer den Auftrag erhalten, ein Beet mit roten und gelben Rosen anzulegen. Der Kunde hat ein sehr großes Grundstück und wünscht sich ein rundes Beet, das innen mit roten und außen mit gelben Rosen bepflanzt wird.

Der Gärtner hat zwei gleich große Lieferungen mit roten und gelben Rosen bekommen. Er überlegt, dass die roten Rosen gerade für ein rundes Blumenbeet von 4,0 m Radius reichen. Die gelben Rosen möchte er so rund um das Beet mit den roten Rosen pflanzen (s. Skizze), dass die Beetfläche mit den gelben Rosen genauso groß wie die mit den roten ist.

Wie breit muss er den äußeren Streifen anlegen? Runde geeignet.

Skizze:

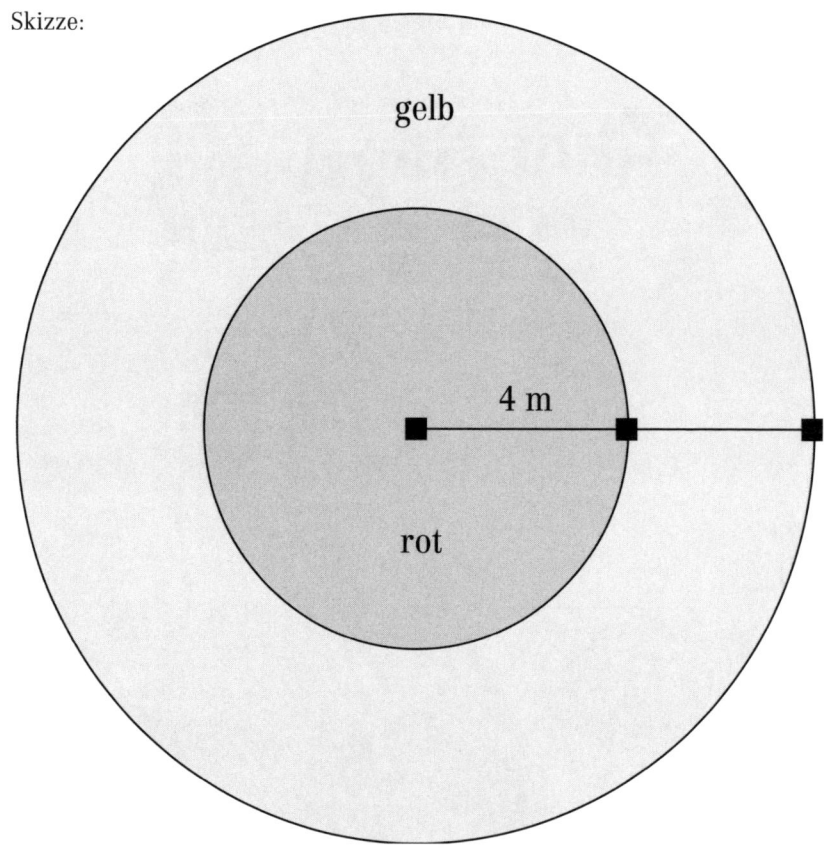

Schaukel

Welche Höhe h über der Ausgangslage erreicht die Schaukel, wenn sie sich wie in der Abbildung gezeigt um 45° nach oben dreht?

Gib deinen Lösungsweg an.

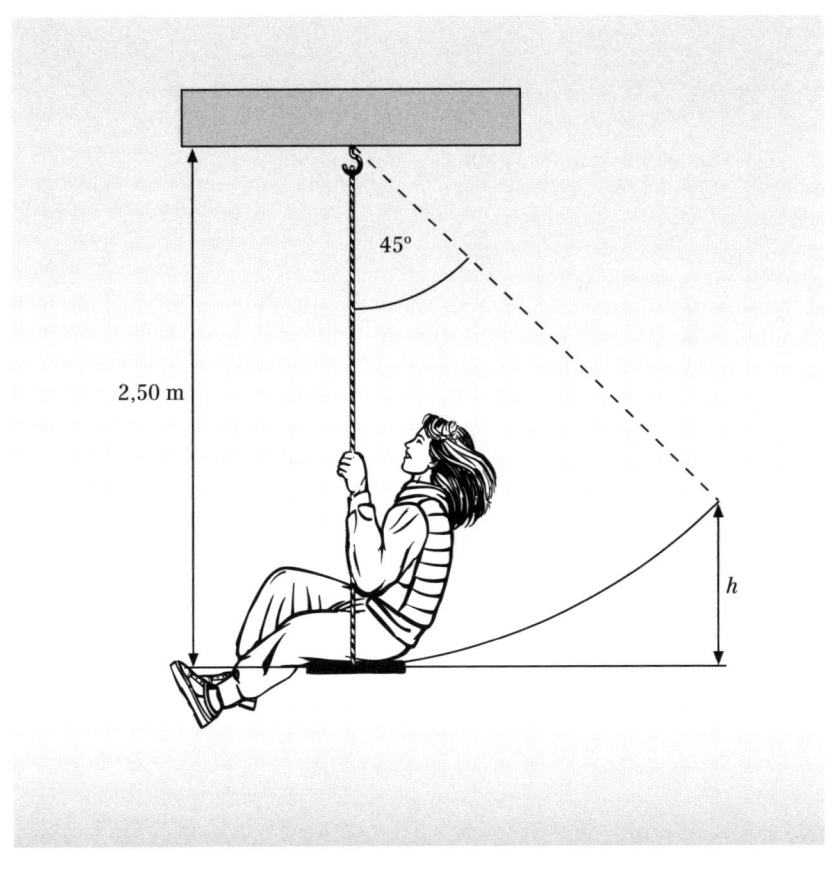

Beispiele suchen – am Beispiel von Parabeln

Betrachtet wird die Parabel p mit der Zuordnungsvorschrift
$$p: x \longmapsto 0,5x^2 - 2.$$

a) Gib je ein Beispiel für einen Punkt an, der auf bzw. oberhalb bzw. unterhalb der Parabel liegt.

b) Zeichne die Parabel p und die Gerade g mit der Gleichung $y = 0,5x + 1$ in ein gemeinsames Koordinatensystem.

Gib die Gleichung einer anderen Gerade an, die die Parabel p ebenfalls in zwei Punkten schneidet.

Gib jeweils die Gleichung einer Geraden an, die die Parabel p in keinem bzw. in genau einem Punkt schneidet.

c) Gib den Funktionsterm einer Parabel an, die vollständig oberhalb der Parabel p verläuft.

d) Entscheide in jedem Fall, ob die Aussage wahr oder falsch ist.

	wahr	falsch
Eine Parabel, die nach unten geöffnet ist, und deren Scheitel unterhalb des Scheitels von p liegt, hat sicher keinen Schnittpunkt mit p.	☐	☐
Eine Parabel, die nach oben geöffnet ist und eine größere Öffnungsweite als p hat, hat sicher einen Schnittpunkt mit p.	☐	☐
Eine Parabel, die die gleiche Öffnungsweite hat wie p und nach unten geöffnet ist, kann Schnittpunkte mit p besitzen, muss aber nicht.	☐	☐

e) Erfinde selbst ähnliche Aussagen wie in Teilaufgabe d) zu Lagebeziehungen zwischen Geraden (mit y-Achsenabschnitt t und Steigung m) und der gegebenen Parabel p. Gib jeweils an, ob die Aussage wahr oder falsch ist, und mache deine Antwort plausibel.

Eisberg

Ein Eisberg verliert pro Jahr 10 % seines Volumens.

a) Wie viel Prozent seines Volumens verliert er in 5 Jahren? Schreibe auf, wie du vorgehst.

b) Der Eisberg hat ursprünglich ein Volumen von 800 km³. Wie viel Liter verliert er in einem Jahr?

Fotopreise

Peter bestellt Fotos über einen Fotoversand. Die Abbildung zeigt einen Ausschnitt der Rechnung.

Wir danken für Ihren Auftrag vom 20. 03. 2005					
Ihre Rechnungsnummer: 200001253			**Rechnungsdatum und Lieferdatum:**		
Ihre Kundennummer: 61923:			20. 03. 2005		
Pos.	**Artikel-Nr.**	**Artikeibezeichnung**	**Anzahl**	**Einzelpreis**	**Gesamtpreis**
1	1802	Onlineprint 10er-Format MA	46	0,10 €	4,60 €
2	99020	Versandkosten	1	2,59 €	2,59 €
Zahlung durch:			**Netto**	**MwSt 16 %**	**Endbetrag:**
Bankeinzug			6,20 €	0,99 €	7,19 €

a) Wie viel Prozent des Endbetrags machen die Versandkosten aus?

b) Peter ist sehr zufrieden mit dem Fotoversand. „... Außerdem ist es auch noch billiger als im Drogeriemarkt um die Ecke. Dort kostet ein Abzug im 10er-Format 12 Cent, beim Versand nur 10 Cent.", erklärt er seinem Freund Markus. Markus meint: „Naja, so einfach kannst du das nicht sagen. Du musst die Versandkosten mit berücksichtigen."
Entscheide durch Rechnung, ob der Fotoversand beim vorliegenden Auftrag billiger ist als der Drogeriemarkt.

c) Gib je einen Funktionsterm an, der die Kosten beim Fotoversand bzw. beim Drogeriemarkt in Abhängigkeit von der Anzahl der bestellten Bilder beschreibt. Setze dazu voraus, dass für die Versandkosten beim Fotoversand stets 2,59 € berechnet werden.

d) Je mehr Fotos man bestellt, umso weniger fällt der Versandkostenanteil ins Gewicht. Ermittle, ab welcher Anzahl bestellter Fotos der Fotoversand billiger ist als der Drogeriemarkt.

e) Markus bestellt ebenfalls bei einem Online-Fotoversand. Dieser allerdings hat eine recht komplizierte Preisstaffelung, die (für das 10er-Format) in zwei Tabellen dargestellt ist:

Zahl der bestellten Bilder	Preis pro Abzug
1 bis 9	15 Cent
10 bis 49	12 Cent
50 bis 99	10 Cent
100 bis 300	8 Cent
ab 301	Sonderkonditionen auf Anfrage

Zahl der bestellten Bilder	Versandkosten-anteil
1 bis 9	1 €
10 bis 200	2 €
ab 201	Kosten trägt der Fotoversand

Stelle grafisch dar, welche Gesamtkosten sich bei einer Bestellung in Abhängigkeit von der Anzahl bestellter Bilder ergeben.

f) Markus erklärt Peter: „Diese Preisstaffelung ist natürlich irgendwie Quatsch, denn jemand der 95 oder 98 Bilder bestellen würde, der wäre ja schön dumm." Was meint er damit? Wie sollte ein Kunde vorgehen, der 95 Bilder braucht?

Näherungswert für die Kreiszahl π

Bereits in der Antike waren Näherungswerte für die Kreiszahl π bekannt. Damit konnten bei bekanntem Radius der Umfang oder der Flächeninhalt von Kreisen berechnet werden: $U = 2\pi \cdot r$ bzw. $A = \pi \cdot r^2$.

a) Näherungswerte für π erhält man beispielsweise, indem man an konkreten Gegenständen (Rädern, Dosen, …) den Radius und den zugehörigen Umfang von Kreisen bestimmt. Ermittle experimentell einen Näherungswert für die Kreiszahl π. Dokumentiere dein Vorgehen genau.

b) Berechne, um wie viel Prozent dein gefundener Näherungswert vom Wert für π, den dein Taschenrechner anzeigt, abweicht. Vergleiche deinen Wert ebenso mit dem Wert $\frac{22}{7}$, einem bekannten Näherungswert für π aus der Antike.

c) Beschreibe kurz eine Möglichkeit, wie du aufbauend auf deinem Vorgehen in Teilaufgabe a) zu einem (vermutlich) genaueren Näherungswert kommen könntest.

d) Im abgebildeten Diagramm sind verschiedene Messergebnisse zu Radius und zugehörigem Kreisumfang dargestellt.
Sandra schaut sich das Bild an und sagt: „Schön. Die direkte Proportionalität zwischen Radius und Umfang ist gut zu sehen."
Was meint Sandra damit? Woran kann man dies in dem Diagramm erkennen? Gib an, wie man anhand des Diagramms einen Näherungswert für π erhalten könnte.

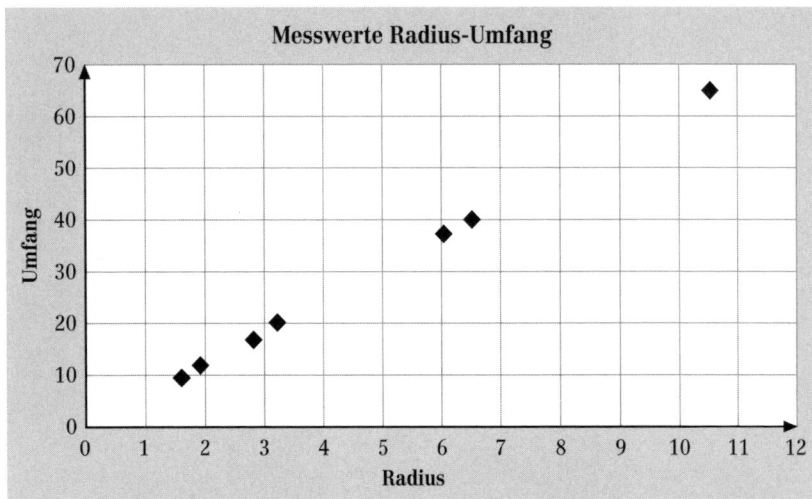

Chip-Pagode

Die Entwicklung der Computertechnik geht mit Riesenschritten voran. 1965 hat der Intel-Mitbegründer Gordon Moore die folgende Gesetzmäßigkeit formuliert: Alle zwei Jahre verdoppelt sich die Anzahl der Transistoren auf einem Chip, d. h. für die gleiche Anzahl von Transistoren wird nur die halbe Fläche benötigt. Dieses Gesetz hat sich in den letzten 40 Jahren weitgehend bestätigt: Alle zwei Jahre halbiert sich die benötigte Fläche.

Dieser Sachverhalt wird von dem abgebildeten Kunstwerk dargestellt.

Die unterste Stufe in der Chip-Pagode steht für das Jahr 1965 und hat eine Grundfläche von 270 cm mal 270 cm. *(Hinweis: Der Begriff Pagode stammt aus dem ostasiatischen Raum und bezeichnet einen turmartigen Tempelbau. Im Photo sind die untersten Stufen der Pagode nicht zu sehen.)*

a) Bestimme die Flächeninhalte der Grundflächen der untersten Stufe (für 1965) und der folgenden Stufe (für 1967).

b) Welche Maße hat das Quadrat, das für die Chipgröße in 1967 steht?

c) Wie verändert sich die Seitenlänge aufeinanderfolgender Quadrate?

d) Finde einen Term, mit dem sich der Flächeninhalt $A(n)$ des Quadrats der n-ten Stufe der Chip-Pagode berechnen lässt. (Siehe Teilaufgabe a): $A(1)$ und $A(2)$ kennst du schon.)

   Wende diesen Term auf die 11. und die 21. Stufe an.

e) Bestimme (am besten mit Hilfe einer Tabellenkalkulation) alle Inhalte der Grundflächen der einzelnen Stufen der Pagode.

   Das Quadrat, das für das Jahr 2005 steht, hat in der Pagode die Seitenlänge 3,5 mm. Überprüfe rechnerisch mit deiner Tabelle, ob dieser Wert auch theoretisch richtig ist.

f) Falls du in e) mit einer Tabellenkalkulation gearbeitet hast, beantworte auch die folgende Frage: Welches Gewicht hat die Chip-Pagode?

   Schätze, rechne dann.

   (Die Plexiglasscheiben der einzelnen Stufen haben eine einheitliche Höhe von 4 cm. Plexiglas hat eine Dichte von $\rho = 1{,}18 \, \text{g/cm}^3$.)

Die Chip-Pagode steht im Heinz Nixdorf Museums-Forum (HNF) in Paderborn.

Eis

Sybille möchte für ihren 20. Geburtstag gerne Eis selbst machen und in dieser Dose einfrieren.

Schätze ab, wie viel Liter Eis ungefähr in diese Dose passen. Schreibe auf, wie du vorgehst.

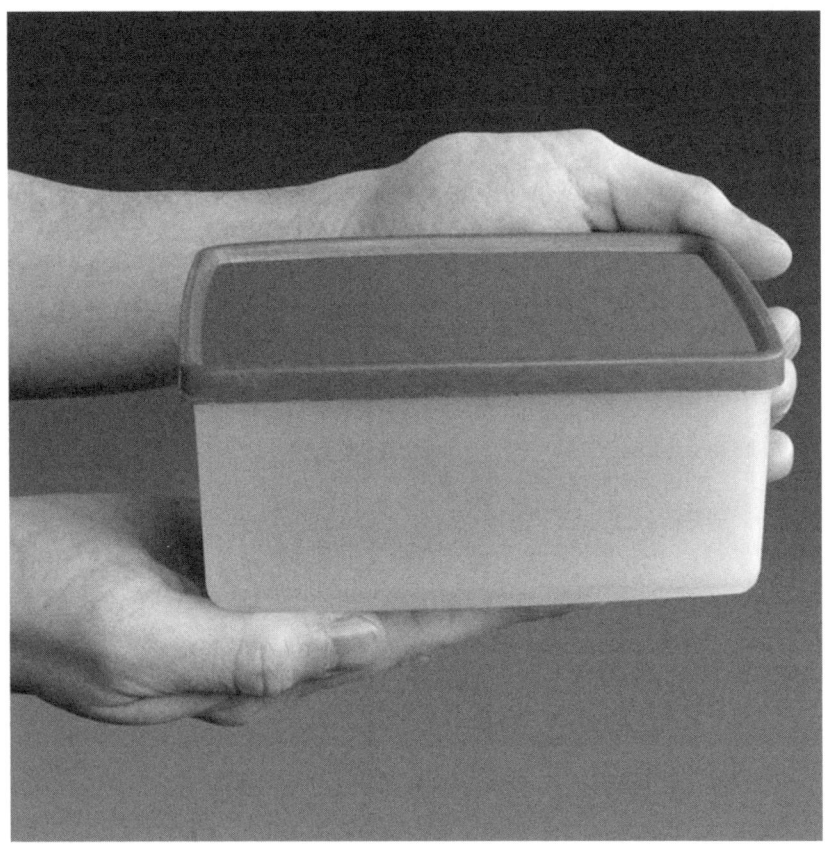

Linkshänder

a) Stelle die Daten aus dem Zeitungsartikel in einem Baumdiagramm dar.
Wie viel Prozent der Kinder sind Linkshänder geworden, wie viel Prozent
Rechtshänder?

b) Mit welcher Wahrscheinlichkeit hat ein Rechtshänder vor der Geburt am
linken Daumen genuckelt?

Linkshänder schon im Mutterleib

Entscheidung fällt früher als angenommen

London ▪ Ob jemand Rechts- oder Linkshänder wird, lässt sich bereits in der Schwangerschaft absehen: Die Hand, an dessen Daumen das Ungeborene schon im Bauch der Mutter lieber nuckelt, wird in den meisten Fällen im ganzen Leben die bevorzugte bleiben.

Das legen Untersuchungen britischer Psychologen nahe, über die das Wissenschaftsmagazin „New Scientist" berichtet. Diese Erkenntnis ist sehr überraschend. Die gängigen Theorien gehen davon aus, dass sich Rechts- oder Linkshändigkeit erst im Alter von drei bis vier Jahren etabliert. Peter Hepper von der Queen's-Universität in Belfast und seine Kollegen analysierten Ultraschallbilder von mehr als 1000 Föten. Neun von zehn Ungeborenen bevorzugen in der 15. Schwangerschaftswoche ihren rechten Daumen zum Lutschen, beobachteten die Forscher. Das Leben von 75 dieser Kinder verfolgten sie nach der Geburt weiter. Dabei fanden sie heraus, dass alle Kinder, die rechts genuckelt hatten, im Alter von 10 bis 12 Jahren Rechtshänder waren. Zwei Drittel der Kinder, die im Mutterleib den linken Daumen bevorzugt hatten, waren Linkshänder.

Die Ergebnisse von Hepper und seinen Kollegen stellt die gängige Theorie über die Entwicklung der Händigkeit in Frage. Diese geht davon aus, dass die Bevorzugung einer Seite ein Nebeneffekt der Gehirnentwicklung ist. ▪ ddp

Glaspyramide

Auszug aus dem Bericht eines Fremdenführers in Paris:
Glaspyramide des Louvre

„Auch Freunde der Moderne kommen in Paris auf ihre Kosten. Es gibt hier viele moderne Bauwerke, so auch die **Glaspyramide im Hof des Louvre**. François Mitterand hat sie von dem chinesisch-amerikanischen Architekten Ieoh Ming Pei in den Jahren 1984–1988 erbauen lassen. Die quadratische Glaspyramide hat am Boden eine Seitenlänge von 35 Metern. Sie besteht aus 666 Kristallfacetten in der Form einer Raute, durch die das Licht in die unterirdische Halle flutet. Für den Bau des Kantenmodells dieser Pyramide wurden 272,50 m Edelstahlträger benötigt (Diese Länge erhält man, wenn man die Längen der vier "großen Streben" der Pyramide addiert). Die Pyramide befindet sich in der Cour Napoléon und dient als Eingang zum größten Museum der Welt, das unter anderem so berühmte Werke wie die **Mona Lisa, die Venus von Milo** und die **Nike von Samothrake** beherbergt. In ihr befinden sich z. B. **ein Auditorium, eine Cafeteria, eine Buchhandlung, ein Feinschmecker-Restaurant** und vieles mehr. Trotzdem nimmt dieses Bauwerk dem **Louvre** nicht seine faszinierende Ausstrahlung. Das ist ein gutes Beispiel dafür, dass sich Tradition und Moderne sehr wohl ergänzen können."

a) Bei einer anschließenden Fragestunde möchte ein Besucher wissen, wie hoch die Pyramide ist. Gib eine Antwort.

b) Ein weiterer Besucher, der Fensterputzer ist, möchte wissen, wie viel Glas an der Pyramide verarbeitet wurde. Gib eine Antwort.

Maulschlüssel

Abbildung 1 zeigt einen so genannten 19er-Maulschlüssel. (Hinweis: 19 bedeutet 19 mm Öffnungsweite).

Verschiedene Schrauben sollen mit einem solchen 19er-Maulschlüssel festgezogen werden. Nachstehend sind die Draufsichten verschiedener Schraubenköpfe dargestellt.
Kreuze an, welche von diesen Schrauben mit diesem 19er-Maulschlüssel festgezogen werden können.

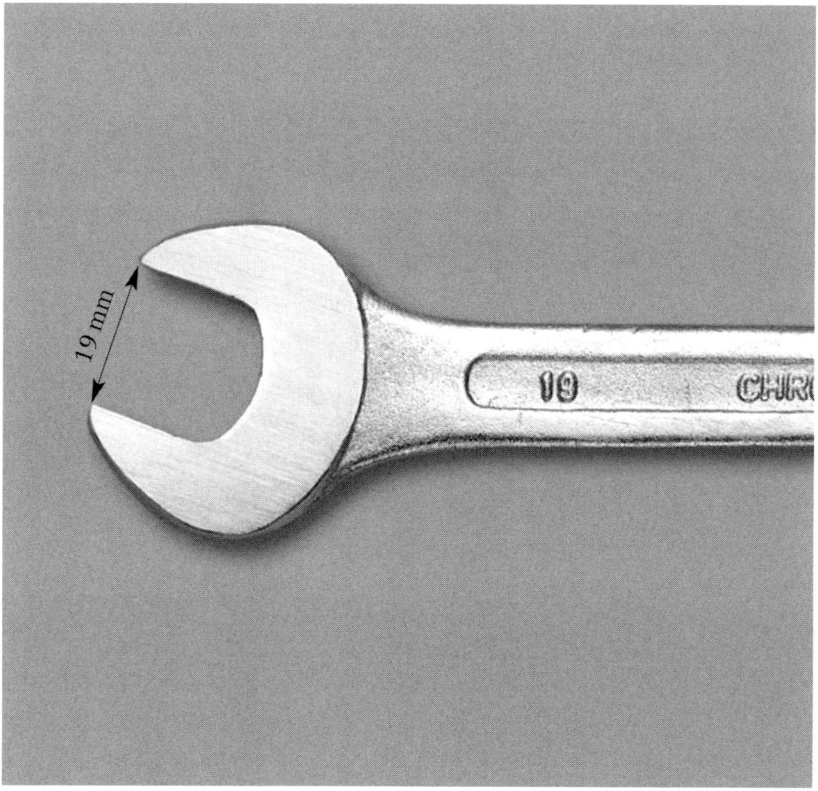

Abb. 1: 19er-Maulschlüssel

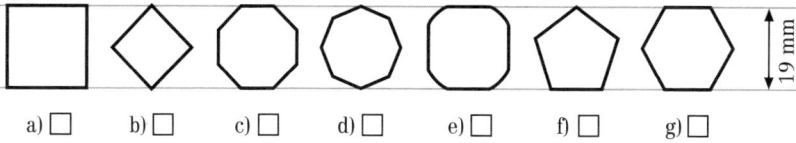

a) ☐   b) ☐   c) ☐   d) ☐   e) ☐   f) ☐   g) ☐

Planschbecken

Die Abbildung 1 zeigt ein Sonderangebot aus einem Briefkastenprospekt. Aufgrund der geometrischen Regelmäßigkeit (siehe Abbildung 2) soll das Planschbecken zum Anlass genommen werden, für Schülerinnen und Schüler im Mathematikunterricht einer neunten Klasse ein Übungsblatt mit geometriebezogenen Aufgaben zu entwickeln.

a) Denke dir zwei geometriebezogene Aufgaben hierzu aus.
b) Löse eine deiner beiden selbst ausgedachten Aufgaben aus a).

Abb. 1: Auszug aus einem Briefkastenprospekt

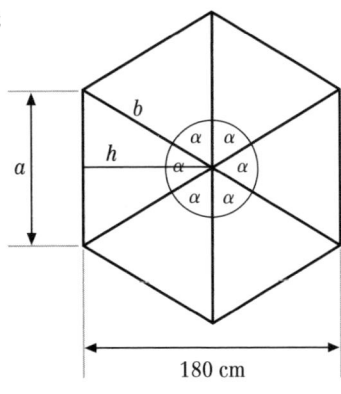

Abb. 2: Skizze des Planschbeckenbodens
(dabei ist $a = b$)

Schiffstau

Ein Schiffstau (Dicke 4 cm) liegt spiralförmig gewickelt auf dem Boden (siehe Abbildung).
1 cm^3 Tau wiegt etwa 2 g.

Schätze ab: Wie schwer ist dieses Schiffstau? Gib dein Ergebnis gerundet auf Kilogramm an.
Schreibe auf, wie du vorgegangen bist.

Teil 5:
Anhang

1. Zur Entstehung der Aufgaben

Ralph Hartung

Die in diesem Buch veröffentlichen Aufgaben sind das Ergebnis eines umfangreichen Entwicklungsprozesses. In vier regionalen Arbeitsgruppen, in denen abgeordnete Lehrkräfte aller sechzehn Bundesländer und je eine wissenschaftliche Beraterin bzw. ein wissenschaftlicher Berater vertreten waren, wurden die Aufgaben erarbeitet, zum Teil nach praktischen Erprobungen. Die Aufgaben wurden anschließend durch eine von Prof. Dr. Blum (Universität Kassel) geleitete Aufgabenbewertungsgruppe kritisch geprüft und mit konstruktiven Anregungen versehen. Nach einer Überarbeitung durch die Regionalgruppen und durch die Kasseler Koordinationsgruppe (ein aus Wissenschaftlern der Universität Kassel bestehendes Team) wurden die Aufgaben erneut durch die Aufgabenbewertungsgruppe begutachtet und partiell weiter überarbeitet. Abschließend wurden die Aufgaben in Klassen aller Schulformen pilotiert und Erkenntnisse hieraus in die Aufgabenstellung eingearbeitet. Bei der Pilotierung entstanden auch die im Buch abgedruckten und kommentierten Schülerlösungen, die allerdings i. A. nicht im Original veröffentlicht sind, um dem Datenschutz zu genügen. Der Prozess wurde gesteuert vom Institut zur Qualitätsentwicklung im Bildungswesen an der Humboldt-Universität zu Berlin (IQB) und der Kultusministerkonferenz (KMK). Die nachfolgende Grafik verdeutlicht die Arbeitszusammenhänge:

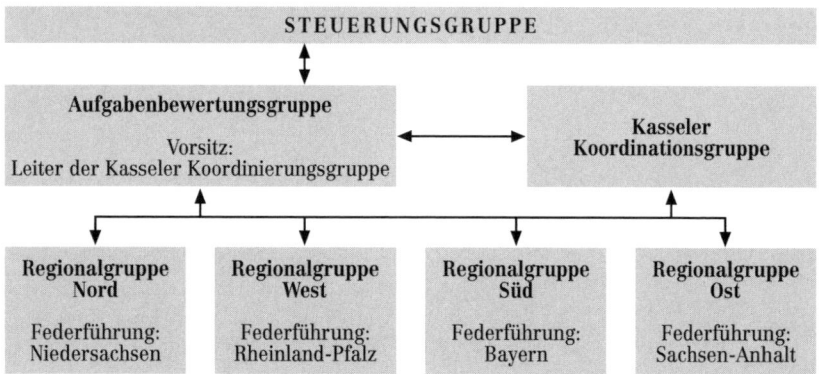

Kasseler Koordinationsgruppe:
- Christina Drüke-Noe
- Alexander Jordan
- Katrin Keller
- Dominik Leiß
- Dr. Bernd Wiegand

Steuerungsgruppe:
- Ralph Hartung (IQB)
- Klaus Karpen (KMK)
- Dr. Christina Kindervater (KMK)
- Prof. Dr. Olaf Köller (IQB)
- Alexander Roppelt (IQB)

In Abstimmung mit den Vertretern des deutschen PISA-Konsortiums:
- Prof. Dr. Werner Blum, FB Mathematik/Informatik, Universität Kassel
- Prof. Dr. Manfred Prenzel, Leibniz-Insitut für die Pädagogik der Naturwissenschaften, Universität Kiel

Mitglieder der Aufgabenbewertungsgruppe:
- Dr. Götz Bieber, Landesinstitut für Schule und Medien Ludwigsfelde
- Prof. Dr. Werner Blum, FB Mathematik/Informatik, Universität Kassel (Vorsitz)
- Dr. Christa Herwig, Thüringer Institut für Lehrerfortbildung, Lehrplanentwicklung und Medien Bad Berka
- Prof. Dr. Michael Neubrand, Institut für Mathematik, Carl-von-Ossietzky-Universität Oldenburg
- Prof. Dr. Hans Schupp, Fachrichtung Mathematik, Universität des Saarlands Saarbrücken
- Dr. Johann Sjuts, Studienseminar Leer

Mitglieder der Regionalgruppen (in Klammern wird das entsendende Bundesland genannt):
- Petra Beck, Robert-Schumann-Gymnasium Leipzig (SN)
- Michael Crepin, TGBBZ Dillingen (SL)
- Henri Danker, OSZ Technik Teltow (BB)
- Ingrid Diefenbacher, Realschule Linkenheim (BW)
- Rupert Ernhofer, Staatsinstitut für Schulqualität und Bildungsforschung München (BY)
- Angela Euteneuer, Pädagogisches Zentrum des Landes Rheinland-Pfalz Bad Kreuznach (RP)

- Margot Feiste, Landesinstitut für Schule und Ausbildung Greifswald (MV)
- Ines Fröhlich, Landesinstitut für Schule und Medien Ludwigsfelde (BB)
- Jens-Uwe Gerbig, GTBBZ Zella-Mehlis (TH)
- Alois Graelmann, Berufsbildende Schulen am Schölerberg Osnabrück (NI)
- Christa Hermes, Erich-Brost-Berufskolleg Essen (NRW)
- Dr. Jörg Heuß, Staatliches Seminar für Didaktik und Lehrerbildung (Berufliche Schulen) Karlsruhe (BW)
- Regina Hinz, Grund- und Hauptschule mit Werkrealschule Eggenstein-Leopoldshafen (BW)
- Marion Kelly, Staatsinstitut für Schulqualität und Bildungsforschung München (BY)
- Jutta Krug-Winkelmann, Hessisches Kultusministerium (HE)
- Eberhard Neef, Schulzentrum Geschwister Scholl Bremerhaven (HB)
- Dr. Andreas Pallack, Landesinstitut für Schule/Qualitätsagentur Soest (NRW)
- Karsten Patzer, Landesinstitut für Lehrerbildung und Schulentwicklung Hamburg (HH)
- Angelika Perlich, Berliner Landesinstitut für Schule und Medien (BE)
- Dr. Sabine Prüfer, Landesinstitut für Lehrerfortbildung, Lehrerweiterbildung und Unterrichtsforschung von Sachsen-Anhalt Halle (ST)
- Renate Reble, Berufliche Schulen am Ravensberg Kiel (SH)
- Dr. Hellmut Scheuermann, Brühlwiesenschule Hofheim (HE)
- Ursula Schmidt, Freiherr-vom-Stein-Gymnasium Lünen (NRW)
- Reiner Speicher, Erweiterte Realschule Dillingen (SL)
- Rüdiger Vernay, Gesamtschule Bremen-Mitte (HB)
- Knut Wegel, Berufsbildende Schule Technik II Ludwigshafen (RP)
- Wilhelm Weiskirch, Ratsgymnasium Stadthagen (NI)
- Hans Dieter von Zelewski, Institut für Qualitätsentwicklung an Schulen in Schleswig-Holstein Kronshagen (SH)

Wissenschaftliche Beratung der Regionalgruppen (in Klammern ist die entsprechende Regionalgruppe angegeben):
- Prof. Dr. Regina Bruder, Fachbereich Mathematik, Technische Universität Darmstadt (Ost)
- Prof. Dr. Wilfried Herget, Abteilung Didaktik der Mathematik, Fachbereich Mathematik und Informatik, Martin-Luther-Universität Halle-Wittenberg (Nord)
- Prof. Dr. Timo Leuders, Institut für Mathematik und Informatik und ihre Didaktiken, Pädagogische Hochschule Freiburg (Süd)
- Prof. Dr. Alexander Wynands, Mathematisches Institut, Universität Bonn (West)

2. Übersicht und Klassifikation der Aufgaben

Katrin Keller/Dominik Leiß

Name der Aufgabe	Teil-aufgabe	Buch-seite	Klasse				Leitidee					Kompetenz						Anforderungs-bereich		
			5/6	7/8	9	10	L1 (Zahl)	L2 (Messen)	L3 (Raum u. Form)	L4 (funktion. Zus.)	L5 (Daten u. Zufall)	K1	K2	K3	K4	K5	K6	AB1	AB2	AB3
Teil 1: Die Bildungsstandards Mathematik																				
1. Einführung																				
Offenes Pflaster	a)	22	×					×					×	×			×		×	
	b)	22		×				×					×	×			×		×	
	c)	22	×				×										×	×		
	d)	22		×				×					×	×			×		×	
Filmverpackung	a)	27	×						×				×		×		×		×	
	b)	27		×				×					×		×	×	×		×	
	c)	27			×			×					×	×	×	×	×		×	
	d)	27			×			×					×	×	×	×	×			×
	e)	27			×															
	f)	28		×			×					×					×	×		
	g)	28		×			×					×	×				×		×	
2. Beschreibung der Kompetenzen																				
Summen von Nachbarzahlen		37		×			×					×	×				×		×	
Dreiecke am rechtwinkligen Dreieck	a)	38			×			×				×	×	×	×		×		×	
	b)	38			×			×				×	×	×	×		×			×
	CD	–			×			×				×	×	×	×	×	×		×	
Fläche		40			×			×					×		×	×	×		×	
	a)	–			×			×					×	×	×		×		×	
	b)	–			×			×					×	×	×	×	×			×
	c)	–			×									×		×	×			
	d)	–				×				×					×					
Minutenzeiger		40	×					×				×	×					×		
Tanken		42		×						×		×		×		×	×			×
Kuchenrezept		43			×			×					×	×	×				×	
Wahlen		44		×							×			×		×		×		
Trainingsanalyse	a)	–		×						×				×	×			×		

Name der Aufgabe	Teilaufgabe	Buchseite	Klasse 5/6	7/8	9	10	L1 (Zahl)	L2 (Messen)	L3 (Raum u. Form)	L4 (funktion. Zus.)	L5 (Daten u. Zufall)	K1	K2	K3	K4	K5	K6	AB1	AB2	AB3
Trainingsanalyse	b)	46		×						×			×	×	×					×
	c)	–		×						×			×	×	×			×		
	d)	–		×						×			×	×					×	
	e)	–		×						×			×	×					×	
Gleichung		47		×						×		×						×		
	a)	–		×						×					×	×	×		×	
	b)	–		×						×				×	×	×	×		×	
Bündel von Geraden	a)	48		×						×		×				×	×	×	×	
	b)	48		×						×					×	×			×	
	c)	48		×						×					×	×		×		
Haustiere	a)	49		×			×						×	×	×	×	×	×		
	b)	–		×											×	×	×		×	
	c)	–					×				×	×		×	×	×	×			×
Bruchaddition	b)	–	×				×					×								
	c)	50	×				×							×	×	×		×		
3. Die Leitidee Daten und Zufall																				
Pleiten und Schulden	a)	57/58		×							×	×		×	×	×		×		×
	b)	57/58		×							×				×	×			×	
Shoppen Frauer häufiger als Männer?	a)	58/59		×						×	×	×		×	×			×	×	
	b)	58/59		×							×				×		×		×	
	c)	58/59		×						×	×				×	×			×	
Herzschlag und Lebenserwartung von Tieren	a)	60	×				×				×	×						×		
	b)	60	×									×						×		
	c)	60		×								×		×	×					
	d)	60		×						×		×			×			×		
	e)	60		×								×			×	×				
	f)	60		×						×	×	×			×	×				×
	g)	60		×						×	×	×		×	×					×
Computernutzung	a)	64		×							×	×		×	×			×		
	b)	64		×							×			×	×				×	
Die Wahrscheinlichkeit von Augensummen		69	×	×							×	×		×				×		
Kreiselspiel	a)	70	×	×							×	×	×		×	×				
	b)	70	×								×	×	×	×					×	
	c)	70				×					×		×				×			×

Name der Aufgabe	Teilaufgabe	Buchseite	Klasse 5/6	7/8	9	10	L1 (Zahl)	L2 (Messen)	L3 (Raum u. Form)	L4 (funktion. Zus.)	L5 (Daten u. Zufall)	K1	K2	K3	K4	K5	K6	AB1	AB2	AB3
Kreiselspiel	d)	70			×						×		×	×			×			×
	e)	70			×						×		×	×			×			×
Das Sammelbilderproblem	a)	75				×					×	×	×						×	
	b)	75				×					×	×	×			×	×			×
	c)	75				×					×	×	×			×				×
BSE-Test	a)	–				×					×			×				×		×
	b)	–				×					×			×	×				×	
	c)	–				×					×			×		×	×		×	×
	d)	–				×					×	×		×					×	
	a)	77				×					×			×		×	×		×	
	b)	77				×					×			×	×	×	×		×	
	c)	77				×					×			×	×	×	×		×	
	d)	77				×					×			×		×	×		×	
	e)	77				×					×			×		×	×		×	
	f)	77				×					×			×			×			×
	g)	77				×					×			×			×			×

Teil 2: Aspekte von kompetenzorientiertem Mathematikunterricht

1. Kompetenzorientierte Aufgaben im Unterricht

Name der Aufgabe	Teilaufgabe	Buchseite	Klasse 5/6	7/8	9	10	L1 (Zahl)	L2 (Messen)	L3 (Raum u. Form)	L4 (funktion. Zus.)	L5 (Daten u. Zufall)	K1	K2	K3	K4	K5	K6	AB1	AB2	AB3
Dreiecke in einer Figur		83		×					×			×			×		×		×	
Varianten der Aufgabe „Dreiecke in einer Figur"		85		×					×			×	×		×	×	×		×	
Vierecke im Kreis		85		×					×			×	×		×	×			×	
Dreiecke im Kreis		86		×					×			×			×	×	×			×
Einheit auf der Zahlengeraden		88		×			×					×			×	×	×	×		
Bruchverständnis	a)	88	×				×						×		×		×		×	
	b)	–	×				×								×		×		×	
	c)	–	×				×						×			×	×			×
Flächen von Vielecken	a)	89		×				×					×	×	×		×		×	
	b)	89		×				×					×	×	×	×	×			×
	a1)	–		×				×					×	×	×	×	×			×
	a2)	–		×				×					×	×	×					×
	b1)	–		×				×					×	×	×				×	×
	b2)	–		×				×				×	×	×	×		×		×	×

Name der Aufgabe	Teilaufgabe	Buchseite	5/6	7/8	9	10	L1 (Zahl)	L2 (Messen)	L3 (Raum u. Form)	L4 (funktion. Zus.)	L5 (Daten u. Zufall)	K1	K2	K3	K4	K5	K6	AB1	AB2	AB3
Flächen von Vielecken	b3)	–		×				×					×		×		×		×	
	c)	–		×				×					×		×		×			×
Quadratische Terme	a)	89			×					×					×	×	×	×		
	b)	89			×					×				×	×	×			×	
	c)	–			×					×				×	×	×			×	
	d)	–				×				×						×				×
Forscheraufgabe Seifenblase		92			×			×				×								
Variante der Aufgabe „Forscheraufgabe Seifenblase"		94				×		×					×	×	×	×				×
Überschlag		94	×				×						×			×		×		
2. Unterrichtliche Gestaltung und Nutzung kompetenzorientierter Aufgaben in diagnostischer Hinsicht																				
Jungen im Schulbus	a)	97/98		×			×					×	×					×		
	b)	97/98		×			×						×		×	×	×		×	
	c)	97/98		×			×					×	×		×	×	×		×	
	d)	97/98		×			×					×	×		×	×	×		×	
Nachbarzahlen	a)	102	×				×					×						×		
	b)	102	×				×					×						×		
	a)	–		×			×							×		×	×		×	
	b)	–		×			×							×		×	×		×	
	c)	–		×			×							×	×	×	×		×	
	d)	–		×			×					×		×	×	×				×
	e)	–		×			×					×						×		
Blöcke	a)	106	×					×				×	×						×	
	b)	106	×						×			×	×		×	×	×		×	
	c)	106	×						×			×	×		×	×	×		×	
	d)	106	×						×			×	×		×	×		×		×
3. Intelligentes Üben																				
Terme und Größen	a)	116	×				×						×			×		×		
	b)	116	×				×						×			×		×		
	c1)	116	×					×							×	×			×	
	c2)	116	×					×								×			×	
	d)	116	×								×		×			×	×			×

Name der Aufgabe	Teilaufgabe	Buchseite	Klasse 5/6	7/8	9	10	L1 (Zahl)	L2 (Messen)	L3 (Raum u. Form)	L4 (funktion. Zus.)	L5 (Daten u. Zufall)	K1	K2	K3	K4	K5	K6	AB1	AB2	AB3
Gleichungen	a1)	116	X				X						X			X			X	
	a2)	116	X				X						X			X			X	
	b1)	116	X				X											X		
	b2)	116		X			X						X			X			X	
	b3)	116		X			X						X			X			X	
	b4)	116		X			X						X		X	X			X	
	c)	116	X				X									X			X	
Zahlenmauern	a)	117	X				X						X			X		X		
	b)	117		X			X						X			X	X		X	
	c)	117		X			X						X				X		X	
Verbindungsstäbe	a)	–	X						X			X	X		X	X		X		
	b)	–	X						X				X	X	X	X			X	
	c)	–	X						X				X	X	X	X				X
	a)	118	X						X				X	X	X	X	X		X	
	b)	118	X					X							X					X
Diagonalen		121	X						X			X	X		X		X		X	
Sechseck	a)	123		X				X				X	X		X	X			X	
	b)	123		X					X			X	X		X		X			X
	a)	–	X						X			X	X		X	X		X		
	b)	–		X					X				X		X	X			X	
	c)	–		X				X	X				X			X			X	
4. Projektorientierung																				
Trinkpäckchen	a)	128	X						X			X	X	X	X	X		X		
	b)	128	X					X				X	X	X	X	X		X		
	c)	128	X					X					X	X	X	X			X	
	d)	128			X			X					X	X	X	X			X	
	e)	128			X			X					X	X	X	X			X	
	f)	128				X		X					X	X	X	X			X	
5. Langfristiger Kompetenzaufbau																				
Pralinen	a)	138		X				X				X	X	X	X	X			X	
	b)	138			X			X					X	X	X	X	X		X	
Gittervielecke	a)	142	X				X					X	X	X	X	X	X	X		X
	b)	142		X				X					X		X	X	X			X

Name der Aufgabe	Teilaufgabe	Buchseite	Klasse 5/6	7/8	9	10	L1 (Zahl)	L2 (Messen)	L3 (Raum u. Form)	L4 (funktion. Zus.)	L5 (Daten u. Zufall)	K1	K2	K3	K4	K5	K6	AB1	AB2	AB3
Gittervielecke	c)	142			×								×		×	×	×	×		×
	d)	142				×							×		×	×	×	×		×
Höhen	a)	145			×			×		×		×	×	×	×				×	
	b)	145		×				×				×	×	×	×		×	×		×
Dreieckssystematisierung	a)	147		×					×			×	×					×		
	b)	147		×					×			×	×	×			×	×	×	
Kopfübung	a)	150	×				×									×		×		
	b)	150		×						×						×		×		
	c)	150		×						×						×		×		
	d)	150		×				×									×	×		
	e)	150		×			×											×		
	f)	150		×									×							
	g)	150		×					×	×					×	×		×		
	h)	150	×					×					×			×			×	
	i)	150	×					×						×					×	
	j)	150		×			×										×	×		

Teil 3: Kompetenzorientierte Mathematikaufgaben
1. Variation von Aufgaben

Name der Aufgabe	Teilaufgabe	Buchseite	5/6	7/8	9	10	L1	L2	L3	L4	L5	K1	K2	K3	K4	K5	K6	AB1	AB2	AB3
Quadratedifferenz	a)	153	×				×					×	×			×				
	b)	153		×			×					×	×						×	
Fassadenanstrich		159		×				×						×		×				×
Teilquadrate	a)	161	×						×			×	×					×	×	
	b)	161	×						×			×	×		×			×		
	c)	161	×						×											×

2. Multiple Lösungswege für Aufgaben: Bedeutung für Fach, Lernen, Unterricht und Leistungserfassung

Name der Aufgabe	Teilaufgabe	Buchseite	5/6	7/8	9	10	L1	L2	L3	L4	L5	K1	K2	K3	K4	K5	K6	AB1	AB2	AB3
Achteckteilung	a)	163		×								×	×	×	×	×			×	
	b)	166		×				×				×	×	×	×	×			×	
	c)	166	×					×						×						
Sicherer Sieg		167		×					×		×	×					×	×		
Pyramidenbau	a)	171	×												×	×	×	×		×
	b)	171	×												×	×	×	×	×	
	c)	171						×												
	d)	171	×					×	×											
	e)	171		×		×			×				×						×	

Name der Aufgabe	Teilaufgabe	Buchseite	Klasse 5/6	7/8	9	10	L1 (Zahl)	L2 (Messen)	L3 (Raum u. Form)	L4 (funktion. Zus.)	L5 (Daten u. Zufall)	K1	K2	K3	K4	K5	K6	AB1	AB2	AB3
Pyramidenbau	f)	171		×					×				×			×			×	
	g)	171		×						×			×		×	×				×
Raute	a)	174			×	×		×				×	×	×	×	×			×	×
	b)	–			×	×		×	×				×		×			×		
3. Typen von Aufgaben																				
Drei natürliche Zahlen		180		×			×						×			×		×		
Halbes a		181		×			×						×			×			×	
13 mal 24	a)	182	×				×									×	×	×		
	b)	182	×				×							×		×	×		×	
	c)	182	×				×							×		×	×		×	
	d)	182	×				×									×	×		×	
Gleichung	a)	183		×						×		×					×		×	
	b)	–		×						×					×		×		×	
Schnellfahrer		184		×			×					×		×			×			×
Rennbericht	a)	186		×						×				×	×		×		×	
	b)	187		×						×				×	×				×	
Milchdiagramm		187		×							×	×			×	×		×		
Haustiere	a)	188		×			×						×			×	×		×	
	b)	188		×							×	×			×	×	×		×	
	c)	188					×					×		×		×	×			×
	d)	188		×			×					×		×		×	×		×	
Urlaub im Ausland	a)	189		×							×				×	×	×		×	
	b)	189		×							×		×		×	×			×	
Der Fußball-Globus	a)	189		×				×						×	×	×	×		×	
	b)	189		×				×				×		×	×	×			×	
	c)	190										×								×
4. Realitätsbezüge																				
Marmelade	a)	196	×				×						×	×		×			×	
	b)	196	×				×					×	×	×		×			×	
	c)	196	×				×						×	×	×				×	
	a)	198	×				×					×	×	×	×	×			×	
	b)	198					×							×	×	×				
	c)	198		×			×								×	×	×			×

Name der Aufgabe	Teilaufgabe	Buchseite	5/6	7/8	9	10	L1 (Zahl)	L2 (Messen)	L3 (Raum u. Form)	L4 (funktion. Zus.)	L5 (Daten u. Zufall)	K1	K2	K3	K4	K5	K6	AB1	AB2	AB3
Urlaubskosten		199	X				X							X		X	X		X	
Abraum	a)	200			X			X						X		X		X		
	b)	–			X			X						X	X	X	X		X	
	c)	–	X					X						X	X	X			X	
	d)	–		X					X						X	X				X
Orang-Utan	a)	201	X					X						X		X	X	X	X	
	b)	–	X					X						X		X	X		X	
	c)	–						X								X	X			X
Führerschein	a)	203		X			X					X		X		X	X	X	X	
	b)	–		X			X							X		X	X		X	
	c)	203		X			X							X	X	X	X			X
Campingplatz		204				X		X				X	X		X	X		X		
Rolltreppe	a1)	205		X						X			X	X	X	X			X	
	a2)	205		X						X				X	X	X			X	
	a3)	205		X						X				X	X	X	X			X
	b)	–		X						X				X	X	X			X	

Teil 4: Aufgabensammlung
Weitere Aufgaben

Name der Aufgabe	Teilaufgabe	Buchseite	5/6	7/8	9	10	L1 (Zahl)	L2 (Messen)	L3 (Raum u. Form)	L4 (funktion. Zus.)	L5 (Daten u. Zufall)	K1	K2	K3	K4	K5	K6	AB1	AB2	AB3
Differenzen	a)	207				X				X			X	X	X	X			X	
	b)	207				X				X			X	X	X	X				X
Die Fehrmarnsundbrücke		208				X				X		X	X		X	X				X
Abfall		209				X		X							X	X				
Baumkrone		210				X		X						X	X	X	X		X	
Rekordnagel		211				X				X				X	X	X	X			X
Rosenbeet		212				X		X						X	X	X	X		X	
Schaukel		213				X		X						X	X	X			X	
Beispiele suchen – am Beispiel von Parabeln	a)	214				X				X				X	X	X		X		
	b)	214				X				X				X	X	X	X		X	
	c)	214				X				X				X	X	X	X		X	
	d)	214				X				X		X		X		X	X	X		
	e)	214				X				X		X	X			X	X		X	
Eisberg	a)	215		X			X					X	X	X		X	X		X	

Name der Aufgabe	Teil-aufgabe	Buch-seite	Klasse 5/6	7/8	9	10	L1 (Zahl)	L2 (Messen)	L3 (Raum u. Form)	L4 (funktion. Zus.)	L5 (Daten u. Zufall)	K1	K2	K3	K4	K5	K6	AB1	AB2	AB3
Eisberg	b)	215		×			×											×		
Fotopreise	a)	216		×			×							×		×		×		
	b)	216	×				×						×	×		×	×		×	
	c)	216		×						×			×	×		×	×		×	
	d)	216		×						×				×	×	×	×		×	
	e)	216		×						×					×	×	×		×	
	f)	217		×						×			×				×			×
Näherungswert für	a)	218			×			×									×	×		
die Kreiszahl π	b)	218			×		×						×			×		×		
	c)	218			×			×						×			×		×	
	d)	218			×					×					×		×		×	
Chip-Pagode	a)	219	×					×				×					×	×		
	b)	219			×			×					×	×		×	×		×	
	c)	219			×					×				×		×	×		×	
	d)	219			×					×						×	×			×
	e)	219			×			×						×		×	×		×	
	f)	219			×			×								×			×	
Eis	–	220	×					×						×	×				×	
Linkshänder	a)	221		×							×		×	×	×	×	×		×	
	b)	221		×							×		×	×		×	×			×
Glaspyramide	a)	222			×			×					×	×		×	×			×
	b)	222			×			×					×	×	×	×	×		×	
Maulschlüssel	–	223	×						×				×		×				×	
Planschbecken	a)	224											×						×	
	b)	224																		
Schiffstau	–	225				×		×					×	×	×	×	×			×

Stichwortverzeichnis